国家自然科学基金资助

胡麻生长发育与氮营养规律

谢亚萍　牛俊义　编著

中国农业科学技术出版社

图书在版编目（CIP）数据

胡麻生长发育与氮营养规律 / 谢亚萍，牛俊义编著．—北京：中国农业科学技术出版社，2017.5
ISBN 978-7-5116-3082-7

Ⅰ.①胡…　Ⅱ.①谢…②牛…　Ⅲ.①胡麻-生长发育②胡麻-氮素营养　Ⅳ.①S565.9

中国版本图书馆 CIP 数据核字（2017）第 100102 号

责任编辑　白姗姗
责任校对　马广洋

出 版 者　中国农业科学技术出版社
　　　　　北京市中关村南大街 12 号　邮编：100081
电　　话　（010）82106638（编辑室）（010）82109702（发行部）
　　　　　（010）82109709（读者服务部）
传　　真　（010）82106650
网　　址　http://www.castp.cn
经 销 者　各地新华书店
印 刷 者　北京富泰印刷有限责任公司
开　　本　787 mm×1 092 mm　1/16
印　　张　12.25
字　　数　240 千字
版　　次　2017 年 5 月第 1 版　2017 年 5 月第 1 次印刷
定　　价　80.00 元

前　言

胡麻（*Linum usitatissimum* L.），油用亚麻和油纤兼用亚麻的俗称，是一种古老、重要的油料作物，在世界各地有广泛种植。2008—2014 年，全世界胡麻年均收获面积 $224.96\times10^4 hm^2$，年均总产量 $215.91\times10^4 t$，年均单产是 963.20kg/hm^2。我国年均收获面积是 $32.31\times10^4\ hm^2$，仅次于加拿大和印度，居世界第三；年均总产量是 $35.98\times10^4 t$，仅次于加拿大，为世界第二；年均单产是 1 116.07 kg/hm^2，分别是加拿大、美国和俄罗斯其年均单产的 79.53%、92.98%和 93.31%，居第六位。可见，我国胡麻年均单产与发达国家相比较，有一定差距，但整体生产在国际上仍然处于优势地位，占有重要位置。

我国胡麻主要分布在甘肃、山西、内蒙古自治区、宁夏回族自治区、河北和新疆维吾尔自治区等省区。其中，甘肃年均收获面积约占全国的 31%，年均总产量约占全国的 41%，均居全国第一。由于胡麻籽粒富含生理活性物质木酚素和人体必需的不饱和脂肪酸亚油酸及 α-亚麻酸，以及膳食纤维，在增强人体智力、促进脑发育、预防心血管疾病、预防结肠癌、前列腺癌、乳腺癌、抗炎症、降低糖尿病和女性更年期综合征的发病率方面起着重要作用。随着人们对胡麻籽研究认识的加深和对自身健康关注的增加，现有生产与人们需求之间差距日益增大。近几年，我国已是世界胡麻籽进口第二大国。因此，在培育高产、抗病、抗逆和专用型胡麻新品种的同时，如何使胡麻生产高产高效已成为胡麻产业发展中人们日益聚焦的核心问题。基于前人研究基础和我国胡麻产业发展，在国家胡麻产业技术体系和国家自然科学基金项目的资助下，我们围绕胡麻的高产高效栽培理论与技术开展了相关研究，该书是整体研究中的部分内容。本书阐述了我国胡麻的生产概况及前人有关氮营养的研究进展，总结了胡麻的形态特征、生物学特性及胡麻籽粒的营养功能和抗营养因子；论述分析了胡麻干物质积累运转分配规律、旱地和灌溉地胡麻氮素积累分配规律及施用氮磷肥对胡麻氮代谢的影响作用。期冀能给农业工作者、农业科研推广人员和胡麻科研实践工作者提供一定的参考。本书编写过程中也引用了众多科学家的研究成果，在此表示诚挚的谢意。

在研究过程中，得到了甘肃农业大学方子森老师、郭丽琢老师、常磊老师的指导和帮助，2012 届本科生张贺、郭建斌和刘玉红，2013 届本科生王珊珊、丁彦君、赵琼、帅祝红，2014 届本科生宁志英、丁万琴、朱彦璟，师妹孙芳霞，师弟徐振峰、雷康宁、剡斌、张中凯、崔政军和杨天庆等做了大量工作，故本书是所有参研人员共同劳动和智慧的结晶。在本书出版过程中，得到河北科技师范学院职业教育研究所闫志利研究员的大力协助，在此一并致谢。

限于笔者学术水平有限，疏漏与不当之处在所难免，敬请各位专家、学者及读者批评指正。

编著者

2017 年 2 月

目　　录

1 绪　　论

1.1 胡麻生产概述

1.1.1 亚麻类型

胡麻（油用亚麻、油纤兼用亚麻），学名：*Linum usitatissimum* L.，英文名：oil flax（有些国家和地区也译为 oilseed flax），为亚麻科（Linaceae）亚麻属（*Linum*）普通亚麻种群（*Linum usitatissimum* L.）一年生草本植物。亚麻科共有22个属，其中有实用价值的只有亚麻属。亚麻属包括200多个种，染色体基数为 x=8、9、10、12、14、15、16；大部分都是野生植物，生产上广为栽培利用的只有普通亚麻一种。胡麻的染色体数为2n=30，它是唯一具有蒴果不开裂或半开裂特性的种，适于大面积栽培。亚麻为一年生双子叶草本植物，茎直立，高30～125cm，上部细软，有蜡质，多在上部分枝，有时自茎基部亦有分枝，但密植则不分枝，基部木质化，无毛，韧皮部纤维强韧有弹性，构造如棉。叶互生；叶片线形、线状披针形或披针状，长2～4cm，宽1～6mm，表面有白霜，先端锐尖，基部渐狭，无柄，内卷，有3（5）出脉。花单生于顶枝或枝的上部叶腋，组成疏散的伞状花序；花直径为15～25mm，花梗长1～3cm，直立；萼片5，卵形或卵状披针形，长5～8mm，先端凸尖或长尖，有3（5）脉；中央一脉明显突起，边缘膜质，无腺点，全缘，有时上部有锯齿，宿存；花瓣5，倒卵形，长8～12mm，蓝色或紫蓝色，白色，红色或黄色，先端啮蚀状；雄蕊5枚，花丝基部合生；退化雄蕊5枚，钻状；子房5室，花柱5枚，分离，柱头比花柱微粗，细线状或棒状，长于或几等于雄蕊。果实为蒴果，球形，干后棕黄色，直径5～10mm，顶端微尖，室间开裂成5瓣；种子10粒，扁卵圆形，长4～6mm，颜色有白、黄、棕、褐、深褐等色。花期6—8月，果期7—10月。喜凉爽湿润气候（图1-1）。

亚麻生产上按用途可分为纤用亚麻、油用亚麻和油纤兼用亚麻3种类型，其中以收种子榨油为主要栽培目的的亚麻称为油用亚麻，以收获纤维为主要栽培目的的

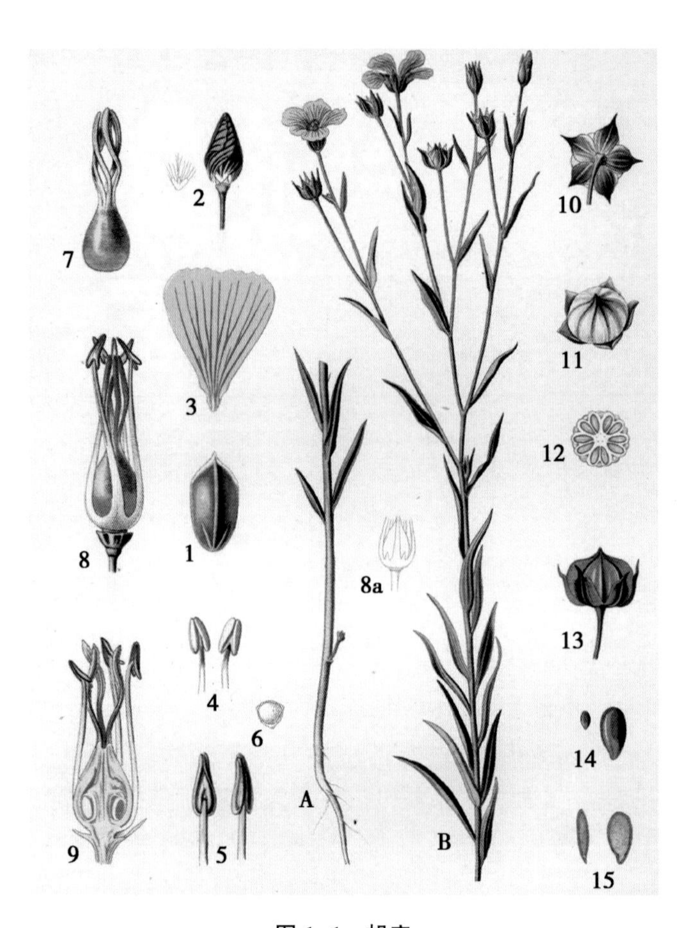

图 1-1 胡麻

Fig. 1-1 Oil Flax.

(A)、(B) 胡麻植株：1. 萼片；2. 花蕾（无花萼）；3. 花瓣；4、5. 雄蕊（不同角度）；6. 花粉粒；7. 雌蕊 5 枚（退化）；8. 雄蕊和雌蕊（无花萼、花瓣）；8a. 退化雄蕊；9. 雌蕊（纵剖面）；10、11. 未成熟的蒴果（不同角度）；12. 蒴果（横切面）；13. 成熟的蒴果；14. 籽粒；15. 籽粒（纵剖面）

(A), (B) Plant of oil flax：1. Sepal; 2. flower bud (without calyx); 3. Petal; 4 and 5. Stamens (from various angles); 6. Pollen grain; 7. Five pistils (degeneration); 8. Stamens and pistils (without calyx and petal); 8a. Generation stamen; 9. Pistil (profile); 10 and 11. Immature capule (from various angles); 12. Capule (transection); 13. Mature capule; 14. Seed; 15. Seed (profile)

——引自：Franz Eugen Köhler. Köhler's Medizinal-Pflanzen, 1883.

亚麻称为纤用亚麻，介于二者之间，既收种子又收纤维的亚麻称为油纤兼用亚麻(图 1-2)。胡麻是油用亚麻和油纤兼用亚麻的俗称，生产上主要以收获籽粒为主，是我国华北和西北高寒干旱地区的重要油料作物之一。

纤用亚麻特征：生育期 70~80d，株高 70~125cm，原茎工艺长度（子叶痕至主茎第一分枝点的长度，用其衡量茎秆纤维长的质量）一般为 55cm 以上，茎秆平滑、

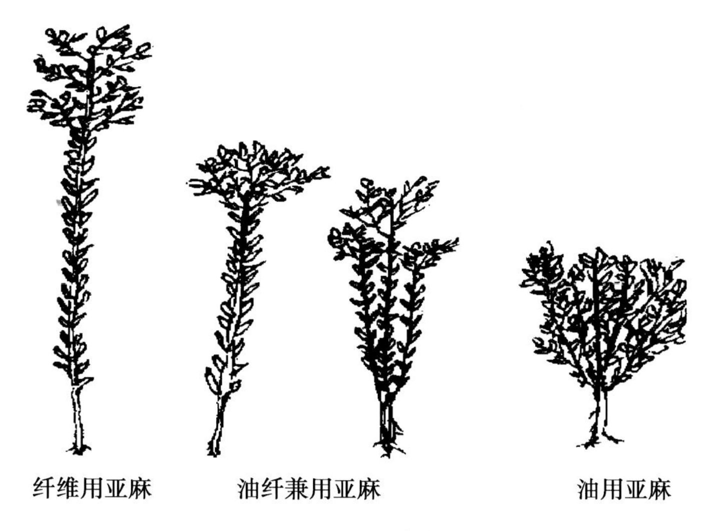

图 1-2 亚麻的类型

Fig. 1-2 Type of oil flax.

——引自：党占海，赵利，胡冠芳，等．胡麻技术 100 问［M］．北京：中国农业出版社，2009.

原茎基部直径 1.5mm。在密植条件下，一般只有一根主茎，茎内纤维含量一般为 20%左右，种子千粒重 5g 以下。其突出特点是根部不分枝，只从梢部分出 4~5 个分枝，每个分枝只结蒴果 1~3 个。原茎内纤维含量可高达 20%~30%。因其栽培目的是获得优质纤维，所以在成熟期收获的纤用亚麻种子成熟度只有七八成，一般不做采籽使用。叶长 36~40mm、宽 2~2.4mm。开放的花直径为 15~24mm，花有蓝色、浅蓝色、蓝紫色或白色，少数是红色或黄色。蒴果和种子比较小，成熟时易裂蒴，口松落粒。

油用亚麻特征：植株矮，一般株高 30~50cm，主茎工艺长度 40cm 以下，下部分茎多，单株结蒴果数多达 100 个以上，栽培的目的是生产种子，用以榨油。茎内纤维含量低，纤维束短而粗糙，产量低，不适宜作为纺织用。每亩* 产种子 180kg 左右，含油率 41%~45%。在我国西北、华北地区有较大种植面积。

油纤兼用亚麻特征：株高中等，一般为 50~70cm，原茎工艺长度 40~55cm，种子千粒重 5~8g。茎基部有分茎，花序比纤维用亚麻发达，结有较多蒴果。我国西北、华北地区分布的品种属一年生长日照作物，生育期 100d 左右。因其生育特征、特性居油用、纤用亚麻类型中间，所以栽培目的是油用、纤用兼顾，种子产量、千粒重高于纤用品种，含油率通常为 42%左右，麻茎内纤维含量 12%~17%，综合利用价值高，经济收益大，是目前我国大力发展的亚麻类型。

* 1 亩≈667m^2，1hm^2=15 亩。全书同

1.1.2 胡麻生产概况

胡麻是一种古老、重要的油料作物，有数千年的栽培历史，在世界各地有广泛种植。据统计，世界上种植胡麻的国家有 40 多个，随着历史的发展，主产国家不断变化。目前，主要生产国有加拿大、中国、俄罗斯、印度、哈萨克斯坦、美国、埃塞俄比亚、法国、英国等。2014 年，我国胡麻收获面积 $3.10\times10^5hm^2$，位列世界第五，总产量次于加拿大和俄罗斯，位列世界第三。2008—2014 年，全世界胡麻年均收获面积 $224.96\times10^4hm^2$，年均总产量是 215.91×10^4t，年均单产是 963.20kg/hm^2。我国年均收获面积是 $32.31\times10^4hm^2$，仅次于加拿大和印度，居世界第三，占同期世界面积的 14.36%；年均总产量是 35.98×10^4t，仅次于加拿大，为世界第二，占同期世界年均总产量的 16.66%；年均单产是 1 116.07 kg/hm^2，低于英国、加拿大、法国、美国和俄罗斯，居第六位，分别是其年均单产的 58.82%、79.53%、84.22%、92.98%和 93.31%，高出世界平均水平 15.87%（表 1-1、表 1-2）。

在我国，胡麻是第五大油料作物，主要分布在西北地区的甘肃、宁夏回族自治区（以下简称宁夏）、新疆维吾尔自治区（以下简称新疆）和华北地区的内蒙古自治区（以下简称内蒙古）、山西、河北等省、自治区；青海、陕西两省次之，西藏自治区（以下简称西藏）、云南、贵州、广西壮族自治区（以下简称广西）、广东等地区也有零星种植。据联合国粮食及农业组织（FAO）数据统计，2008—2014 年，我国胡麻年平均收获面积 $32.31\times10^4hm^2$，年均总产量 35.98×10^4t，年均单产 1 116.07kg/hm^2。国家统计局数据表明，甘肃、山西、内蒙古、宁夏、河北和新疆年均收获面积占全国的 97.53%。甘肃年均收获面积 $10.27\times10^4hm^2$，占同期全国年均收获面积的 31.82%；年均总产量 14.75×10^4t，占同期全国总产量的 41.68%；年均单产 1 468.29kg/hm^2，高出全国平均水平 29.33%，但低于新疆和青海，分别是其年均单产的 93.06%和 94.48%。可见，甘肃是我国胡麻种植面积最大，总产量最高的省份（表 1-3、表 1-4）。

表 1-1、表 1-2 数据来源于 FAO 数据统计；表 1-3、表 1-4 数据来源于国家统计局数据。

表 1-1 2008—2014 年全世界胡麻生产情况

Table 1-1 Production of oil flax all over the world from 2008 to 2014

项目 Item	2008 年		2009 年		2010 年		2011 年		2012 年		2013 年		2014 年	
	收获面积 Harvest area	总产量 Total yield	收获面积 Harvest area	总产量 Total yield	收获面积 Harvest area	总产量 Total yield	收获面积 Harvest area	总产量 Total yield	收获面积 Harvest area	总产量 Total yield	收获面积 Harvest area	总产量 Total yield	收获面积 Harvest area	总产量 Total yield
全世界 AW	209. 52	199. 01	210. 58	218. 44	200. 48	182. 96	207. 20	218. 37	257. 22	206. 17	229. 66	229. 94	260. 08	256. 45
中国 China	33. 78	34. 97	33. 69	31. 81	32. 44	35. 28	32. 21	35. 86	31. 79	39. 05	31. 29	39. 88	31. 00	35. 00
加拿大 Canada	62. 52	86. 11	62. 33	93. 01	35. 33	42. 30	27. 32	36. 83	38. 44	48. 89	42. 21	73. 07	62. 08	87. 25
美国 USA	13. 76	14. 52	12. 71	18. 86	16. 92	23. 00	14. 00	14. 18	13. 60	14. 73	7. 33	8. 23	12. 59	16. 18
俄罗斯 RF	5. 74	9. 29	8. 07	10. 26	12. 67	17. 82	26. 47	47. 12	55. 83	36. 90	43. 84	32. 58	44. 15	39. 30
印度 India	46. 80	16. 30	40. 79	16. 92	34. 20	15. 37	33. 88	14. 70	43. 10	15. 20	33. 80	14. 70	36. 00	14. 10
埃塞俄比亚 Ethiopia	15. 21	16. 99	14. 08	15. 06	7. 37	6. 54	11. 65	11. 28	12. 79	12. 21	9. 56	8. 80	8. 23	8. 31
法国 France	6. 79	1. 46	6. 62	4. 31	7. 33	4. 08	1. 64	3. 06	1. 21	2. 37	0. 85	1. 62	1. 10	2. 33
哈萨克斯坦 Kazakhstan	1. 28	1. 03	5. 84	4. 77	22. 52	9. 46	30. 97	27. 31	36. 96	15. 79	38. 43	29. 50	44. 60	33. 05
乌克兰 Ukraine	1. 91	2. 08	4. 68	3. 73	5. 63	4. 68	5. 87	5. 11	5. 29	4. 14	3. 79	2. 54	3. 34	4. 08
英国 UK	1. 61	2. 93	2. 80	5. 40	4. 40	7. 20	3. 60	7. 10	2. 80	4. 20	3. 40	6. 20	1. 50	3. 90

注：1. 表中 AW 是 All over the world；USA 是 United States America 的缩写；RF 是 Russian Federation 的缩写；UK 是 United Kingdom 的缩写；

2. 收获面积单位为万公顷（$10^4 hm^2$）；总产量单位为万吨（$10^4 t$）

Note：1. AW，USA，RF and UK indicated all over the world，United States America，Russian Federation and United Kingdom，respectively；2. Harvest area was 10^4 hectare；total yield was 10^4 ton

表 1-2　2008-2014 年全世界胡麻单产情况

Table 1-2　Seed yield of oil flax all over the world from 2008 to 2014（kg/hm²）

项目 Item	2008 年	2009 年	2010 年	2011 年	2012 年	2013 年	2014 年	平均值 mean
全世界 AW	949. 80	1 037. 30	912. 60	1 053. 90	801. 50	1 001. 20	986. 10	963. 20
中国 China	1 035. 10	944. 20	1 087. 58	1 113. 45	1 228. 54	1 274. 60	1 129. 03	1 116. 07
加拿大 Canada	1 377. 30	1 492. 20	1 197. 28	1 348. 10	1 271. 85	1 731. 11	1 405. 44	1 403. 33
美国 USA	1 055. 20	1 483. 80	1 359. 84	1 012. 58	1 083. 10	1 122. 87	1 285. 16	1 200. 36
俄罗斯 RF	1 619. 60	1 271. 60	1 406. 57	1 780. 20	661. 02	743. 14	890. 20	1 196. 05
印度 India	348. 30	414. 80	449. 42	433. 87	352. 67	434. 91	391. 67	403. 66
埃塞俄比亚 Ethiopia	1 116. 50	1 069. 80	887. 81	967. 57	954. 50	920. 11	1 009. 79	989. 44
法国 France	215. 00	651. 50	556. 66	1 868. 20	1 965. 89	1 897. 41	2 121. 26	1 325. 13
哈萨克斯坦 Kazakhstan	804. 70	815. 90	420. 12	881. 76	427. 16	767. 68	741. 03	694. 05
乌克兰 Ukraine	1 089. 00	797. 00	831. 26	870. 53	782. 61	670. 01	1 222. 16	894. 65
英国 UK	1 822. 20	1 928. 60	1 636. 36	1 972. 22	1 500. 00	1 823. 53	2 600. 00	1 897. 56

注：表中 AW 是 All over the world；USA 是 United States America 的缩写；RF 是 Russian Federation 的缩写；UK 是 United Kingdom 的缩写

Note：AW，USA，RF and UK indicated all over the world，United States America，Russian Federation and United Kingdom，respectively

表 1-3 2008—2014 年全国胡麻生产情况

Table 1-3 Production of oil flax from 2008 to 2014 in China（kg/hm²）

项目 Item	2008 年		2009 年		2010 年		2011 年		2012 年		2013 年		2014 年	
	收获面积 Harvest area	总产量 Total yield	收获面积 Harvest area	总产量 Total yield	收获面积 Harvest area	总产量 Total yield	收获面积 Harvest area	总产量 Total yield	收获面积 Harvest area	总产量 Total yield	收获面积 Harvest area	总产量 Total yield	收获面积 Harvest area	总产量 Total yield
全国 Nationwide	33. 78	34. 97	33. 69	31. 81	32. 44	35. 28	32. 21	35. 86	31. 79	39. 05	31. 29	39. 88	30. 61	38. 65
河北 Hebei	4. 81	3. 86	4. 93	1. 58	4. 10	2. 71	3. 54	2. 85	3. 71	3. 08	3. 63	3. 75	3. 55	2. 80
山西 Shanxi	6. 48	6. 14	6. 17	5. 00	6. 28	5. 50	6. 39	6. 03	6. 05	7. 26	5. 97	7. 03	6. 03	6. 99
内蒙古 Inner Mongolia	4. 85	3. 38	4. 86	2. 91	4. 83	2. 91	5. 63	3. 20	5. 87	3. 67	6. 07	4. 16	6. 31	4. 14
陕西 Shanxi	0. 48	0. 39	0. 44	0. 51	0. 29	0. 33	0. 28	0. 26	0. 35	0. 41	0. 34	0. 41	0. 35	0. 43
甘肃 Gansu	11. 90	15. 13	11. 27	14. 38	10. 55	15. 15	10. 09	13. 83	9. 70	15. 12	9. 53	15. 55	8. 82	15. 28
青海 Qinghai	0. 29	0. 42	0. 22	0. 40	0. 47	0. 65	0. 44	0. 59	0. 44	0. 69	0. 41	0. 64	0. 27	0. 47
宁夏 Ningxia	3. 83	4. 29	4. 57	5. 14	5. 04	6. 69	4. 77	7. 48	4. 79	7. 40	4. 51	6. 96	4. 47	7. 06
新疆 Xinjiang	0. 95	1. 23	1. 24	1. 89	0. 88	1. 33	0. 78	1. 23	0. 87	1. 40	0. 81	1. 37	0. 81	1. 49

注：收获面积单位为万公顷（$10^4 hm^2$）；总产量单位为万吨（$10^4 t$）

Note：Harvest area was 10^4 hectare；total yield was10^4 ton

表 1-4　2008—2014 年全国胡麻单产情况

Table 1-4　Seed yield of oil flax in our country from 2008 to 2014（kg/hm^2）

项目 Item	2008 年	2009 年	2010 年	2011 年	2012 年	2013 年	2014 年	平均值 mean
全国 Nationwide	1 035. 10	944. 20	1 087. 58	1 113. 45	1 228. 54	1 274. 60	1 129. 03	1 116. 07
河北 Hebei	802. 08	321. 03	661. 32	806. 07	831. 37	1 031. 85	788. 79	748. 93
山西 Shanxi	954. 31	809. 71	876. 21	943. 69	1 199. 22	1 176. 93	1 158. 33	1 016. 91
内蒙古 Inner Mongolia	696. 87	598. 40	602. 65	568. 85	624. 91	686. 01	655. 96	633. 38
陕西 Shaanxi	819. 38	1 152. 50	1 145. 17	940. 00	1 175. 43	1 194. 71	1 214. 86	1 091. 72
甘肃 Gansu	1 271. 11	1 275. 98	1 435. 94	1 370. 26	1 558. 85	1 632. 17	1 731. 97	1468. 04
青海 Qinghai	1 440. 00	1 827. 73	1 381. 49	1 347. 73	1 564. 55	1 554. 88	1 743. 70	1551. 44
宁夏 Ningxia	1 118. 90	1 124. 88	1 327. 60	1 568. 24	1 545. 41	1 543. 41	1 578. 59	1401. 00
新疆 Xinjiang	1 293. 16	1 522. 58	1 511. 36	1 571. 28	1 604. 37	1 693. 33	1 840. 62	1576. 67

1.2 氮营养规律及利用效率研究进展

氮是植物生长发育中最重要的营养元素，氮也是油料作物种植中主要的能量利用和输入消费物质。氮素的吸收受氮肥施用量、土壤状况和环境因素的影响。

1.2.1 其他作物氮累积、分配及转运规律

关于氮素在作物体内的吸收、积累和转运，国内外学者对许多作物做了大量深入研究。作物体内氮素的含量和分布常因器官部位、发育时期的不同而有很大差异，而且各部位在不同发育时期都可能发生氮素的再分配，这种变化主要与生长中心的转移有关。如根系较老部位的氮素重新转运到正在生长的根尖，基部叶片的氮素转运到上部扩展的叶片，尤其是开花后，大量氮素从营养器官再分配到籽粒。张振华等采用同位素示踪技术研究表明（两个油菜品种平均值），83.5%苗期吸收的氮素和66.3%蕾薹期吸收的氮素分布在叶片中；79.1%开花期吸收的氮素分布在叶片和茎中，其中叶片中分布的氮占42.8%；而角果发育期吸收的氮素有42.4%直接分配到角果中，此时角果已成为氮素直接分配的比例最大的器官。苗期、蕾薹期、开花期和角果发育期吸收的氮素从营养器官向生殖器官的转运比例分别为34.4%、44.3%、41.2%和31.7%。在油菜籽粒的全氮中转运氮占65.1%，其中蕾薹期吸收后转运的氮素所占比例最大，为25.8%，其次是开花期和苗期，分别为16.9%和15.9%，角果发育期比例最小，为6.4%。赵满兴等研究得出，旱地小麦越冬期累积的氮素最少，占到全生育期累积总量的7%左右；越冬到返青期累积量明显增加，此期积累量占氮素总积累量的21%~26%；返青到拔节期累积量进一步增加，占总量的30%~50%；拔节至开花期累积量占到30%左右；开花到成熟，小麦对养分的吸收减少，累积量不足总量10%。可见，旱地小麦对氮素养分的吸收主要集中在返青至开花期，此阶段吸收的氮素占全生育期的60%以上，是养分供应的关键时期。这与韩燕来等在河南灌区对超高产小麦研究的结果相一致，也与Burns得出的结论一致。同延安等在高肥力田地上对冬小麦研究表明，植株中氮素含量随生育期的延长而降低，氮素累积量总体呈增加趋势。姜妍等利用节水滴灌技术，研究大豆中氮素积累和分配，结果表明，大豆植株中氮素的累积量呈增加趋势，到成熟期植株氮素积累达到最大值；在花期，叶片的氮含量、积累量和分配比均高于茎秆，处于氮吸收和转移的主导地位，进入结荚期至鼓粒初期，叶片的比重逐渐下降，荚和籽粒比重逐渐上升，而茎秆维持在一个较高的水平。进入鼓粒期后，随着籽粒的膨大，叶、茎、荚的氮含量、氮积累量和氮分配比逐渐下降。赵营等研究了高肥力土壤上夏玉米中氮素的累积和转运，结果表明，植株中氮素的累积呈“S”形曲线。Gan

等研究表明，豆类作物地上部分氮素累积一直持续到成熟期，而油菜和小麦地上部分氮素养分的积累到花期趋于平稳；超高产春玉米植株氮素积累的特性表现为在拔节期以后始终具有高度的氮素营养需求；体现出3个氮素营养调控的关键时期，即拔节期、抽雄吐丝期和灌浆期。最大吸收速率出现时间为喇叭口期后的第三天；超高产春玉米生育后期吸收积累的氮素占植株总氮素积累量的39.0%，表明超高产春玉米生育后期仍具有较高的氮素营养需求。杨勇等研究表明，油菜中氮素的累积量在盛花期最大，收获期较小；氮磷累积量随着氮磷肥施用量增加而增加，田昌等研究也得到了相似的结果。李云春研究表明，水稻氮素养分积累主要发生在分蘖—孕穗和孕穗—齐穗两个阶段，氮分别占最大积累量的47.4%~67.9%和13.8%~33.9%。罗翔宇应用^{15}N示踪技术研究得出，基肥一次性施入造成肥料氮滞留在大豆营养器官中较多，茎叶中的肥料氮，比例为37%，而荚果中的肥料氮只有51.6%；启动氮加追施肥，茎叶中的肥料氮只占到21.9%，而荚果中的肥料氮则达到了71.8%。由此可见，后期追肥可以促进肥料氮向荚果中运转。Crafts-Brandne研究表明，大豆氮收获指数为0.82~0.86。

据报道，冬小麦开花后营养器官中的氮素对籽粒氮素的贡献为50%~84%。Malagoli等研究指出，大田油菜籽粒发育所需的氮素中大约有73%来自于营养器官氮素的再分配。旱地春小麦籽粒中67%氮素来自于转移，灌溉地60%氮素来自于花前营养器官的转移。很多研究表明，小麦籽粒中氮素有一大部分来自茎中累积氮素的转移。Dordas等试验指出，小麦籽粒中氮素很大一部分来自叶片和茎中氮素的转运。Patra研究指出，小麦籽粒中氮素累积的变化除和品种有关外，还与栽培条件有关。Cartelle等研究得出，籽粒中的氮素很大一部分是开花前期积累在营养器官中经转运而来。经转运来自营养体中的氮素，对保证作物生殖生长阶段和生育后期的氮素需要至关重要。硬质小麦籽粒中氮素的73%~82%来源于花前积累氮素的重新移动。Gallais和Coque用^{15}N标记法研究玉米中氮素转移和吐丝后氮素吸收的精确和详细情况，结果表明，玉米籽粒中的氮素主要与吐丝后吸收有关。氮素在作物植株和籽粒的累积、分配与作物产量的关系，Emam研究指出，小麦籽粒中的氮素累积和小麦产量显著相关；关于作物整个生育期氮素积累与产量的关系，Malhi在小麦上做了深入研究。可见，氮素在营养器官和生殖器官中的累积和分配是影响作物产量的重要因素。

1.2.2 其他作物氮素利用效率

氮是作物生长和发育中最重要的元素，为了提高作物产量，过量的氮肥使用在现代农业生产中并不少见。氮肥的不合理使用，不但增加了农业生产的成本，浪费了资源，并且氮肥过多使用，一方面使得作物植株中氮浓度过高，形成所谓的“奢修累积”，另一方面对土壤、水体和大气造成污染，严重影响环境和人体健康，也导致氮肥利用效率降低。氮肥施用不足，影响作物生长发育，进而影响作物产量和品质。为了使得氮肥的施用与作物植株的需要相同步，也就是为了解决氮肥的合理施用，提高产量的同时，保护环境，形成社会经济发展的可持续性；在推荐最佳施肥的同时，关于氮肥利用效率的研究，已开展很多。关于氮素在植株体内累积、氮素利用效率与产量间的关系，也有许多报道。

1.2.3 胡麻氮素累积、分配和转运规律

国内外学者有关氮肥对胡麻的研究较少，工作主要集中于纤维用亚麻上，有关胡麻氮磷营养的研究主要集中在肥料的施用量及配比上。相对而言，油料作物需要更多的氮素营养。索全义等研究得出，胡麻是需肥较多又不耐高氮的作物，同时指出适宜施肥量才能增产。戴庆林和张瑞研究指出，胡麻的需肥规律与生长发育进程密切相关。氮素吸收在苗期速度较慢，进入枞形期以后明显增快，总体呈现出双驼峰形。其吸收峰值分别出现在出苗后35~45d（快速生长期）和出苗后52~62d（开花初期），吸收速率分别达1.807kg/hm^2·d和2.047kg/hm^2·d。氮素累积量的波动范围，受作物植株吸收能力和转移能力的影响。胡麻在生长不同时期，对氮肥的吸收比例不同，枞形期氮素营养占主导地位；由快速生长期到现蕾期氮的吸收比例较大，氮素供应适当，有助于增加单株蒴果数，促进丰产，可见，从苗期的中期——枞形期开始到现蕾期，也就是营养生长为主的阶段，氮素的吸收所占比例较大。高小丽研究表明，胡麻对氮素的吸收前期较少，主要集中在开花期和成熟期。从养分在各部位的分配看，营养生长期氮素主要集中在茎叶中，根系中含量较少，茎叶和根系氮吸收量变化幅度为0.93kg/hm^2~33.13 kg/hm^2，占总吸收量的1.02%~31.56%，到成熟期，氮素主要转移到了籽粒，占总吸收量的61.07%~63.37%。成熟期籽粒中的氮素，来自营养器官的比例因品种、栽培条件和气象因素而异。

1.2.4 胡麻氮素利用效率

关于胡麻氮素利用效率，Dordas 报道，在施氮量为40kg/hm^{2}时，胡麻氮素利用效率比80kg/hm^{2}时要高。

1.3 氮磷对氮代谢的影响研究进展

氮代谢是作物最基本的代谢过程，其在生育期间的动态直接影响着光合产物的形成、转化及矿质营养的吸收、蛋白质的合成等。氮代谢主要体现在代谢产物叶绿素、游离氨基酸、可溶性蛋白等，及其相关酶谷氨酰胺合成酶、谷氨酸合成酶和硝

酸还原酶等生理生化指标的变化上。

赵宏伟对春玉米研究得出，氮代谢生理指标随氮素用量不同而发生变化，氮代谢生理指标在春玉米整个生育期内呈单峰曲线变化。申丽霞研究得出，施氮量120~240kg/hm^{2}时可明显促进夏玉米氮代谢的关键酶NR、GS的活性，促进叶片、茎秆的氮代谢，使茎秆维持适度较低的C/N从而保证“流”的畅通。胡立勇通过连续多年的试验结果表明，氮素施用量适宜，油菜角果叶绿素量增加，叶绿素a/b值升高，氮同化增强，特别在籽粒快速增重时期谷氨酰胺合成酶活性显著增强。唐湘如等研究得出，施氮量使得油菜籽粒中谷氨酰胺合成酶（GS）活性提高，相应地种子蛋白质含量亦提高。张智猛等研究表明，适当提高氮素水平既能增加花生各器官中可溶性蛋白质和游离氨基酸的含量，又能提高硝酸还原酶和谷氨酰胺合成酶氮素同化酶的活性，使其达到同步增加；氮素水平过高虽能提高硝酸还原酶和籽仁蛋白质含量，但谷氨酰胺合成酶（GS）的活性下降。宋小林等研究得出，油菜植株内游离氨基酸含量随着施氮肥量的增加而持续增加。

Lauer等研究发现，适宜的磷肥可以提高大豆叶片中可溶性蛋白的含量。王旭东研究指出，施磷能提高花后21d之前小麦旗叶氮素同化有关酶硝酸还原酶、谷氨酰胺合成酶和谷氨酸脱氢酶的活性，开花时旗叶中的游离氨基酸积累以及灌浆过程中向籽粒的运转，茎和叶鞘中可溶性蛋白质含量；施磷增强了小麦的氮代谢。宋小林等研究得出，油菜植株中游离氨基酸含量，随着施磷肥量的增加而持续增加。

刘淑云等研究表明，长期施用氮肥或磷肥，夏玉米叶片氮代谢酶活性变化较大，且活性高峰期和籽粒灌浆关键期不一致，植株整体生产能力较弱，玉米籽粒产量较低。张海鹏等研究表明，叶绿素a、叶绿素b和总叶绿素含量，随着氮磷肥施用量增加而增加。

2 研究内容、试验设计及方法

2.1 研究内容

2.1.1 胡麻的生长发育特性

通过对胡麻各个生育时期（各个生长阶段）、各个器官（根、茎、叶、花、果实、籽粒以及整株）的大田和实验观察、拍照，探讨胡麻的生长发育特性。

2.1.2 胡麻干物质积累特征

通过研究胡麻各个生育时期、各个器官——根、茎、叶、蕾·蒴果、整株干物质的累积、日增长量和各器官分配比率，探讨胡麻各生育时期、各器官干物质的累积趋势、干物质日增长量和各器官分配所占百分比等胡麻干物质积累特征。

2.1.3 胡麻氮营养规律

通过研究胡麻各个生育时期、各个器官——茎、叶、非籽粒（包括花蕾、花、花柄、蒴果皮、果柄和果轴等）、籽粒中全氮的相对含量和全氮的累积量，探讨氮素养分在胡麻各生育时期、各器官中的积累、分配和转运规律及氮素利用效率。

2.1.4 氮磷对胡麻氮代谢主要产物的影响

通过研究施用氮、磷对胡麻各生育时期茎和叶片中氮代谢中间产物（叶绿素、游离氨基酸、可溶性蛋白）含量的变化，探讨氮、磷施用对胡麻各生育时期茎和叶片中氮代谢中间产物的影响。

2.1.5 氮磷对胡麻主要氮代谢酶的影响

通过研究施用氮、磷对胡麻各生育时期茎和叶片中氮代谢相关酶［谷氨酰胺合成酶（GS）、硝酸还原酶（NR）］活性的变化，探讨氮、磷施用对胡麻各生育时期茎和叶片中氮代谢相关酶的影响。

2.2 试验设计及方法

2.2.1 试验设计

试验1：于2012年3—8月、2013年4—8月、2014年3—8月在甘肃省兰州市榆中县（E：103°49′15″~104°34′40″，N：35°34′20″~36°26′20″）良种场进行。该地区海拔1 880m，年平均气温6.7℃，无霜期120d左右，降雨量集中分布在5、6、7月。

品种选用“陇亚杂1号”，人工条播，播深3 cm，行距20 cm。种植密度为 7.50×10^6 株/hm^2。选用尿素（含纯N 46%）作为氮肥，2/3基肥，1/3于现蕾前追施。选用过磷酸钙（P_2O_5，12%）和硫酸钾（K_2O，50%）基施，施入量为：75kg/hm^2（N）、75kg/hm^2（P_2O_5）、52.2 kg/hm^2（K_2O）。田间管理同当地大田生产。

2012年3月24日播种，4月6日出苗，5月27日现蕾，6月21日盛花，7月9日青果，7月19日黄熟，7月27日完熟，8月4日收获。从播种（3月24日）到出苗（4月6日）13d；从出苗（4月6日）到完熟（7月27日）112d；从出苗（4月6日）到现蕾（5月27日）51d（即苗期）；从现蕾（5月27日）到完熟（7月27日）61d。

2013年4月15日播种，4月25日出苗，6月6日现蕾，6月28日盛花，7月16日青果，7月26日黄熟，8月6日完熟，8月9日收获。从播种（4月15日）到出苗（4月25日）10d；从出苗（4月25日）到完熟（8月6日）103d；从出苗（4月25日）到现蕾（6月6日）42d（即苗期）；从现蕾（6月6日）到完熟（8月6日）61d。

2014年3月21日播种，4月2日出苗，5月26日现蕾，6月3日始花，6月26日终花，7月6日青果，7月20日黄熟，7月31日完熟，8月4日收获。从播种（3月21日）到出苗（4月2日）12d；从出苗（4月2日）到完熟（7月31日）120d；从出苗（4月2日）到现蕾（5月26日）54d（即苗期）；从现蕾（5月26日）到完熟（7月31日）66d。

采样（干物质积累量）：分别在苗期（幼苗期、枞形期、快速生长期）、蕾期（现蕾期）、花期（始花期、盛花期、终花期）、子实期（青果期、黄熟期）、成熟期（完熟期）进行采样；每次采样选取生长均匀一致的植株15~40株，一般苗期（幼苗期、枞形期、快速生长期）为30~40株，蕾期（现蕾期）、花期（始花期、盛花期、终花期）、子实期（青果期、黄熟期）、成熟期（完熟期）一般为 15 株，并将植株按不同器官（根、茎、叶、蕾·蒴果）进行分样，装入采样袋后，先于 105℃下杀青 30min，再于 75℃下烘干至恒重，用电子天平称重。

干物质日增长量 =（本次干物质质量-上次干物质质量）/上次采样与本次采样相隔天数。

数据用 Excel 2007 进行处理分析。

试验 2：于 2011 年 5—9 月、2012 年 5—9 月在河北省张家口市张北县喜顺沟乡旱地进行。该地区海拔 1 450m，年均气温 3.2℃，年日照时数 2 300~3 100h，≥10℃ 积温 1 320~2 200℃，年辐射量 140kJ/cm^2，无霜期 90~120d。年均降水量为 392.70mm，年均蒸发量为 1 722.60mm。土壤类型为黏壤土。

供试胡麻品种为“坝选 3 号”，为当地主栽品种。试验采取单因素随机区组设计，设不施氮（纯氮）N0（0kg/hm^2）、N45（45kg/hm^2）、N90（90kg/hm^2）和 N135（135kg/hm^2）共 4 个水平，以 N0 为对照（CK）；供试肥料为尿素（N，46%），2/3 基肥，1/3 于现蕾前追施。磷肥选用重过磷酸钙（P_2O_5，46%），全部基施，施入量为 P_2O_5 70kg/hm^2，钾肥选用硫酸钾（K_2O，50%），基施，施入量为 K_2O 90kg/hm^2。种植密度为 7.50×10^6 株/hm^2，人工条播，播深 3cm，行距 20cm。2011 年 5 月 15 日播种，9 月 16 日收获；2012 年 5 月 17 日播种，9 月 15 日收获。胡麻生长期间，所有处理均未进行灌溉。其他管理方式同一般大田。

试验 3：于 2012 年 3—8 月、2013 年 4—8 月在甘肃省兰州市榆中县良种场灌溉地进行。该地区海拔 1 880m，年平均气温 6.7℃，无霜期 120d 左右，降雨量集中分布在 5、6、7 月。试验地为沙壤土。

试验因素为氮和磷。采取二因素完全随机区组设计，氮肥设 3 个水平，分别为：N_0（0kg/hm^2）、N_1（75kg/hm^2）、N_2（150kg/hm^2）；磷肥设 3 个水平，分别为：P_0（kg/hm^2）、P_1（75kg/hm^2）、P_2（150kg/hm^2）。试验区以不施肥（CK）为对照，小区面积为 20m^2（4m×5m）。选用尿素（含纯 N 46%）作为氮肥，2/3 基肥，1/3 于现蕾前追施。选用过磷酸钙（P_2O_5，12%）和硫酸钾（K_2O，50%）基施，施入量为 52.2kg/hm^2（K_2O）。品种选用“陇亚杂 1 号”，种植密度为 7.50×10^6 株/hm^2。人工条播，播深 3cm，行距 20cm。2012 年 3 月 24 号播种，8 月 4 号收获；2013 年 4 月 15 号播种，8 月 9 号收获。田间管理同当地大田生产。

各小区灌溉定额均为 5.4m^3（分茎 2.4m^3+现蕾 1.8m^3+盛花 1.2m^3）（小区面积为 20m^2；4m×5m）（由于 2013 年 5 月下旬开始的丰富降雨，后两次灌溉取消）。

2.2.2　主要的观测项目及测定方法

在胡麻各个生育时期（各个生长阶段）、各个器官（根、茎、叶、花、果实、籽粒以及整株）的大田和实验进行观察、拍照。

分别在苗期、蕾期、花期、子实期和成熟期，每个小区选取 $1m^2$ 取样，分茎、叶、非籽粒（包括花蕾、花、花柄、果柄和果轴等）和籽粒，于恒温箱中 105℃杀青 30 min，而后在 70℃烘至恒重，测定植株地上部分各器官的干物质重量。

称干重后，将样品粉碎，采用 H_2SO_4-H_2O_2 消煮和凯氏定氮法测定样品含氮量（浓度）。再乘以各器官干重，算出各器官和整个地上部分氮的累积量。有关公式计算如下。

植株吸收的总氮量（kg/hm^2）= 植株干物质重×植株全氮含量

营养器官氮素转移量（kg/hm^2）= 开花期营养器官氮素积累量-成熟期营养器官氮素积累量

氮素转移效率（%）=（营养器官氮素转移量/开花期营养器官氮素积累量）×100

氮素贡献率（%）=［营养器官氮素转移量（或花后同化氮量）/成熟期籽粒中氮积累量］×100

氮肥农学利用率（kg/kg）=（施氮区产量-未施氮区产量）/氮肥用量

氮肥表观利用率（%）=（施氮区作物收获时地上部的氮累积总量-未施氮区作物收获时地上部的氮累积总量）/氮肥用量×100

分别在苗期、现蕾期、盛花期、子实期和成熟期，每个小区选取 $1m^2$ 取样，从各个时期的胡麻取样中选取其中长势一致的胡麻 30 株，分别放于自封袋，标记后液氮处理、-80℃冰箱中保存，待测硝酸还原酶（NR）和谷氨酰胺合成酶（GS）活性；采样后迅速放入冰箱冷藏，待测叶绿素、可溶性蛋白和游离氨基酸含量。

收获前，每个小区取样 15 株，进行室内考种，项目包括株高、分茎数、分枝数、单株蒴果数、蒴果大小、蒴果籽粒数、单株粒数（根据前三项计算）、

植株氮含量测定：

用浓 H_2SO_4-H_2O_2 法消煮，半微量凯氏定氮法测定氮。见鲍士旦主编《土壤农化分析》。

氮代谢相关指标测定：

叶绿素含量测定：参考邹琦的方法，分别称取新鲜胡麻叶片和茎各 0.2 g，用 10ml 80%丙酮浸泡，于室温下遮光静置至样品完全发白，对提取液比色，分别测定 663 nm（叶绿素 a 吸收峰）、646 nm（叶绿素 b 吸收峰）和 470 nm 的 OD 值，然后按下面公式计算叶绿素含量。

Chla（mg/ L）= $12.21OD_{663}-2.81OD_{646}$

Chlb（mg/ L）= $20.13OD_{646}-5.03OD_{663}$

ChlT（a + b）（mg/ L）= $7.18OD_{663}+17.32OD_{646}$

Ccar（mg/ L）=（1 000OD$_{470}$-3. 27Ca-104Cb）/229

Chl（Car）（mg/ g）=［浓度（mg/ L）×提取液体积（ml）］/［质量（g）×1 000］

游离氨基酸含量测定：采用茚三酮法测定。参考邹琦（1995）主编《植物生理生化实验指导》。分别称取新鲜胡麻叶片和茎各 0. 5g，于研钵中加入 5ml 10%的乙酸，充分研磨，转移至 100ml 容量瓶中，以蒸馏水定容，用干滤纸过滤。吸取样品滤液 1ml 于刻度试管中，加蒸馏水 1ml，水合茚三酮 3ml，抗坏血酸 0. 1ml，混匀，沸水浴中加热 15min，取出，在冷水浴中冷却，使加热时形成的红色逐渐被空气氧化而褪色，至溶液成蓝紫色时，用 60%乙醇定容至 20ml，摇匀，于 570nm 下测定吸光值，然后按下式计算 100g 植物鲜材料中游离氨基酸的氨基酸含量。

$$C = \frac{b \times \frac{V_t}{a}}{W} \times 100$$

式中，C—100g 鲜材料中游离氨基酸含量（mg/100g 鲜样）；b —查标准曲线值；V_t—样品提取液稀释总体积（ml）；a —测定所取滤液体积（ml）；W—样品重（g）。

硝酸还原酶（NR）活性测定：按李合生主编《植物生理生化实验原理和技术》。

谷氨酰胺合成酶（GS）活性测定：

酶液提取：称取新鲜叶片和茎各 0. 5g，加入 6ml pH 值为 7. 6 的 10mmol/L 的 Tris-HCl 缓冲液（内含 1 mmol/L 的 $MgSO_4$，1mmol/L 的 EDTA，1mmol/L 的 β-巯基乙醇）和少量石英砂，冰浴研磨，4℃下 15 000×g 离心 30min，上清液即为酶液。

显色反应：取粗酶液 0. 7ml 2 份，分别加入 1. 6ml 反应混合液 A（pH 值为 7. 8，含 50mmol/L 咪唑-HCI 缓冲液，20mmol/L $MgSO_4$，0. 5mmol/L EDTA，60mmol/L 和 10mmol/L ATP ）和 1. 6 ml 反应混合液 B（反应混合液 A 中加入 10mmol/L 盐酸羟胺），混匀后，置 30℃ 水浴 30min 后加入 1ml 显色剂（含 0. 2 mol/L TCA，0. 37mol/L $FeCl_3$和 0. 6 mol/L HCl），摇匀后放置片刻，于 4 000r/min离心 10min，取上清液测定 540 nm 处的吸光值，以 1. 6 ml 反应混合液 A 为对照。

谷氨酰胺合成酶（GS）活性测定用下式计算。

$$\text{GS 活力}（A \cdot mg^{-1} \cdot h^{-1}）= \frac{A}{P. V. t}$$

式中，A—540 nm 处的吸光值（$mg^{-1} \cdot h^{-1}$）；P—粗酶液中可溶性蛋白含量（$mg^{-1} \cdot ml^{-1}$）；V—反应体系中加入的粗酶液体积（ml）；t—反应时间（h）。

可溶性蛋白测定：用考马斯亮兰 G-250 法测定。

取粗酶液 0. 5ml，用水定容至 100ml，取 2ml，用考马斯亮蓝 G-250 测定可溶性蛋白质。加入 5ml 考马斯亮蓝 G-250 试剂，充分混匀，放置 2min 后在 595nm 下比色，用下式计算样品蛋白质含量。

$$C=\frac{a\frac{V_t}{V}}{W}$$

式中，C—样品蛋白质含量（mg/g 鲜重）；a—查标准曲线所得每管蛋白质含量（mg）；V_t—提取液总体积（ml）；V—测定所取提取液体积（ml）；W—取样量（g）。

数据用 SPSS 软件、DPS 软件进行分析；Excel 2007 绘图。

3　胡麻的生长发育特性

3.1　胡麻形态特征

胡麻的整个植株可分为根、茎、叶、花、果实、籽粒六个部分。

3.1.1　根

胡麻属双子叶植物，为直根系，由主根和侧根组成。主根细长略呈波状，入土较深，可达100cm以上。从主根上发生许多侧根，侧根短、多而细弱。侧根密集在耕层5~30cm深度内。根的入土深度和分布情况与土壤条件有密切关系。在深耕多肥的条件下，由于活土层深，养分分布比较均匀，扩大了根系的吸收范围，因此，根系的分布面积较大，生长也比较健壮。气候和种植密度等对根系的发育也有影响。总的看，胡麻的根系发育较弱，与地上部比较，根系所占比例较小，全部根系干重占植株干重的10%~15%。油用型品种根系要比纤维用型的发达，入土也比较深，能够充分利用土壤深层的水分和养分，所以胡麻的抗旱耐瘠能力较强，适于在高寒、干旱地区栽培（图3-1）。

3.1.2　茎

胡麻的茎细软而柔韧，呈圆柱形，生长后期茎的下部呈木质化，比较粗硬，向上则渐渐细软，富有弹性，蒴果成熟前，茎呈浅绿色，表面光滑，表皮外附有角质层和白色蜡粉，减少了水分蒸发，对抗旱有一定的作用。生长中的茎枝为绿色，成熟茎秆变为土黄色。茎高一般30~70cm，纤用型则一般在70~125cm。茎的粗细因栽培条件、种植密度大小而不同，且变化较大，一般为1~5mm。胡麻成熟的茎由主茎、分茎和茎上的分枝组成；主茎与直根系形成植株的主干。早期分茎是从子叶叶腋处产生，最多2个。分茎也可以从主茎下部真叶叶腋处发生。在稀播情况下易发生多个分茎，多达4~6个。当前推广种植的油纤兼用型亚麻（胡麻）品种分茎数较少，在稀播情况下也只发生2~3个分茎，在田间正常密度下大多发生1个分

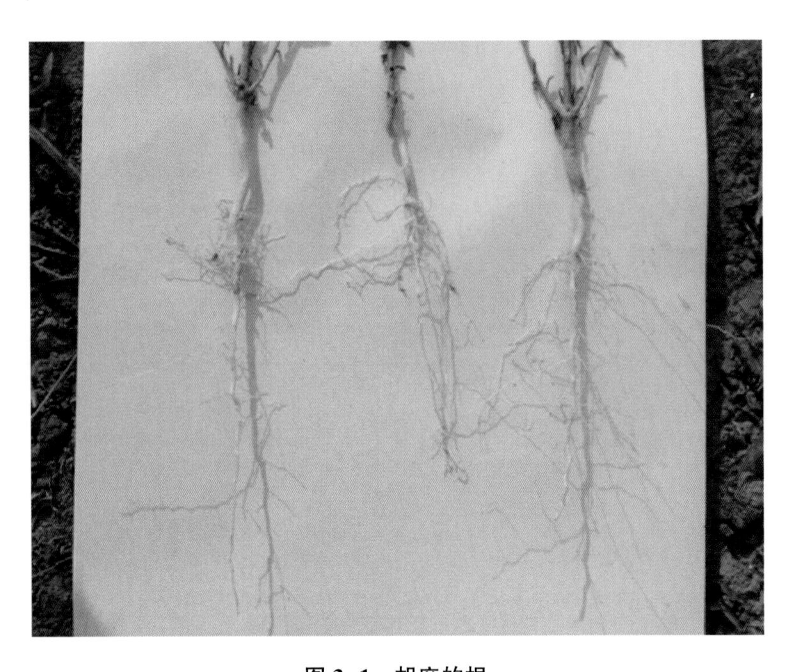

图 3–1 胡麻的根

Fig. 3–1 The root of oil flax.

茎。在胡麻主茎上部的叶腋处会发生一级分枝 3~5 个，分枝与主茎延长线之间的夹角一般为 30°~60°。在每个一级分枝上的叶腋处又会发生 1 个第二级分枝，依次为三级、四级分枝。在优良栽培条件下，有的品种会发生第五级分枝。如果在胡麻生育后期，雨水充足，会产生返青现象，也会在茎的上部叶腋处发生多个一级分枝，能开花结果，但难以成熟。如果这种返青现象发生在分茎上，因为不能结出成熟的果实，称其为无效分茎。可以收获到成熟蒴果的分茎，是有效分茎。主茎上部的分枝，因品种、栽培条件不同而有所差异，油用型品种比纤用型多，但与种植密度有直接关系，密度大，则分枝少；反之密度小，则分枝多，一般情况下分枝 4~6 个。分枝多少对结果和产量直接相关，因此分枝的多少，在很大程度上决定着产量的高低。一般由子叶着生处至花序的顶端为茎的高度。由子叶痕迹处至第一分枝的茎高，称为工艺长度。工艺长度是衡量出麻率的标准。从茎的解剖特点看，胡麻茎是由表皮、韧皮部、形成层、木质部及髓五部分组成。在韧皮部内有纤维束均匀分布，成环状纤维束层，所以胡麻也属于韧皮纤维植物（图 3–2、图 3–4）。

图 3-2（A） 图 3-2（B）

图 3-2（C） 图 3-2（D）

图 3-2 胡麻的茎

A、B 胡麻茎（整株）；C 分茎；D 分枝

Fig. 3-2 The stem of oil flax.

A，B indicated stem of oil flax above ground，respectively；

C indicated the division of stem；D indicated branch

3.1.3 叶

胡麻种子萌发、幼苗出土时展开的是1对子叶，见到阳光后呈现为绿色，形状为圆卵形或长卵形，是识别不同胡麻品种的特征之一。胡麻的真叶狭小细长，形似柳树叶。全缘、无叶柄和托叶，叶色呈绿色或深绿色。叶的形状因着生的部位不同而有差异，一般茎下部叶片较小呈匙形，中部的叶片较大，呈纺锤形，上部的叶片呈披针形。叶的大小不等，一般叶长2~4cm，宽为0.2~0.6cm。叶的排列方式不定，一般1~3对真叶为对生，下部叶为互生，往上随着茎秆的伸长，依螺旋状着生于茎的周围。叶片的多少因品种不同而有差异，一般1株为60~150片真叶，茎的上下部叶片生长密而多，中部的叶片稀而少。叶面覆有蜡质，叶面积较小，蒸腾系数为270~300。叶的生长速度，一般遵循前期少，中期多，后期又少的生长规律。进入成熟期，叶片从茎秆基部开始，依次向上先后变黄和脱落（图3-3、图3-4）。

图3-3（A）　图3-3（B）

图3-3（C）

图3-3　胡麻的叶

（A. 叶；B. 叶正面；C. 叶背面）

Fig. 3-3　The leaf of oil flax.

（A. Leaf; B. The front of oil flax leaf; C. The back of oil flax leaf）

图3-4（A）　　图3-4（B）

图 3-4　胡麻茎叶（A、B）

Fig. 3-4　The stem and Leaf of oil flax（A，B）.

3.1.4　花

胡麻的花为聚伞形花序，它着生于主枝和自叶腋生出的分枝顶端。花直径为15~25mm，花梗长1~3cm，直立；萼片5，卵形或卵状披针形，长5~8mm，先端凸尖或长尖，花瓣5片，倒卵形，长8~12mm，各花瓣下部连成一体，呈漏斗状。花的颜色多为蓝色、浅蓝、紫色和白色，也有红色、淡红色或黄色的。花内有雄蕊5枚，花丝基部合生；退化雄蕊5枚，钻状；花柱5枚，分离，柱头比花柱微粗，细线状或棒状，长于或几等于雄蕊。子房分割成5室，每室藏有胚珠两个，每个胚珠授粉后发育成1粒种子（图3-5、图3-6、图3-7、图3-8）。

图3-5（A）

图3-5（B）

图3-5（C）

图3-5（D）

图3-5（E）

图 3-5　胡麻花

［A. 蓝花（可见雄蕊和花粉）；B. 蓝花背面；C. 紫花（可见分离花柱）；D. 白花；E. 红花］

Fig. 3-5　The flower of oil flax.

［A. Blue flower (with stamens and pollen)；B. The back of blue flower；
C. Purple flower (with seperation style)；D. White flower；E. Red flower］

图3-6（A）

图3-6（B）

图3-6（C）

图 3-6 （胡麻花）花萼

［A. 花萼；B. 花萼（正面）；C. 花萼（背面）］

Fig. 3-6 The calyx of oil flax flower.

（A. Calyx；B. The front of calyx；C. The back of calyx）

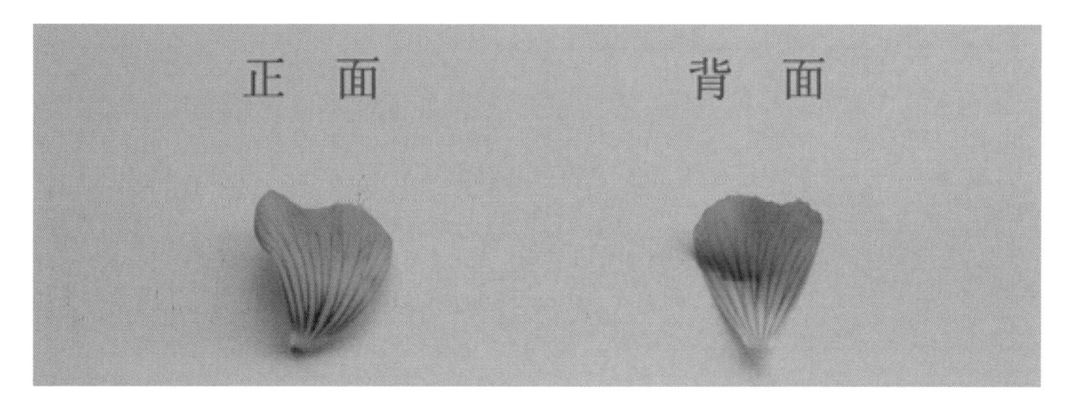

图 3-7 （胡麻花）花瓣（正面、背面）

Fig. 3-7 The petal of oil flax（The front of petal；The back of petal）.

图3-8（A）

图3-8（B）

图3-8（C）

图3-8（D）

图 3-8　（胡麻）花解剖结构

A. 雄蕊和雌蕊（去花萼、花瓣）；B. 子房（去花萼、花瓣，留 1 雄蕊，可见分离花柱）；
C. 子房纵剖（去花萼、花瓣，留 1 雄蕊，可见分离花柱）；
D. 子房纵剖（去花萼、花瓣、雄蕊，可见分离花柱）

Fig. 3-8　The flower anatomical structure of oil flax.

A. The stamens and pistil of oil flax flower (Remove calyx and petal); B. The ovary of oil flax flower (Remove calyx, petal and retain a stamen, style seperation); C. The longitudinal profile of ovary (Remove calyx、petal and retain a stamen, style seperation); D. The longitudinal profile of ovary (Remove calyx、petal、stamens and style seperation).

3.1.5 果实

胡麻果实为球形蒴果，顶端稍尖，如桃形，有些地方称其为“麻桃”“桃”，直径 5~10mm。未成熟为绿色，成熟的果实是黄褐色或褐色。果实是授粉后成熟的子房，子房内有 5 室，室间又有隔膜，共分成 10 个小室。每个小室着生 1 粒种子，主茎顶果和一级分枝果的每个蒴果内一般都结有 10 粒种子。但二级以上分枝蒴果内大多含有 6~8 粒种子。成熟的蒴果各室之间具有结合楞，蒴果不易裂缝，可以形成胡麻口紧而不落粒。但若收获过迟、天气干燥或遇多雨的天气则易裂开并落粒。每株胡麻结蒴果的多少随种类及栽培条件不同差别较大。油用型结果最多，纤用型结果最少，油纤兼用型介于二者之间。同一品种，在水肥条件好的土地上栽培，单株蒴果数较多；在干旱瘠薄的土地上种植，单株蒴果数就少得多，相差很大，可达 1 倍以上（图 3-9、图 3-10）。

图3-9（A）

图3-9（B）

图 3-9 （胡麻果实）蒴果

（A. 未成熟蒴果；B. 成熟蒴果）

Fig. 3-9 The capsule of oil flax.

（A. Immaturate capsule；B. Maturate capsule）

图3-10（A）

图3-10（B）

图3-10（C）

图3-10（D）

图 3-10　胡麻蒴果剖面

A、B. 横剖（未成熟）；C. 纵剖（未成熟）；D. 纵剖（成熟）

Fig. 3-10　The capsule profile of oil flax.

A and B. Transverse profile (immaturate); C. Longitudinal profile (immaturate);

D. Longitudinal profile (maturate)

3.1.6　籽粒

早在 2 600 多年前，古希腊医药之父希波克拉底记载了胡麻籽止腹痛和抗炎的医药用途，古印度文献还记载说每天食用胡麻籽可保心身健康。到中世纪时，胡麻籽在小亚细亚地区广泛种植，希腊甚至立法要求国民食用胡麻籽。在我国胡麻籽始载于《本草图经》，为亚麻科植物麻的种子，又名亚麻籽、壁虱胡麻、亚麻仁，是药食同源之品，并作为常用中药被《中国药典》收载。药理研究表明胡麻籽的活性成分具有卓著的降血压、降血脂、抗癌、抗炎、抗过敏、降血糖、提高记忆力和肌体免疫力等作用，并已用于治疗心血管病、风湿、癌症、化学性肝损伤、疟疾、糖尿病、狼疮肾炎等疾病。

胡麻籽营养成分丰富，含有较高油脂、蛋白质、食用纤维、维生素和多种矿物质等。分析表明，棕色胡麻籽通常含41%的油脂、20%的蛋白质、28%的膳食性纤维、7.7%的水分及3.4%的灰分。现代研究表明，胡麻籽含有多种优质营养成分和活性物质：胡麻籽油中含有5%～6%的棕榈酸、3%～6%的硬脂酸、19%～29%的油酸、14%～18%的亚油酸和高达45%～52%的亚麻酸等。亚麻酸（属于ω-3脂肪酸）是人体必需的多不饱和脂肪酸，具有降血脂，预防冠心病和动脉粥样硬化，健脑明目的功效，其衍生物EPA和DHA具有预防肿瘤发生和抑制肿瘤细胞增殖的作用。胡麻籽中含有丰富的木酚素类物质，其结构与人体雌激素十分相似，被认为是对人类非常有益的生物活性物质，又称植物雌激素。胡麻木酚素可以转化成哺乳动物性激素类似物进入体内，具有抑制人体乳腺癌细胞生长、减小乳腺肿瘤、降低乳腺癌发生率、减轻妇女绝经期症状、预防结肠癌、抑制前列腺癌等活性功能，在保健食品、医药、化妆品中都有广阔的应用前景。胡麻籽含有10%～30%的蛋白质，胡麻籽蛋白具有高支链氨基酸（BCAA：缬氨酸、亮氨酸、异亮氨酸）、低芳香族氨基酸（AAA）和高Fischer比率（BCAA/AAA）的蛋白质。这可为特殊需要的病人提供能产生特殊生理功能的食品，如患有癌症、烧伤、外伤和肝炎等营养不良的病人。胡麻籽含有28%的膳食纤维，其中，33%为可溶性纤维，比燕麦中可溶性纤维含量还高。胡麻籽含有3%～10%的亚麻胶，它主要存在于胡麻籽表皮当中，高者可占到胡麻籽皮质量的20%，是一种天然的亲水性胶体、多功能天然绿色食品添加剂。阿魏酸和香豆酸是公认的天然抗氧化剂，也是近年来国际营养业界所认知的防癌物质，在脱脂胡麻籽粉中含有阿魏酸10.23～25.97mg/100g，对香豆酸10.7～23.6mg/100g，在胡麻籽皮中阿魏酸和香豆酸含量更高，等等。由于胡麻籽中富含多种生物活性成分，美国国家癌症研究所（NCI）已把胡麻籽列为6种抗癌植物研究对象之一，其开发利用已成为开发功能性食品和食品配料的热点。

同时，胡麻籽中也存在一定量的生氰糖苷（在适宜条件下释放HCN）、胰蛋白酶抑制剂、植酸（一种金属离子螯合剂）、亚麻亭（抗维生素B_6因子）等抗营养因子。

3.1.6.1 胡麻籽的形态、结构及一般性营养成分

胡麻籽粒，即种子，呈扁平卵形，前端稍尖且有弯曲，似鸟嘴状，表面平滑而有光泽，流散性很好，上面沉积色素点，颜色有白、黄、棕、褐、暗褐、红褐、黄褐、浅红褐、深褐等色，见图3-11。每粒种子长4～6mm，宽2～3mm；厚1mm左

图3-11（A）　图3-11（B）

图3-11（C）　图3-11（D）

图3-11（E）　图3-11（F）

图 3-11　不同颜色的胡麻籽粒（A、B、C、D、E、F）

Fig. 3-11　The different color of flaxseed（A，B，C，D，E，F）.

右。千粒重因品种和栽培条件的不同而有一定差异，胡麻籽粒（种子）千粒重在

4~12g，根据籽粒大小可分为大粒种、中粒种和小粒种。其划分的标准是：千粒重在8g以上为大粒种，5~8g为中粒种，5g以下的为小粒种。油用及油纤兼用亚麻（胡麻）种子千粒重一般为5~12 g，纤用亚麻则为3.5~5.0g。同一植株的种子，因不同部位而粒重有所差异。据观察，主茎顶端果的千粒重高于分枝果，且随分枝次数的增多，千粒重规则地下降。这一规律与蒴果着粒数的高低是一致的。因此在生产上通过合理密植增加早期蒴果的比重，是增加籽粒产量的重要措施之一。

胡麻籽粒由表皮、胚乳和子叶3个部分组成。图3-12为胡麻籽粒的横截面结构。胡麻籽粒表皮厚实，可分为4层，最外层含有黏质物的碳水化合物（果胶物质），吸水性强，占全籽重量的3%~10%，因此，种子贮藏时应防止受潮，以免黏结成团，降低品质，影响发芽，这也是胡麻种子不宜用药液消毒的主要原因。然后依次向内为周边细胞、纤维层和色素层，色素层使种子具有色泽。表皮下面为胚乳层，含有丰富的蛋白和油脂，胚乳的下面为子叶，胚生长时用胚乳作养料；种子中部为胚，由两片子叶及短的胚根组成。与其他很多油料种子不同，胡麻籽粒的胚乳

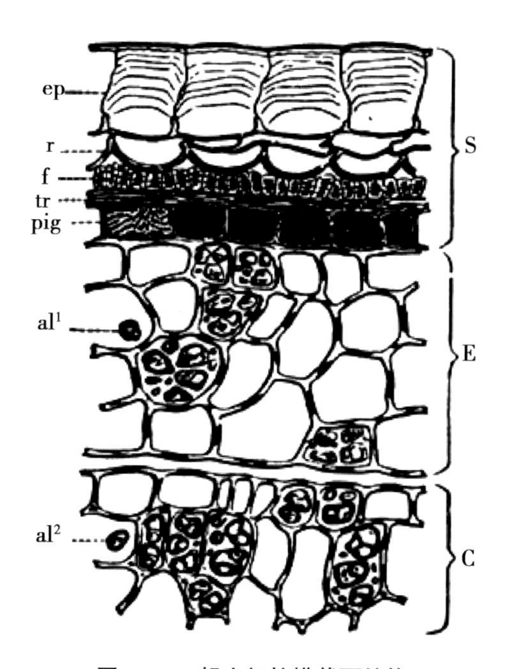

图3-12 胡麻籽粒横截面结构

（S. 种皮，ep. 表皮，r. 周边细胞，f. 纵向纤维，tr. 横向纤维，pig. 色素细胞，E. 胚乳，al^1. 胚乳中的糊粉粒；C. 子叶，al^2. 子叶中的糊粉粒）（×300）

Fig. 3-12 Cross-section of flaxseed.

（S. spermoderm; ep. epidermis; r. round cells; f. longitudinal fibres; tr. transverse fibres; pig. pigment cells; E. endosperm with aleurone grains（al^1）; C. cotyledon with aleurone grains（al^2）

——引自：张斌．亚麻木酚素的提取纯化与生物活性研究［D］. 无锡：江南大学，2007.

层与表皮结合较为紧密，而非与子叶密切相连。这种结构使得其仁壳分离时，胚乳往往在富壳组分中，不利于其加工利用。

在胡麻籽粒中，含有丰富的脂肪、蛋白质、膳食纤维、碳水化合物，以及多种矿物质、维生素等营养成分。分析表明，加拿大褐色胡麻籽一般平均含41%的脂肪，20%的蛋白质，28%的总膳食纤维，7.7%的水分，3.4%的灰分和多种矿物质等。其组分因品种、产地、气候、栽培条件以及加工、分析方法等不同而有所差异。胡麻籽的一般性营养成分见表3-1、表3-2。

表3-1 胡麻籽的一般性营养成分（g/100g干基）

Table 3-1 The nutritional ingredient of flaxseed（g/100g dry basis）.

成分	碳水化合物	粗纤维	脂肪	粗蛋白	水分	灰分
含量	6.12 ± 0.53	28.5 ± 0.46	43.58 ± 0.73	20.9 ± 0.16	6.09 ± 0.37	4.28 ± 0.55

——引自：任海伟，李雪，唐学慧．亚麻籽粒及其油脂的特性分析与营养评价［J］．食品工业科技，2011（6）：143-145.

表3-2 胡麻籽的一般性营养成分（g/100g）

Table 3-2 Proximate composition of flaxseed based on common measures [a]（g/100g）

Form of flax	Energy	Total fat	ALA [b]	Protein	Total CHO [c,d]	Total dietary fibre
Proximate analysis	450	41.0	23.0	20.0	29.0	28.0

[a]Based on a proximate analysis conducted by the Canadian Grain Commission（11）. The fat content was determined using the American Oil Chemists' Society（AOCS）Official Method Am 2-93. The moisture content was 7.7%.

[b]ALA = Alpha-linolenic acid, the essential omega-3 fatty acid.

[c]CHO = Carbohydrate.

[d]Total Carbohydrate includes carbohydrates like sugars and starches（1 g）and total dietary fibre（28 g）per 100 g flax seeds.

——数据来自于：Diane H. Morris, PhD. FLAX-A Health and Nutrition Primer, Fourth Edition, 2007.

注：表3-1、表3-2表示不同样品的胡麻籽（品种、产地、生长状况、不同分析方法等）的一般性营养成分．

3.1.6.2 胡麻籽主要功能性营养成分

α-亚麻酸（ALA）

α-亚麻酸（alpha-linolenic acid C18：3n-3，英文缩写：ALA）为18碳三价不饱和脂肪酸；

化学名：全顺式 - 9，12，15 - 十八碳三烯酸（Allcis- 9，12，15-Octadecatrienoic Acid）；

表示符号：C 18：3n-3、ω-3；

简记为：$\Delta^{9,12,15}$-18：3；

分子式：$C_{18}H_{30}O_2$；相对分子量为 278；

化学结构式为：

$CH_3CH_2CH=CHCH_2CH=CHCH_2CH=CH(CH_2)_7COOH$，非共轭立体构型

植物体内多不饱和脂肪酸的合成是在单不饱和脂肪酸至甲基端的碳原子上脱氢而成，动物则从双键至羧基端的碳原子上脱氢，即植物油可从油酸（ω-9）向亚油酸（ω-6）向 α-亚麻酸（ω-3）转变，动物则不能。哺乳动物缺乏在脂肪酸第九位碳原子向甲基端位置引入不饱和双键的去饱和酶，自身不能够合成亚油酸和 α-亚麻酸，必须从食物中获取，因此只有亚油酸和 α-亚麻酸才是人体真正必需脂肪酸。多不饱和脂肪酸（polyunsaturated fatty acids，英文缩写：PUFA）因其结构特点及在人体内代谢的相互转化方式不同，主要分成 ω-3 及 ω-6 两个系列。在多不饱和脂肪酸分子中，距羧基最远端的双键是在倒数第 3 个碳原子的称为 ω-3 或 n-3 多不饱和脂肪酸，如在第 6 个碳原子上的，则称为 ω-6 多不饱和脂肪酸。ω-3 系列包括：α-亚麻酸（ALA）；二十碳五烯酸（eicosapentaenoic acid C20：5n-3，英文缩写：EPA）；二十二碳六烯酸（docosahexaenoic acid C22：6n-3，英文缩写：DHA）。ω-6 系列包括十八碳二烯酸（俗称亚油酸，linoleic acid C18：2n-6，英文缩写：LA）、十八碳三烯酸（俗称 γ-亚麻酸，γ - lin2 olenic acid，英文缩写：GLA）、二十碳四烯酸（俗称花生四烯酸，Arachidonic acid，英文缩写：AA）。α-亚麻酸在人体内可代谢为二十碳五烯酸（EPA）和二十二碳六烯酸（DHA），所以在体内其功能与 EPA 和 DHA 相似。α-亚麻酸主要经肠道直接吸收，在肝脏贮存，经血液运送至身体各部位，直接成为细胞膜组成物质。其次，α-亚麻酸作为 ω-3 多不饱和脂肪酸，在碳链延长酶和脱氢酶作用下，经碳链延长和去饱和可代谢生成多种高活性物质，其中最重要的为二十碳五烯酸（EPA）和二十二碳六烯酸（DHA），EPA 和 DHA 对动物及人体健康有重要影响。EPA 是前列腺素前体物质，在脂氧化酶和环氧化酶的作用下生成 PGE_5、PGI_3、LTB_5、TXA_3 等活性物质，调控机体诸多生化反应。前列腺素 PGI 控制着体内多种生理过程，能抑制血管紧张素合成及其他物质转化为血管紧张素的作用，能扩张血管，降低血管张力，对高血压病人的收缩压和舒张压有明显的降压作用；α-亚麻酸及其代谢物 EPA 和 DHA 选择性地渗入某些重要器官，如大脑皮质、视网膜等，参与构成乙醇胺磷脂和神经磷脂，对神经系统起作用，是维持大脑和神经系统所必需的因子，人体缺乏 α-亚麻酸，则大脑、视网膜等神经系统将发生异常障碍，因此，α-亚麻酸又被称为神经系统的必需脂肪酸；抑制

癌细胞转移：癌细胞在血液中运输，到达组织后增殖，其增殖情况与血小板功能密切相关，PGI_2 抑制血小板凝集，使癌细胞的转移减少。EPA 和 DHA 也是深海鱼油的有效活性成分，因此富含 α-亚麻酸的胡麻油又被称之“高山上的深海鱼油”。

ω-3 和 ω-6 脂肪酸的代谢途径见图 3-13、图 3-14。

α-亚麻酸至少具有以下 8 方面的生理功效，被国际医学界、营养学界所公认：①预防心脑血管病：α-亚麻酸可以改变血小板膜流动性，从而改变血小板对刺激的反应性及血小板表面受体的数目。因此，能有效防止血栓的形成。②降血脂：α-亚麻酸的代谢产物对血脂代谢有温和的调节作用，能促进血浆低密度脂蛋白（LDL）向高密度脂蛋白（HDL）的转化，使低密度脂蛋白（LDL）降低，高密度脂蛋白（HDL）升高，从而达到降低血脂，防止动脉粥样硬化的目的。③降低临界性高血压：α-亚麻酸的代谢产物可以扩张血管，增强血管弹性，从而起到降压作用。④抑制癌症的发生和转移：α-亚麻酸的代谢产物可以直接减少致癌细胞生成数量，同时削弱血小板的凝集作用，抑制二烯前列腺素的生成，恢复及提高人体的免疫系统功能，从而能有效地防止癌症形成以及抑制其转移。⑤抑制过敏反应、抗炎作用：α-亚麻酸对过敏反应的中间体 PAF（血小板凝集活化因子）有抑制作用。所以认为，α-亚麻酸对过敏反应及炎症有抑制效果。⑥抑制衰老：服用 α-亚麻酸后，GSH～Px 及 SOD 活性增加，MDA 的生成减少，揭示 α-亚麻酸有抗衰老作用。⑦增强智力：18 个碳原子的 α-亚麻酸可以进一步延长碳链，增加双键个数，生成 EPA 和 DHA。DHA 在脑神经细胞中大量集存，是大脑形成和智商开发的必需物质；胎儿和婴儿正常的生长和发育也需要 DHA。⑧保护视力：视网膜中特别是视细胞外 DHA 特别多，如果缺乏，视力就会下降，视网膜反应能力恢复时间就会延长。而 α-亚麻酸代谢产物 DHA，可以提高和保护视力。

胡麻籽中含有丰富的油脂，含油率一般在 38.0%～45.0%，把从胡麻籽中制取的油脂叫作胡麻（籽）油，有些地方也叫亚麻油。胡麻油是一种优质的食用油，脂肪酸平均相对分子量为 270～307，碘价高，容易氧化聚合，也称之为干性油。富含多种不饱和脂肪酸（PUFA），其中含有大量具有多种保健功能的 α-亚麻酸（ALA），根据胡麻籽品种、产地、品质等不同，含量在 45%～65%不等，可作为 ω-3 多不饱和脂肪酸的重要来源。其饱和脂肪酸比重仅为 9%～11%，而不饱和脂肪酸比重一般为 80%以上，高者可达 90%。其主要为油酸（Oleic aid）13%～29%、亚油酸（LA）15%～30%、亚麻酸（ALA）40%～60%。参见表 3-3、表 3-4。

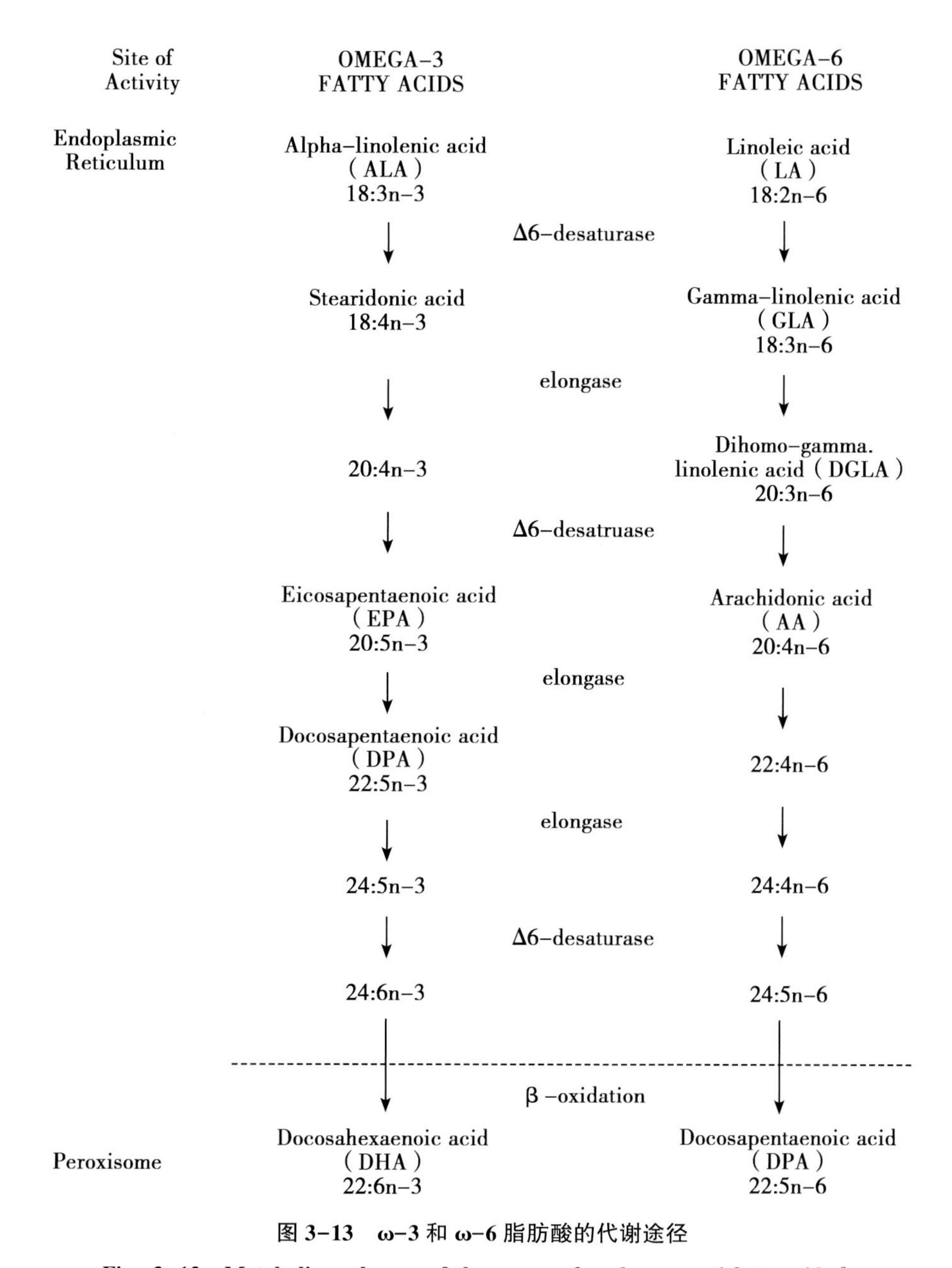

图 3-13 ω-3 和 ω-6 脂肪酸的代谢途径

Fig. 3-13 Metabolic pathways of the omega-3 and omega-6 fatty acids [a].

[a] The conversion pathway shown is the "Sprecher pathway", which is believed to be the major route. Conversion of DPA to DHA via Δ4-desaturase occurs in bacteria and some microorganisms (64). The exact method by which DHA is moved out of the peroxisome is not known, and the factors that affect its translocation have not been identified. New research suggests that regulation of DHA synthesis may be independent of the other steps in the omega-3 pathway (56).

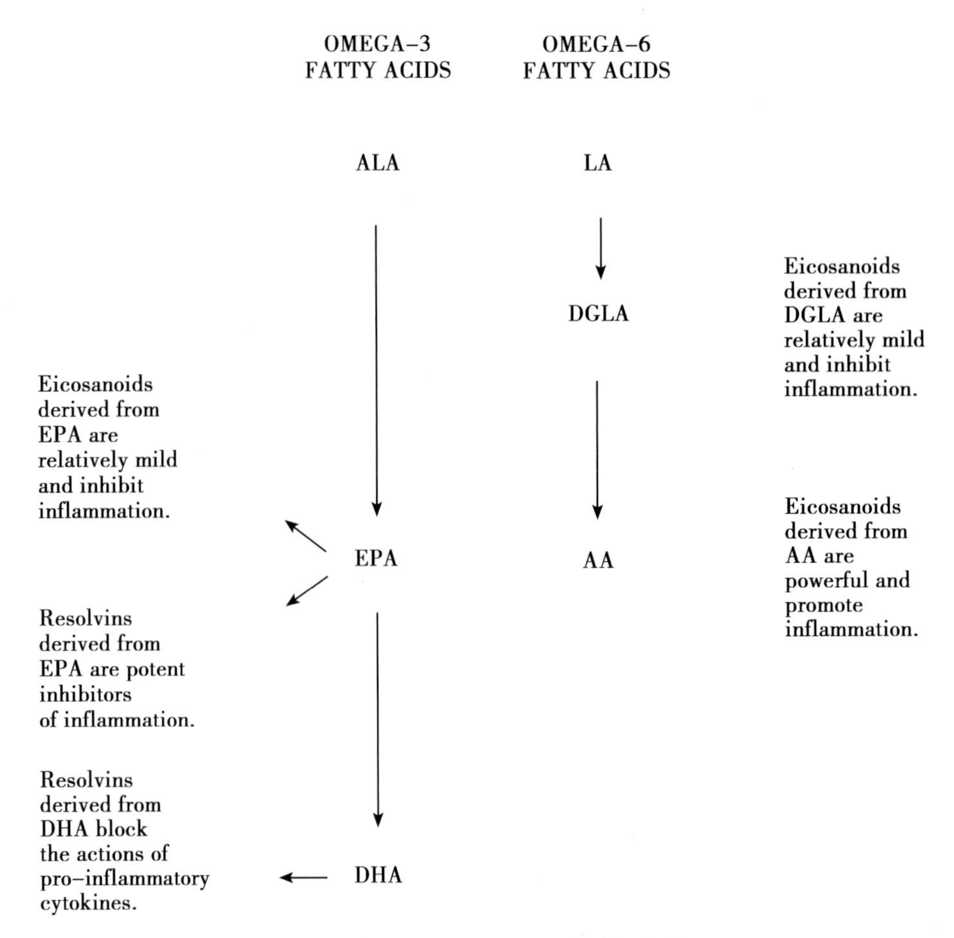

图 3-14 类花生酸和 resolvins 的来源和作用

Fig. 3-14 Sources and actions of eicosanoids and resolvins.

ALA (alpha-linolenic acid) is converted to EPA (eicosapentaenoic acid), which in turn can be converted to certain eicosanoids that are relatively mild in their biologic effects and tend not to promote inflammation. The eicosanoids derived from dihomo-gamma-linolenic acid (DGLA) are like those derived from EPA. Many of the eicosanoids derived from arachidonic acid (AA) are powerful and control immune reactions and inflammation. EPA and docosahexaenoic acid (DHA) can be converted to anti-inflammatory compounds called resolvins.

——图 3-13、图 3-14 引自：Diane H. Morris, PhD. FLAX-A Health and Nutrition Primer, Fourth Edition, 2007.

表 3-3 胡麻油的脂肪酸组成及含量

Table 3-3 Fatty acid compositions and concentration of flaxseed oil

化合物名称	时间(min)	含量(%)	化合物名称	时间(min)	含量(%)
豆蔻酸	18.050	0.05	顺-11-二十碳一稀酸	34.208	0.36

（续表）

化合物名称	时间（min）	含量（%）	化合物名称	时间（min）	含量（%）
棕榈酸	22.278	5.38	二十一碳酸	35.880	0.05
棕榈油酸	23.106	0.08	顺-11，14，17-二十碳三稀酸	37.910	0.06
硬脂酸	27.473	3.27	山嵛酸	39.373	0.12
油酸	28.302	20.18	芥酸	40.340	0.48
亚油酸	29.810	16.22	顺-13，16-二十二碳二稀酸	42.044	0.10
α-亚麻酸	31.778	53.06	木焦油酸	45.640	0.09
花生酸	33.318	0.14	神经酸	46.876	0.05

表 3-4　胡麻油的理化特性

Table 3-4　Physical and chemical indexes of flaxseed oil

项目	测定值
色泽	亮黄色
滋味、气味、透明度	具有胡麻籽油固有的气味、滋味，无异味
碘值（g I_2/100g）	203.65 ± 1.65
折光指数（nD^{20}）	1.476 ± 0.00
比重（d）	0.9358 ± 0.01
皂化值（mg KOH · g^{-1}）	192.65 ± 1.12
酸价（mg KOH · g^{-1}）	1.256 ± 0.10
过氧化值（me · kg^{-1}）	1.365 ± 0.12
黏度（20℃/mPa · s）	52.7 ± 1.35

表 3-3、表 3-4 引自：任海伟，李雪，唐学慧．亚麻籽粒及其油脂的特性分析与营养评价［J］．食品工业科技，2011（6）：143-145.

人体对脂肪的摄入除了注意摄入类型外，还要注意摄入类型应保持一定的比例。一些国家推荐了 ω-3 系和 ω-6 系多不饱和脂肪酸的摄入比例，2000 年日本推荐 4∶1，1998 年加拿大健康委员会（4~10）∶1，1994 年世界卫生组织和联合国粮农组织（5~10）∶1，1992 年英国营养基金会 6∶1。目前的膳食中一般 ω-6 系的脂肪酸比例较大，不利于身体健康，应该增加 ω-3 系脂肪酸的摄入量。传统食用油脂如大豆油、菜籽油、芝麻油、葵花油以及花生油中的 α-亚麻酸含量都很低，且 ω-6 与 ω-3 脂肪酸的比例失衡（表 3-5、表 3-6）。

胡麻油的脂肪酸构成比例非常健康，它含有较少的（约 9%）饱和脂肪酸、中等含量的（约 18%）单不饱和脂肪酸以及非常多的（约 73%）多不饱和脂肪酸（PUFA）。所含的多不饱和脂肪酸中约有 16% 的 ω-6 脂肪酸［以亚油酸（LA）为主］及 57% 的 α-亚麻酸（ALA）［特级加拿大西部胡麻油的脂肪酸组成（10 年平均值，作者：Deqercq，2006）]。

因此，胡麻油成为补充 ω-3 系脂肪酸及合理、健康 ω-3 系和 ω-6 系多不饱和脂肪酸来源的首选。

表 3-5　各种食用油的脂肪酸含量

Table 3-5　Fatty acid concentration of variuous edible oil

种类	饱和脂肪酸（%）	单不饱和脂肪酸（%）	多不饱和脂肪酸 亚油酸（ω-6）（%）	多不饱和脂肪酸 α-亚麻酸（ω-3）（%）
胡麻籽油	9	18	16	57
Solin 油	9	18	71	2
菜籽油	7	61	21	11
葵花油	12	16	71	1
玉米油	13	29	57	1
橄榄油	15	75	9	1
大豆油	15	23	54	8
花生油	19	48	33	—
猪油	43	47	9	1
牛油	48	49	2	1
棕榈油	51	39	10	—
黄油	68	28	3	1

——参考 Diane H. Morris，PhD. FLAX-A Health and Nutrition Primer，Fourth Edition，2007. 改编

表 3-6　食物中的 ALA

Table 3-6　ALA [a] came from food.

Food（食物）	Serving size（食物份量）	ALA（g）α-亚麻酸
Fats and oils（油脂）		
Perilla oil 紫苏油	1 tbsp（1 汤匙）	8.9 [b]
Flax oil 亚麻油	1 tbsp	8.0 [c]
Hemp oil 大麻油	1 tbsp	2.8 [d]
Milled flax 亚麻籽粉	1 tbsp	1.8
Canola oil 菜籽油	1 tbsp	1.3
Soybean oil 大豆油	1 tbsp	0.9
Olive oil 橄榄油	1 tbsp	0.1
Nuts（坚果）		
Walnuts，English 英国核桃	1/2 oz	1.3
Butternuts，dried 干胡桃仁	1/2 oz	1.2
Eggs（鸡蛋）		
Chicken，omega-3-enriched ω-3 鸡蛋	1 large	0.34 [e]
Chicken，regular，large 普通鸡蛋	1 large	0.02

（续表）

Food （食物）	Serving size （食物份量）	ALA（g） α-亚麻酸
Plants（植物）		
Soybeans，green，raw 青大豆	1/2 cup	0.48
Purslane，cooked 熟马齿苋	1/2 cup	0.2
Meat and Poultry（肉和禽）		
Beef，T-bone steak，broiled 烤牛肉烤 T 骨牛排	3 oz	0.18
Pork，wiener 猪肉香肠	1 wiener（1 香肠）	0.12
Beef，ground，patties，broiled 烤牛肉饼	3 oz	0.07
Chicken，breast，roasted 烤鸡胸	1/2 breast（一半鸡胸）	0.03
Fish and Shellfish（鱼和海鲜）		
Shrimp，breaded and fried 炸面包虾	3 oz	0.23
Mackerel，cooked 鲭鱼，煮熟	3 oz	0.10
Salmon，cooked 鲑鱼，煮熟	3 oz	0.04

[a] Unless otherwise noted，data were obtained from the U. S. Department of Agriculture（44）.

[b] Nettleton JA. 1991. ω-3 Fatty acids：comparison of plant and seafood sources in human nutrition. J. Am. Diet. Assoc. 91：331-337.

[c] Flax Council of Canada（11）.

[d] Crew S. [Personal communication，2003]. Hemp Oil Canada. Ste. Agathe，MB.

[e] Average of five brands of omega-3-enriched eggs. Flax Council of Canada. 2003. The novel egg：opportunities for flax in omega-3 egg production. Flax Council of Canada，Winnipeg，MB.

——引自：Diane H. Morris，PhD. FLAX-A Health and Nutrition Primer，Fourth Edition，2007.

木酚素

木酚素（或称木脂素，Lignans）是以 2，3-二苯基丁烷为骨架的二酚类化合物，具有 C6-C4-C6 的基本骨架（图 3-15）。胡麻籽中主要含有开环异落叶松树脂酚（SECO）和罗汉松脂酚（matairesinol，MAT），还有少量的异落叶松树脂醇（Isolariciresinol）、落叶松树脂醇（Lariciresinol）、松脂醇（Pinoresinol）等酚类物质。通常 SECO 是以（图 3-15）开环异落叶松树脂酚二葡萄糖苷（secoisolariciresinol diglucoside，SDG）的形式存在的，SDG 存在 2 种空间异构体。胡麻籽中四种与 SECO 具有共同母体结构的木酚素类物质（图 3-15）其含量远低于 SECO。据 Mazur 等 1996 年测定，胡麻籽中的 SECO 含量为 3 699mg/kg，Matairesinol 为 10.87mg/kg，其他几种木酚素含量很微。Eliasson 等 2003 年测定胡麻籽中 SDG（开环异落叶松树脂酚二葡萄糖苷）为 11 900~25 900mg/kg，可见胡麻籽中的木酚素主要为 SECO，而 SECO 主要是以 SDG 的形式存在。因此，狭义上讲，SDG 或 SECO 往往代指胡麻木酚素（表 3-7）。

SECO 是以二糖苷 SDG 的形式存在于胡麻籽中。研究表明，SDG 也不全以游离形

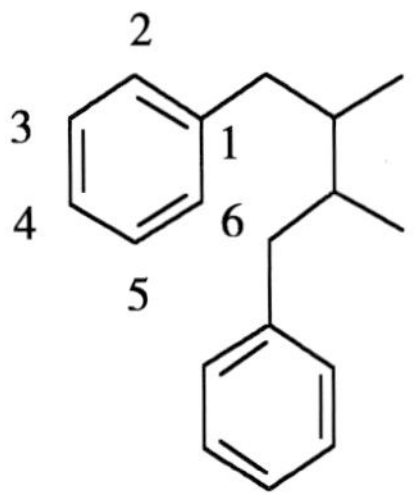

Lignan bsic structure 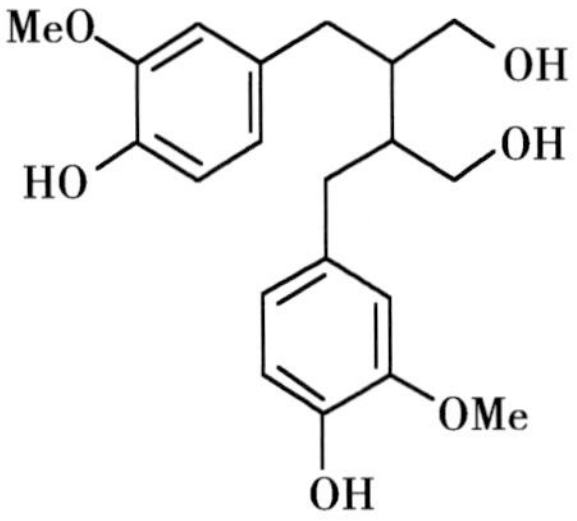　Secoisolariciresinol 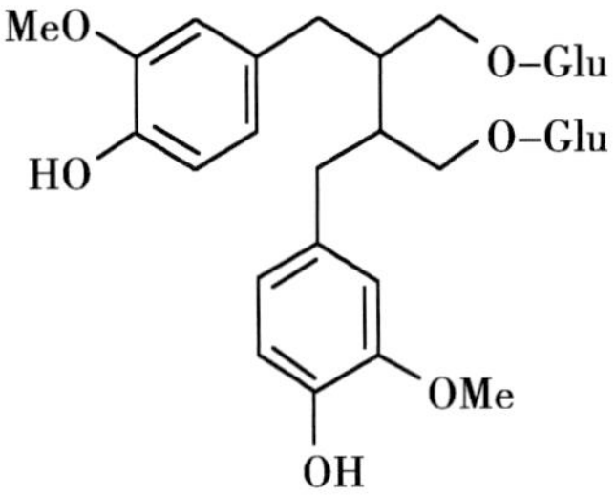　Secoisolariciresinol diglucoside

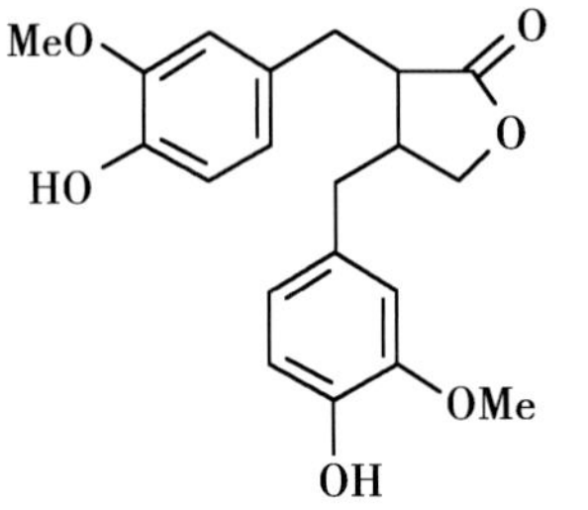

Matairesinol 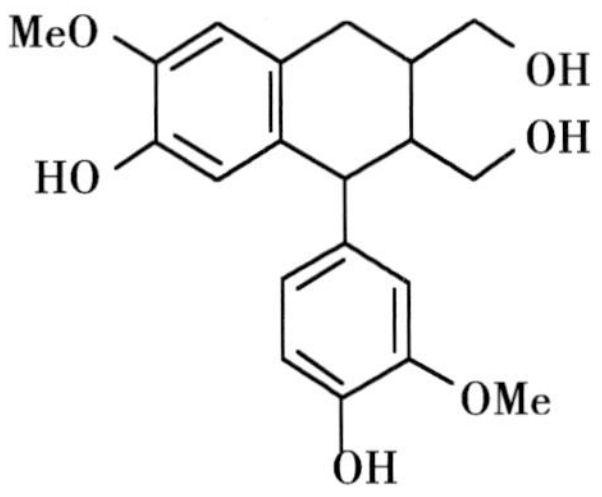　Isolariciresinol

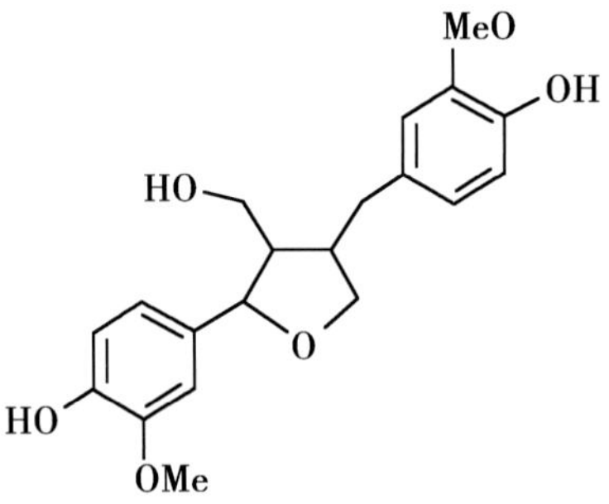

Lariciresinol 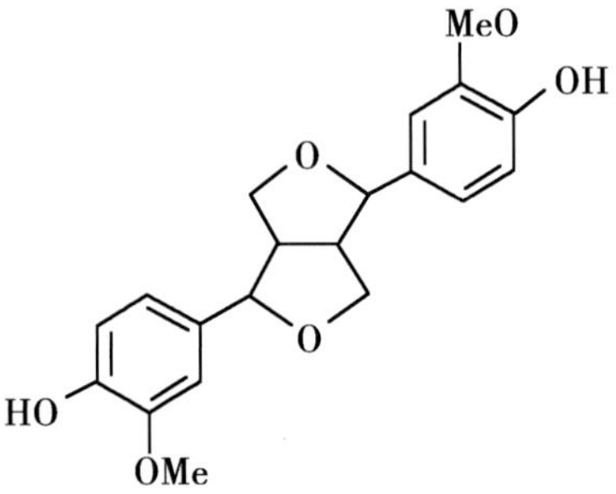　Pinoresinol

图 3-15　木酚素母体结构及胡麻籽中发现的木酚素

（SECO. 开环异落叶松树脂酚；Matairesinol. 罗汉松脂酚；Isolariciresinol. 异落叶松树脂醇；Lariciresinol. 落叶松树脂醇；Pinoresinol. 松脂醇）

Fig. 3-15　Basic structure of lignans and lignans that have been identified in flaxseed.

——引自：张文斌．亚麻木酚素的提取纯化与生物活性研究［D］.无锡：江南大学，2007.

式存在于胡麻籽中，部分 SDG 与 3-羟基-3-甲基戊二酸残基（hydroxy-methyl-glutaric acid，HMGA）通过酯键共价结合（图 3-16），平均每 5 个 SDG 分子与 4 个 HMGA 分子相互交联，生成相对分子质量约 4 000 的低聚体。关于胡麻籽主碳链的空间异构物亦有研究表明，胡麻籽 SDG 存在［2R，2′R］和［2R，2′S］两种光学异构体结构。

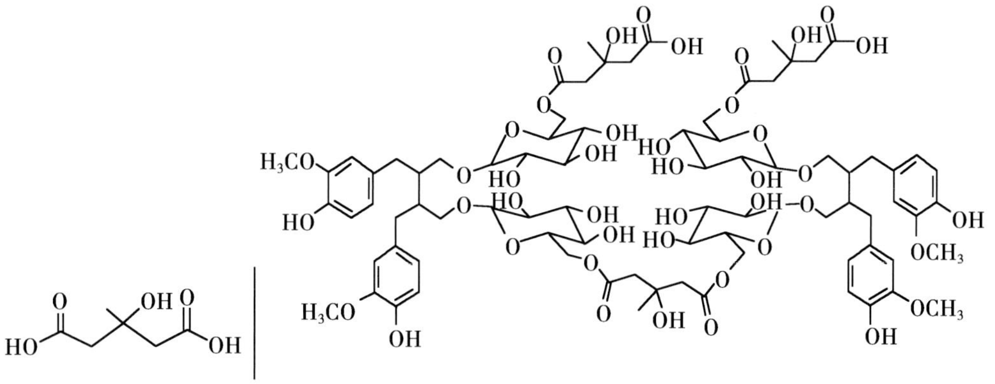

（a）　　　　（b）

图 3-16　（a）HMGA；（b）SDG 与 HMGA 以酯键结合，以低聚体形式存在于胡麻籽中

Fig. 3-16　The structure of（a）3-hydroxyl-3-methyl-glutaric acid, and（b）a polymer composed of SDG and HMGA residues in flaxseed.

——引自：张文斌．亚麻木酚素的提取纯化与生物活性研究［D］.无锡：江南大学，2007.

表 3-7　胡麻籽木酚素含量

Table 3-7　Lignans content of flaxseed

Serving Size	Lignan					
	Summarized by Muir（2006）SDG	Analyzed by Thompson et al.（2006）				
		MAT	LAR	PINO	SECO	Total Lignans
100 g	82～2 600mg	0. 15mg	2. 8mg	0. 7mg	375mg	379mg
One tbsp of whole seed（11 g）	11～286mg	0. 02mg	0. 3mg	0. 1mg	41mg	42mg
One tbsp of milled flax（8 g）	8～208mg	0. 01mg	0. 2mg	0. 1mg	30mg	30mg

[a]Abbreviations = LAR, lariciresinol; MAT, matairesinol; PINO, pinoresinol; SDG, secoisolariciresinol diglucoside; SECO, secoisolariciresinol.

[b]Source: Muir（38）.

[c]Source: Thompson LU, et al.（144）.

[d]The values for total lignans in this column were calculated by summing the values for MAT, LAR, PINO and SECO.

——引自：Diane H. Morris, PhD. FLAX-A Health and Nutrition Primer, Fourth Edition, 2007.

胡麻木酚素在人体内的代谢

1980 年，Setchell 等通过对摄入胡麻籽的老鼠、猴子或人的尿液的检测首次发现了动物木酚素肠二醇（enterodiol，END）与肠内酯（enterolactone，ENL）。1982

年，Axelson 等报道了动物木酚素的前体为源于胡麻籽的植物木酚素。动物木酚素是在人体肠道内生成的，首先是肠道细菌将 SDG 水解转化成 SECO，随后是结肠内微生物的脱羟基和脱甲基作用，使 SECO 转化成 END，ENL 则是 END 经过肠道细菌的氧化作用生成的（图 3-17、图 3-18）。ENL 和 END 在被吸收之后处于肠肝循环中，在肝脏中形成葡萄糖苷酸和硫酸盐缀合物，然后分泌到胆汁中，最后在肠细菌的作用下脱去缀合物，在消化道被重新吸收。ENL 也可能由罗汉松脂酚直接生成，但这可能是其他木酚素类物质存在时次要的代谢路线。动物木酚素与植物木酚素不同的地方在于它们在 3′位置（图 3-15）上为酚羟基，而植物木酚素在该位置为氧取代基。

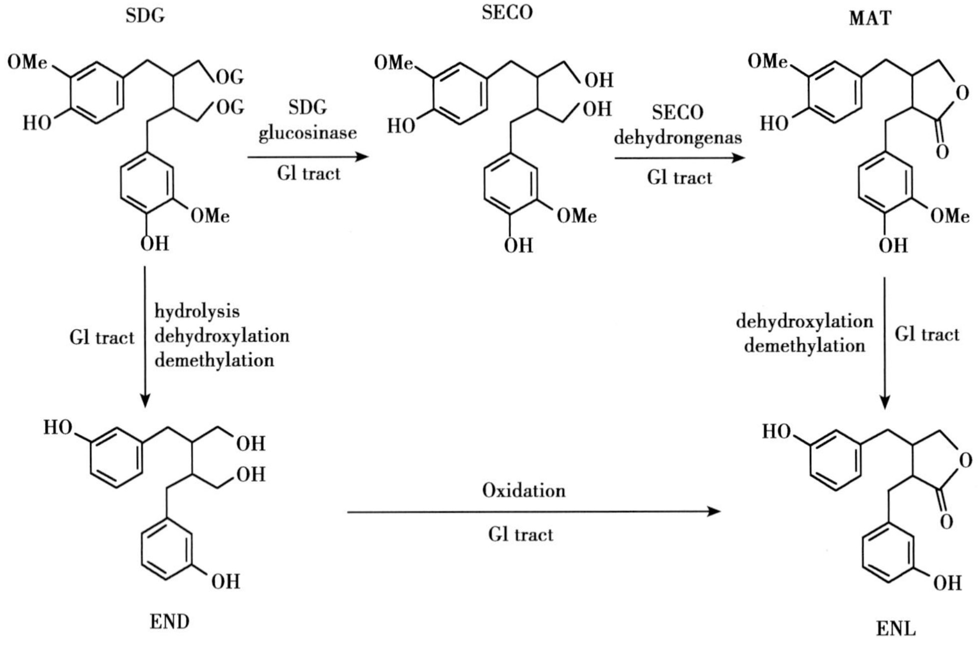

图 3-17　动物木酚素前体 SDG 和 MAT 在肠道菌群的作用下转化为 END 和 ENL

（glucosinase-硫代葡糖苷酶；dehydrogenase-脱氢酶）

Fig. 3-17　Conversion of mammalian lignan precursors SDG and MAT to END and ENL by gut microflora.

——引自：张文斌．亚麻木酚素的提取纯化与生物活性研究［D］.无锡：江南大学，2007.

木酚素的性质

木酚素多数为白色晶体，仅少数能升华。游离的木酚素是亲脂性的，一般难溶于水，易溶于苯、乙醚、氯仿、乙醇等；与糖结合成苷后，其水溶性增加。木酚素分子中常见的功能基有醇羟基、酚羟基、甲氧基、亚甲二氧基、羧基、酯基以及内酯环等，因此，这些功能基所具有的化学性质它也具有。如亚甲二氧基所发生的 Labat 反应（遇浓硫酸产生蓝绿色）和 Ecgrine 反应（遇浓硫酸产生蓝紫色）。

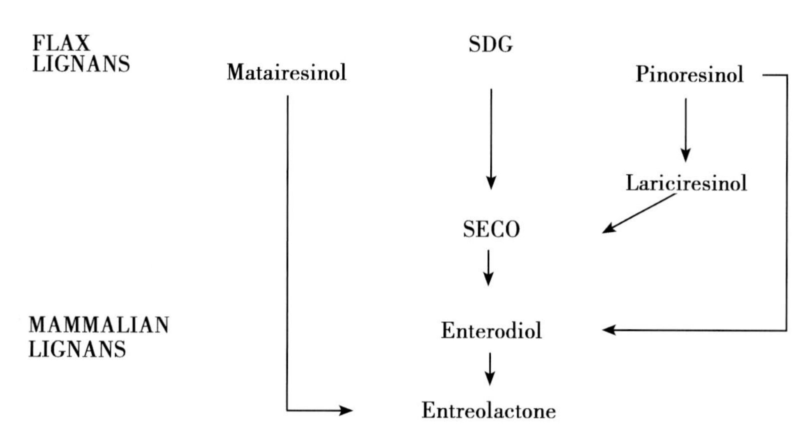

图 3-18 胡麻木酚素被肠道细菌代谢途径

Fig. 3-18 Metabolism of lignans in flaxseed by bacteria in the gut [a,b].

[a] Abbreviations = SDG, secoisolariciresinol diglucoside; SECO, secoisolariciresinol.

[b] Source: Adapted from Clavel (146).

——引自：Diane H. Morris, PhD. FLAX-A Health and Nutrition Primer, Fourth Edition, 2007.

木酚素类化合物通常分布于高等植物的树皮和茎中，并广泛存在于膳食植物中，例如，大蒜、胡萝卜、椰菜、芦笋、杏仁、洋梅、芝麻、橄榄（油）；在许多谷物中均含有木酚素，传统中草药——五味子中五味子木酚素的含量也较高。但胡麻籽中木酚素（SDG）含量最高，存在于胡麻籽种皮中，含量为1%~4%（W/W），其含量比其他66种食品（如水果、蔬菜、油料、畜禽）高出75~800倍。

尽管木酚素类化合物的分布要比异黄酮类化合物广泛得多，但由于很难对它们进行定量、分离以及分析，因而相关报道相对较少。同时受品种、产地、年限、贮存方式、检测方法等因素影响，关于植物界中木酚素类化合物的含量并不完全一致。

不同食品和植物中木酚素的含量（表3-8、表3-9）。

表 3-8 不同食品和植物中木酚素的含量

Table 3-8 Lignans Content from various food and plant

植物源	木酚素	含量（mg/kg，干重）	文献
胡麻籽	SECO[a]	3 699	Mazur et al, 1996
(Linseed)	马台树脂醇（MAT）	10.9	—
	马台树脂醇（MAT）	7~28.5[b]	Krausshofer and sontag
	SDG	11 900~25 900[c]	Eliasson et al, 2003
芝麻籽	芝麻素（Sesamin）	1 457~8 852[d]	Namiki, 1995
(Sesame)	芝麻酚林（Sesamolin）	1 235~4 765[d]	
谷类	SECO	0.1~1.3	Mazur ang Adlercreutz.
(Cereals)	MAT	0~1.7	1998

（续表）

植物源	木酚素	含量（mg/kg，干重）	文献
豆类	SECO	0~15.9	Mazur et al，1998
(Legumes)	MAT	0~2.6	
蔬菜	SECO	0.1~38.7	Mazur ang Adlercreutz. 1998
(VegeTable s)	MAT	痕量-0.2	
水果	SECO	痕量-30.4	Mazur et al，1998
(Fruits)	MAT	0~0.2	Mazur ang Adlercreutz. 1998
浆果	SECO	1.4~37.2	Mazur et al，2000
(Berries)	MAT	0~0.8	
茶叶	SECO	15.9~81.9[b]	Mazur et al，1998
(Tea)	MAT	1.6~11.5[b]	

注：SECO 是 SDG 的糖苷配基开环异落叶松树脂酚；a. 通过酶水解或酸水解得到；b. 未说明是鲜重还是干重；c. 由碱水解得到；d. 在油中

——引自：周炜．亚麻籽木脂素对动物消化代谢及生长的影响及其机制探讨［D］.南京：南京农业大学，2008.

表 3-9　各种食品中的木酚素含量

Table 3-9　Lignans content of various foods [a]

Food group/food 食物	Total lignans 总计木酚素（μg/g）
Seeds and nuts　种子和坚果	
Flax seeds　亚麻籽	3 790.0
Sesame seeds　芝麻籽	80.0
Sunflower seeds　葵花籽	2.1
Pistachios　开心果	2.0
Chestnuts　栗子	1.9
Cereals and grains　谷类	
Flax bread　亚麻面包	72.4
Multigrain bread　多麦面包	47.9
Rye bread　黑面包	1.4
Legumes　豆类	
Hummus　鹰嘴豆泥	9.8
Soy beans　大豆	2.7
Vegetables　蔬菜	
Garlic　大蒜	5.8
Olive oil　橄榄油	1.4
Winter squash　笋瓜	1.1
Dried fruits　干果	

（续表）

Food group/food 食物	Total lignans 总计木酚素（μg/g）
Dried apricots 杏干	4.0
Dried dates 大枣	3.2
Dried prunes 西梅干	1.8

[a] Source：Adapted from Thompson LU，et al.（144）.

——引自：Diane H. Morris，PhD. FLAX-A Health and Nutrition Primer，Fourth Edition，2007.

胡麻木酚素的保健作用及功效

胡麻木酚素主要有以下几方面的保健作用及功效。

抗癌作用

流行病学研究发现胡麻木酚素具有抑制荷尔蒙依赖型癌症（主要对乳腺癌和前列腺癌）的效果。而且在不同器官中胡麻木酚素对荷尔蒙依赖型癌症的功用有所不同。Rickard（2000）研究发现在乳腺癌的初期，摄入 SDG 可以降低盲肠、肝脏、肾和子宫等靶向器官中雌二醇和类胰岛素生长因子（IGF-I）的浓度，从而抑制肿瘤的生长。在乳腺癌发展后期，SDG 可以降低乳腺癌细胞的入侵。Jenab 和 Thompson（1996）发现 SDG 可以减少结肠癌的早期标记物。通过胃肠道微生物作用来预防和抑制结肠癌、盲肠癌发生。可以明确的是木酚素的种类、摄入量、摄入时期（绝经期前或后）对摄入后的效果均有影响。

对更年期综合征的作用

Hutchins 等（2001）研究发现补充摄入胡麻木酚素会影响绝经女性的荷尔蒙代谢，减少 17β - 雌二醇和硫酸雌酮的含量，而增加血液中催乳激素的浓度。Abe 等（2005）发现添加了 SDG 的食物可以改善因雌性荷尔蒙不平衡而导致的绝经期症状，包括绝经后引发的骨质疏松、高血脂、高血压、肥胖、沮丧和潮红等。

抗心血管系统疾病

木酚素对心血管系统的作用，突出表现为抗动脉粥样硬化和降低急性冠心病发作风险。Prasad 通过对以往实验分析，指出 SDG 有抗动脉粥样硬化能力，且可能与其抗氧化能力及降低血浆中脂质的能力有关。

抗氧化与淬灭自由基作用

胡麻木酚素的一种重要功能是其抗氧化作用，抗氧化作用也可能是其他功效的内在原因。Prasad 等研究发现胡麻木酚素的辅助治疗糖尿病的功效与其抗氧化性是有关的。所以胡麻木酚素可能通过在动物机体内的抗过氧化作用，而起到抗衰老的作用。同时，另有研究发现，木酚素不仅在体外实验中能清除活性氧簇，对体内内源性抗氧化体系还有间接作用；SDG 虽其自身不能进入血液循环系统，但是它能在结肠肠腔内发挥抗氧化作用。

胡麻木酚素辅助治疗糖尿病和狼疮肾炎的作用

胡麻木酚素对糖尿病（包括I-型和II-型）与狼疮肾炎具有一定疗效。Prasad 等（2000）研究发现链脲霉素诱导的糖尿病是通过氧化胁迫来调节的，SDG 可有效地降低这类糖尿病，其发生率可降低 75%。Clark 等（2000）研究发现 SDG 在肠道内转化为 SECO，然后被吸收并发挥肾功能保护作用，其保护作用与 SDG 摄入量呈量效关系，延缓蛋白尿症的出现并保护肾小球，因此可用于狼疮肾炎的治疗。

其他作用

关于胡麻木酚素的保健功能的研究还包括对抑制精神性应激的作用、抗炎抑菌作用以及免疫调节作用等。

胡麻籽蛋白

胡麻籽中蛋白含量一般在 10%~30%，通常约为 20%，属于麻仁球蛋白，蛋白中含有 18 种氨基酸，除赖氨酸含量较低外，其他氨基酸含量均较高，具有很高的营养价值（表 3-10）。胡麻籽尤其是精氨酸、谷氨酸和天冬氨酸或天冬酰胺等的极好来源。谷氨酸能够支持免疫系统和提高体力水平。精氨酸据报道对心脏病具有预防功能。胡麻籽蛋白在植物胶的协同作用下，能促进动物机体内胰岛素的分泌，从而调节血糖浓度；胡麻籽蛋白质与可溶性多糖的共同作用，能显著抑制结肠中鲁米那氨的产生，从而抑制由鲁米那氨诱导的肿瘤生长。

胡麻籽蛋白中的氨基酸组成极具特点（表 3-11），因而可以满足不同目的需求。①具有高支链氨基酸（branched chain amino acid，BCAA：缬氨酸、亮氨酸、异亮氨酸），低芳香族氨基酸（aromatic amino acid，AAA）和高的 Fischer 比率（BCAA/AAA）的蛋白质，这就为有特殊需要的病人提供了能产生特殊生理功能的食品，如患有癌症、烧伤、外伤和肝炎等营养不良的病人。胡麻籽蛋白质与大豆蛋白质相比，具有较高的 BCAA 和 Fischer 比率。有些品种的胡麻籽蛋白的 BCAA 和 Fischer 比率可分别达到 25% 和 4.7，这种蛋白质适合于提供给肝炎病人。②赖氨酸/精氨酸比率是血液胆固醇和动脉粥样硬化的重要影响因子。对胡麻籽蛋白来说这种比率很低，因而影响极小；而大豆蛋白的比率相对较高，因而其影响强于胡麻籽蛋白。③胡麻籽也是一种极好的赖氨酸、谷氨酰胺和组氨酸的来源，已有研究表明这 3 种氨基酸对人体的免疫功能具有很强的促进作用。④胡麻籽蛋白中的半胱氨酸和蛋氨酸能提高人体内的抗氧化水平，并抑制细胞分裂过程中的 DNA 过度复制，从而抑制结肠癌的发生发展。

胡麻籽蛋白除其营养价值高外，还因其特殊理化性质，具有较广的应用价值：①胡麻籽蛋白吸水性强，与水的结合比为 1∶60。②乳化性好，对产品中游离的不饱和脂肪酸有较强的吸附力。③组织性能好，能充分提高产品的切片性和弹性。④增香性好，有胡麻籽清淡的香味。⑤有效防止淀粉返生，是食品加工的优质原料或添加剂。⑥未经提纯加工的粗蛋白粉，被大量用作奶牛饲料和鱼饲料，具有非常好的促进奶牛产奶和鱼类的繁衍生长的效果。

表 3-10 胡麻籽中氨基酸含量（g/100g protein）

Table 3-10 Amino acid content of flaxseed.

Amino acids	Flax Cultivar [a]		Soy flour[b]
	Brown flax (NorLin)	Yellow flax (Omega)	
	g/100 g protein		
Alanine	4.4	4.5	4.1
Arginine	9.2	9.4	7.3
Aspartic acid	9.3	9.7	11.7
Cystine	1.1	1.1	1.1
Glutamic acid	19.6	19.7	18.6
Glycine	5.8	5.8	4.0
Histidine *	2.2	2.3	2.5
Isoleucine *	4.0	4.0	4.7
Leucine *	5.8	5.9	7.7
Lysine *	4.0	3.9	5.8
Methionine *	1.5	1.4	1.2
Phenylalanine *	4.6	4.7	5.1
Proline	3.5	3.5	5.2
Serine	4.5	4.6	4.9
Threonine *	3.6	3.7	3.6
Tryptophan *[c]	1.8	NR[d]	NR
Tyrosine	2.3	2.3	3.4
Valine *	4.6	4.7	5.2

[a] Oomah and Mazza (20).

[b] Friedman and Levin (21).

[c] Bhatty and Cherdkiatgumchai (mixture of NorLin, NorMan and McGregor cultivars) (19).

[d] NR = Not reported.

* Essential amino acids for humans.

——引自：Diane H. Morris, PhD. FLAX-A Health and Nutrition Primer, Fourth Edition, 2007.

表 3-11 胡麻籽蛋白质的氨基酸特征

Table 3-11 Amino acid characteristics of the protein in flaxseed

	BCAA (Val+Leu+Ile)	AAA (Phe+Tyr)	Fischer ratio	Lys/Arg	Arg+Glu+His	Met+Cys
High-molecular-weight 12S protein [a]	16.0	8.2	2.0	0.25	34.8	4.5
Low-molecular-weight protein [b]	16.0	3.8	4.2	0.37	49.7	8.7

（续表）

	BCAA (Val+Leu+Ile)	AAA (Phe+Tyr)	Fischer ratio	Lys/Arg	Arg+Glu+His	Met+Cys
Globulins [c]	13.0	7.5	1.7	0.43	35.9	NR
Albumins [d]	13.0	8.1	1.6	0.50	42.2	NR
Low-molecular-weight 2S protein	12.4	3.6	3.4	1.00	31.0	8.7
Flow-through (DEAE fraction)	11.7	4.3	2.8	0.39	50.4	4.4
0.20MNaCl fraction	14.8	8.1	1.8	0.23	19.1	1.9
Soy	17.0	8.0	2.1	0.88	32.1	3.0

NR, not reported

[a] Data calculated from Ref 51

[b] Data calculated from Ref 52

[c] Data calculated from Ref 53

[d] Data calculated from Ref 54

注：注释中参考文献序号为原文序号

——引自：Oomah B D. Flaxseed as a functional food source [J]. Journal of the Science of Food & Agriculture, 2001, 81 (9): 889-894.

维生素和矿物质

胡麻籽中含有丰富的维生素：维生素 C、维生素 B_1、维生素 B_2、维生素 B_3、维生素 B_5、维生素 B_6、维生素 B_9、维生素 B_{12}、维生素 E，少量维生素 H 和维生素 K（表 3-12、表 3-13）。维生素 E 是脂溶性维生素，胡麻籽中维生素 E 主要是以 γ-生育酚存在，一般含量 8.5~39.5mg/100g 胡麻籽。γ-生育酚是一种抗氧化剂，能防止细胞蛋白质和脂肪氧化，作为一种强有效的自由基清除剂，能有效延缓衰老和抑制机体内的过氧化过程，能促进钠从尿液中排泄，有助于降低血压、降低患心脏病的风险，降低患某些类型的癌症和老年痴呆症疾病的概率。胡麻籽还含有少量——0.3μg/tbsp（0.3 微克每汤匙，胡麻籽粉）叶绿醌形式的维生素 K，是植物形式维生素。维生素 K 在参与某些蛋白质的形成、凝血和构建骨骼中扮演着必不可少的角色。

同时，胡麻籽中富含人体所需的多种矿质元素，如钾、钙、镁、磷、铁、锌、锰等。其含量虽少但作用非常重要，如电荷载体、传递神经脉冲信息、酶的催化中心和骨骼结构元素及免疫系统调节作用等。其中钾含量最高，钾与维持人体正常血压有关。胡麻籽是低钠的（表 3-14、表 3-15）。

胡麻籽中维生素和矿质元素的含量因品种、种子的成熟度、产地、生长状况、提取方法的不同有一定的差异（表 3-12、表 3-13、表 3-14、表 3-15）。

表 3-12 胡麻籽中维生素的含量

Table 3-12 Vitamin content of flaxseed

维生素 A (IU/100g)	维生素 E (IU/100g)	维生素 B (mg/100g)				
		B_1	B_2	B_3	B_6	B_{12}
18. 8	0. 6	0. 5	0. 2	9. 1	0. 8	0. 5

——引自：陈海华．亚麻籽的营养成分及开发利用［J］.中国油脂，2004，6：72-75.

表 3-13 胡麻籽中维生素的含量

Table 3-13 Vitamin content of flaxseed [a]

Water soluble	mg/100 g	mg/tbsp milled flax
Ascorbic acid/vitamin C	0. 50	0. 04
Thiamin/vitamin B_1	0. 53	0. 04
Riboflavin/vitamin B_2	0. 23	0. 02
Niacin/nicotinic acid/vitamin B_3	3. 21	0. 26
Pyridoxine/vitamin B_6	0. 61	0. 05
Pantothenic acid/vitamin B_5	0. 57	0. 05
	μg/100g	μg/100g
Folic acid/vitamin B_9	112	9. 0
Biotin /vitamin H	6	0. 5
Fat soluble	**mg/kg in oil**	**mg/tbsp in oil**
Carotenes	not detected	not detected
Vitamin E [b]		
Alpha-tocopherol	7	0. 10
Delta-tocopherol	10	0. 14
Gamma-tocopherol	552	7. 73
		μg/tbsp milled flax
Vitamin K [c]		0. 3

[a] Composite sample of whole flax (39).

[b] Tocopherol values represent the average of four varieties (40). The following forms of vitamin E were not detected: beta-tocopherol and alpha-, delta- and gamma-tocotrienol.

[c] As phylloquinone (44).

——引自：Diane H. Morris, PhD. FLAX-A Health and Nutrition Primer, Fourth Edition, 2007.

表 3-12、表 3-13 表示不同样品的胡麻籽（品种、产地、生长状况等）中维生素的含量。

表 3-14　胡麻籽中矿质元素的含量（mg/g）

Table 3-14　Mineral elements content of flaxseed（mg/g）

Na	K	Ca	Mg	P	S	Zn	Fe	Cu	Mn
0.6	12.1	4.5	6.1	9.9	4.0	0.123	0.208	0.02	0.059

——引自：陈海华．亚麻籽的营养成分及开发利用［J］.中国油脂，2004，6：72-75.

表 3-15　胡麻籽中矿物质的含量

Table 3-15　Mineral content of flaxseed [a]

Mineral	mg/100 g	mg/tbsp milled flax
Ca	236	19.0
Cu	1	0.1
Fe	5	0.4
Mg	431	34.0
Mn	3	0.2
P	622	50.0
K	831	66.0
Na	27	2.0
Zn	4	0.3

[a]Composite sample of whole flax（39）.

——引自：Diane H. Morris，PhD. FLAX-A Health and Nutrition Primer，Fourth Edition，2007.

表 3-14、表 3-15 表示不同样品的胡麻籽（品种、产地、生长状况等）中矿质元素的含量．

胡麻籽胶

胡麻籽胶，别称胡麻胶，富兰克胶，也称亚麻籽胶或亚麻胶；它主要存在于胡麻籽表皮（胡麻籽壳）当中，胡麻籽中含有 3%～10%的胡麻胶，其含量随品种和栽培区域不同差异较大，含量高者，可占到胡麻籽皮质量的 20%以上。胡麻籽胶主要系由木糖、阿拉伯糖、鼠李糖、半乳糖、葡萄糖、岩藻糖、半乳糖醛酸、蛋白质及矿物元素组成的酸性杂多糖或中性多糖；其中，酸性多糖与中性多糖比例约为 2∶11。中性多糖主要含有 L-树胶醛糖、D-戊醛糖、D-半乳糖，其摩尔比为 3.5∶6.2∶1；酸性多糖主要含有 L-鼠李糖、L-海澡糖、L-半乳糖和 D-半乳糖醛酸，其摩尔比为 2.6∶1∶1.4∶1.7。中性多糖为高度支化的阿拉伯木聚糖，以 1，4-β-D-木糖为主链，端基含有大量的吡喃阿拉伯糖单位，阿拉伯糖和半乳糖侧链连接在 2 或 3 位上。酸性多糖的主链是 1，2-连接的 α-L-吡喃鼠李糖和 1，4 -连接的 D-吡喃半乳糖醛酸残基，侧链是岩藻糖和半乳糖残基，基本上所有的 D-半乳糖醛酸基都在主链上，所有的岩藻糖基和大约半数的 L-半乳糖基存在于非还原性末端。陈海华等测定表明，胡麻籽胶其主要成分为蛋白质（5.34%）和多糖类物质（71.52%），且蛋白质是与酸性多糖结合在一起。Oomah 等研究亦表明，胡麻籽胶是以多糖为主要成分的果胶类物质，还含有一定量蛋白质类物质。

纯胡麻籽胶是一种白色粉末，实验室提取胡麻籽胶由于含蛋白质、胡麻色素等杂质而呈微黄色。该胶体是一种天然的亲水性胶体，具有很好的水溶性、吸水性和保水性，能够缓慢的吸水形成一种具有较低黏度的分散体系。当浓度低于 0.1%~0.2%（W/V）时，能够完全溶解。胡麻籽胶是一种可溶性膳食纤维，具有降血脂、降低糖尿病和冠心病发病率、预防结肠癌和直肠癌、减少肥胖症发生以及对重金属吸附解毒作用。胡麻胶有解毒性，胡麻胶本身无毒，具有对敌百虫、氯化汞、氟乙酰胺、敌杀死、三氧化二砷几种毒物显著的解毒作用。

胡麻籽胶的黏度特性：胡麻胶属于非牛顿流体，其黏度随着剪切速度的升高而降低，随浓度的增加而增加。该胶体具有高黏度特性，即使在低浓度时也有较高黏度，同时，其黏度还具有较宽的温度适应范围，对酸、碱、盐作用稳定，与食品中常见组分蛋白质、脂肪、糖有很好的相溶性，而且对食品加工过程中的冷冻、加热、机械剪切、各种辐射等加工方式都表现出很好的稳定性。

胡麻胶的协同增效作用：胡麻胶与卡拉胶有很好的协同作用，这种协同性表现在，提高溶液的黏度，增强饮料的悬浮稳定性；增加食品的持水量和保湿性，提高食品成品率，使食品保持新鲜，延长食品货架期；增强凝胶的强度、弹性，改善咀嚼感，消除凝胶的析水收缩现象。胡麻胶与黄原胶、瓜尔豆胶、魔芋胶、海藻酸钠、阿拉伯胶等其他多糖类天然亲水胶体的协同作用也很显著，主要表现在溶液黏度大幅度提高，耐酸、耐盐性增强，乳化效果更好，悬浮稳定性、保湿性得到改善等方面。

胡麻籽胶被国家绿色食品发展中心认定为新型绿色食品专用添加剂。加拿大、美国等国学者对胡麻籽胶研究较多，包括胡麻籽胶的提取、结构、功能性质和应用等。在美国和日本，胡麻籽胶已被列入《美国药典》和《食品化学品药典》，可作为一种天然食品添加剂和药物原料。胡麻籽胶在美国被确定为一种预防癌症保健因子之一，可制成营养保健食品。有研究表明，哺乳期妇女食用含胡麻籽食品后，奶量增加，母奶 ω-3 脂肪酸量提高 55%，并使皮肤更富弹性。

胡麻籽胶的性质与阿拉伯胶相似，可取代阿拉伯胶作为乳化剂，用于巧克力奶中。胡麻籽胶因有润滑、使药物加速崩解和缓释等作用，并富有弹性、易干等特点，在国外广泛应用于化妆品、医药、采油等工业，如制取软膏、轻泻药水、咳嗽化痰剂等。在润肤脂、齿黏合剂、黏土悬浮剂中加入胡麻籽胶而效果更佳。另外，胡麻粕加入反刍动物饲料中，可使饲用动物毛皮光滑，初步研究认为这亦是黏胶的功效。胡麻籽胶可以用做乳化剂、增稠剂、起泡剂、稳定剂等在食品工业中被广泛应用，在果冻中使果冻的凝胶强度、弹性、持水性都有很大的改善，作为冰激凌稳定剂使冰激凌在膨胀率、组织状态、抗融化性、口感等方面均优于卡拉胶。胡国华等研究认为加入适量的胡麻籽胶（0.1%~0.5%）作稳定剂能赋予冰激凌产品滑溜和糯性的口感，并能提高产品的抗融性和抗骤热性。汪岩等研究认为胡麻籽胶在高温斩拌型火腿肠中应用可增强产品的保水性保油性、抑制产品回生。刘跃泉等研究认为胡麻籽胶有利于提高肉制品乳化体系中脂肪的稳定性，对保证肉制品在储藏、烹调过程中的感官质量具有重要意义。

膳食纤维

膳食纤维是一种不被人体肠道内消化酶消化、吸收但能被大肠内某些微生物部分分解、利用的非淀粉多糖类物质，主要包括纤维素、半纤维素、果胶、树胶、抗性淀粉。胡麻籽约含28%的膳食纤维，其可溶性与不溶性纤维的比例介于20：80与40：60之间（作者：Hadley等，1992年）；比燕麦中可溶性纤维含量还高。胡麻膳食纤维有膨胀润滑作用，可促进胃肠蠕动和食物消化，具有排便作用；能吸收和排泄胆固醇，预防心血管疾病；能吸收和排泄致癌物质，减少肠癌、结肠癌的危险；可增加肠道内真菌，减少厌氧菌，排毒、抗衰老；水溶性纤维有助于维持血糖水平、降低血脂水平，预防糖尿病；可产生饱腹感，有利于减肥等。最近一项研究对长期护理机构中的老年人进行调查，发现在每日膳食中增加1汤匙胡麻籽粉，4个月后排便频率增加了35%。在研究期间，该群体的栓剂使用量减少了35%。美国食品与药品管理局（Food and Drug Administration，FDA）推荐成人膳食纤维摄入量为20~35g/d，因而胡麻籽膳食纤维可以添加到面包、面条、糕点、果酱等食品中，以弥补人体日常膳食纤维摄入量的不足。

多酚

植物多酚是一种具有多元酚结构的重要次生代谢产物，其广泛存在于植物体中，具有抗氧化活性。油料中的酚类化合物主要包括苯甲酸和肉桂酸的羟基化衍生物、香豆素、黄酮类化合物和木酚素等，与其他油料作物相比，胡麻籽中结合多酚含量偏低，种类较多，以酚酸或酯化酚酸为主。胡麻籽中主要酚酸物质为香豆酸、阿魏酸、丁香酸、芥子酸、没食子酸、羟基苯甲酸、肉桂酸、香草酸、咖啡酸，分别占总酚酸含量的47.45%、23.36%、9.2%、4.86%、4.58%、4.24%、2.92%、2.07%、1.32%。Herchi等报道胡麻籽油中酚酸类物质主要有香草酸、对羟基苯甲酸、香豆酸甲酯、阿魏酸甲酯、阿魏酸、香草醛、反式对羟基肉桂酸、反式芥子酸等。Muhammad H. Alu´datt等报道胡麻籽全籽中阿魏酸（Ferulic acid）占总酚酸含量的23.36%，丁香酸（Syringic acid）为9.2%，肉桂酸（Cinnamic acid）为2.92%，香草酸（Vanillic acid）为2.07%，对香豆酸（p-Coumaric acid）为47.45%，没食子酸（Gallic acid）为4.58%；其测定脱脂粉中阿魏酸含量占总酚酸含量的48.77%，丁香酸含量为9.16%，肉桂酸为1.89%，香草酸为1.32%，对香豆酸为3.93%，没食子酸为9.13%。

由于胡麻籽中多酚种类较多，在溶解性、结合形式上有较大的差异，提取以及分析测定方法对其影响较大。在采用类似测定方法的条件下，不同国家和不同品种的胡麻籽多酚含量较为接近，埃及、加拿大、土耳其、立陶宛和法国地区的胡麻籽都在 162~383mg 没食子酸/100g 范围内；胡麻籽多酚在皮、仁、脱脂粉中均有分布，在脱脂粉中含量最高，高达 249mg 没食子酸/100g，油脂中多酚含量较低（1.42~4.7mg/100g），但也有不同的报道，Sue-Siang Teh 等报道胡麻籽油中酚酸含量高达 136.93mg 没食子酸/100g 油，胡麻籽皮油中总酚含量也高达 62.4mg 没食子酸/100g。李群等测定结果表明，开环异落叶松树脂酚二葡萄糖苷（SDG）、阿魏酸和对香豆酸以稳定的结合态存在于胡麻籽中；不同水解方法对酚酸化合物的释放量具有显著影响，高温（120℃）碱解条件下 SDG 的释出量最大；不同品种间各组成成分基本相同，但含量差异显著，在 6 个品种的胡麻籽中，酚酸化合物的组成基本相同，但含量差异较大，其中 SDG 含量介于 8~16.5mg/g，对香豆酸、阿魏酸含量介于 0.3~1.35mg/g。魏晓珊等测定了我国 32 种胡麻籽中总酚酸的含量结果表明，32 种胡麻籽中总酚酸的含量范围为 109.93~246.88mg 没食子酸当量/100g，均值为 170.93mg 没食子酸当量/100g。

SDG 仅是胡麻籽酚酸化合物中的一种，酚酸化合物大多具有确切的药理活性和药用价值。酚酸具有抗心血管疾病、抗炎、抗菌和抗氧化活性等功效；高酚酸含量品种在储藏期对昆虫具有更好抵抗力。阿魏酸和香豆酸是公认的天然抗氧化剂，也是近年来国际营养业界所认知的防癌物质，尤其是阿魏酸对过氧化氢、超氧自由基、羟自由基、过氧化亚硝基等都有强烈的清除作用，并且能调节生理机能，抑制产生自由基的酶，增加清除自由基酶的活性。阿魏酸还可提高免疫力，对一些细菌和病毒具有抑制作用，能竞争性地抑制肝脏中羟戊酸-5-焦磷酸脱氢酶活性，抑制肝脏合成胆固醇，起到降血脂作用；也具有防治冠心病、抗突变和防癌等作用。阿魏酸除在医药方面广泛应用外，也用作防腐保鲜剂；一些国家已批准将其作为食品添加剂。日本已允许用于食品抗氧化剂，美国和一些欧洲国家则允许采用一些阿魏酸含量较高的草药、咖啡、香兰豆等作为抗氧化剂。

另一方面，酚酸具有沉淀蛋白质、抑制消化酶活性、影响维生素和矿物质吸收等特性。胡麻籽酚酸存在会导致胡麻粕不良香味和黑色形成。胡麻品种不同，酚酸含量也不同。因此有人将酚酸作为胡麻籽中抗营养成分。

表 3-16 为不同地域胡麻籽和胡麻籽油中的多酚含量。

胡麻籽酚酸主要为阿魏酸、香豆酸等生物活性物质，结构如图 3-19 所示。

表 3-16　胡麻籽和胡麻籽油中的多酚含量

Table 3-16　Polyphenol content of flaxseeds and flaxseed oil

洲别 Continent	国别 Country	品种数 Variety number	提取部位 Extraction site	提取方法 Extraction method	总酚 Polyphenol content	*参考文献 *Ref.*
非洲 Africa	突尼斯 Tunisia	3	胡麻籽；Seed	甲醇水提取多酚　Extracted by methanol-water mixture	14. 23～16. 64 mg 咖啡酸/kg 油　Caffeic acid 14. 23～16. 64mg/kg in oil	[*31*]
		1	胡麻籽皮油；Hull oil	60%甲醇提取多酚；Extracted by methanol-water（60%）mixture	624 mg 没食子酸/kg 油；Gallic acid 624mg/kg in oil	[*32*]
		3	脱脂粉 Defatted powder	蒸馏水萃取多酚；Extracted by deionized water	162～362mg 没食子酸/100g Gallic acid 162～362mg/100g	[*14*]
	埃及 Egypt	1	胡麻籽；Seed	正己烷萃取亚麻籽油，甲醇萃取总酚　Seed oil obtained by n-hexane solvent extraction, extracted by methanol	15. 69mg/kg（in oil）	[*10*]
		1		超临界 CO_2 萃取亚麻籽油，甲醇萃取总酚　Seed oil obtained by supercritical fluid extraction, extracted by methanol	47. 58mg/kg（in oil）	
		1		加速溶剂萃取亚麻籽油，甲醇萃取总酚　Seed oil obtained by accelerated solvent extraction, extracted by methanol	20. 88mg/kg（in oil）	
北美洲 North America	加拿大 Canada	1	胡麻籽；Seed	采用甲醇/水、水/甲醇、甲醇/加热法进行萃取亚麻籽中多酚　Extracted by water, water/ methanol, methanol, methanol / water	117、92、190、161mg 没食子酸/100g　Gallic acid117, 92, 190 and 161mg / 100g respct	[*29*]
		1	脱脂粉 Defatted powder		159、90、120、67mg 没食子酸/100g Gallic acid159, 90, 120 and 67mg / 100g respct	
		8	胡麻籽；Seed	甲醇萃取总酚；Extracted by methanol	总酚酸：790～1030mg 绿原酸/100g 籽	[*28*]

（续表）

洲别 Continent	国别 Country	品种数 Variety number	提取部位 Extraction site	提取方法 Extraction method	总酚 Polyphenol content	* 参考文献 *Ref.*
南美洲 Sorth America	巴西 Brazil	1	脱脂粉 Defatted powder	纯水提取多酚；Total phenolics was extracted by water	90mg 单宁酸/100g；Gallotannic acid 90mg/100g	[*30*]
		1		90% 乙醇提取多酚；Extracted by ethanol (90%)	83mg 单宁酸/100g；Gallotannic acid 83mg/100g	
		1		酶解，90%乙醇提取多酚　Enzymatic hydrolysis，then extracted by ethanol (90%)	975mg 单宁酸/100g；Gallotannic acid 975mg/100g	
欧洲 Europe	立陶宛 Lithuania	1	脱脂粉 Defatted powder	蒸馏水萃取多酚　Extracted by deionized water	352mg 没食子酸/100g；Gallic acid 352mg /100g	[*14*]
	法国 France	1			185mg 没食子酸/100g；Gallic acid 185mg /100g	
	土耳其 Turkry	1		乙酸乙酯萃取游离总酚；Extracted by the ethyl acetate	383mg 没食子酸/100g；Gallic acid 383mg /100g	[*15*]
	瑞士 Switzerland	6		1：1 乙醇和水提取；Extracted by ethanol (50%)	10. 7～23. 6mg 对香豆酸/100g，10. 23～25. 97mg 阿魏酸/100g　p-coumaric acid 10. 7 ～ 23. 6mg /100g，Ferulic acid 10. 23～25. 97mg /100g	[*25*]
大洋洲 Oceania	新西兰 NewZealand	1	胡麻籽油；Seed oil	60% 甲醇萃取总酚；Extracted by methanol (60%)	1 369. 3mg 没食子酸/kg 油，Gallic acid 1 369. 3mg /100g in oil	[*7*]

* 斜体表示表中参考文献序号为原文序号

——引自：邓乾春，马方励，魏晓珊，等. 亚麻籽加工品质特性研究进展［J］.中国油料作物学报，2016，38（1）：126-134.

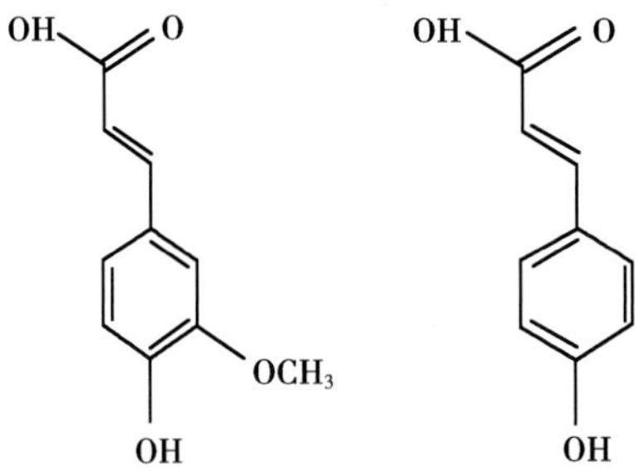

（a）阿魏酸　　（b）香豆酸

图 3-19　阿魏酸和香豆酸分子结构式

Figure. 3-19　Molecular structure of ferulic acid（a）and p-coumaric acid（b）.

——引自：曹斌斌．泌乳奶牛瘤胃微生物饲料细胞壁阿魏酸和香豆酸消化代谢研究［D］.北京：中国农业大学，2015.

植物甾醇

植物甾醇（Phytosterol）（图 3-20）是以环戊烷多氢菲为骨架的三萜类化合物，C-3 位上连有一个羟基，C-17 位连有由 8～10 个碳原子构成的侧链，多数甾醇 C-5 位上是双键。由于 C-17 位上的 R 基和 C-3 位上羟基结合的物质不同，甾醇的种类也就不同。通常纯的植物甾醇为片状或粉末状白色固体，经过不同溶剂处理的植物甾醇形状不同。植物甾醇不溶于水、酸和碱，可溶于酒精、丙酮、乙醚等多种有机溶剂，但溶解量很少；比重略大于水；熔点一般为 130～140℃，在一定条件下可以高达 215℃。在 150～170℃下可以氢化，从而转变成烃；在温度超过 250℃时，其结构树脂化；植物甾醇对热稳定，无臭、无味。植物甾醇具有降胆固醇的作用，被用作高血胆固醇患者的治疗药物，也具有辅助降血脂的作用；具有抗癌作用，可以降低乳腺癌、卵巢癌、结肠癌、胃癌、前列腺癌及肺癌等多种肿瘤的发病危险；具有类激素作用，其在化学结构上类似于类固醇，很多学者认为，植物甾醇是类固醇激素的合成前体，在体内能表现出一定的激素活性，并且无激素副作用。研究表明，植物甾醇经机体吸收转化，可以影响机体部分生化指标，如激素水平、酶活性、糖原含量和器官重量等；也具有抗氧化作用，可作为食品添加剂；也可作为动物生长剂原料，促进动物生长，增进动物健康。1999 年，日本农林省批准植物甾醇、植物甾醇酯等为调节血脂的特定专用保健食品 FOSHU 的功能性添加剂。2000 年美国食品与药品管理局（FDA）已经批准，添加了植物甾醇或甾烷醇酯的食品可以使用“有益健康”的标签，该组织发布公告称只要我们每天在日常生活中能够摄入 1.3g 植物甾醇或 3.4g 植物甾烷醇，就可以使胆固醇水平显著降低。2004 年，欧盟委员会批准植物甾醇和植物甾醇酯在几类特定食品中使用。2010 年，我国也允许植物甾醇和植物甾醇酯作为新资源食品在食品中添加。

胡麻籽中含有的甾醇以 4-无甲基甾醇为主，如谷甾醇、豆甾醇、菜油甾醇、燕麦甾醇等，占不皂化物的47.5%，此外还含有少量的4-甲基甾醇，如钝叶大戟甾醇、环桉烯醇、芦竹甾醇、柠檬二烯醇等，占不皂化物的12.8%；Herchi等则报道胡麻籽油中含有环木菠萝烯醇、2，4-亚甲基环木菠萝烷醇等4 -4′-双甲基甾醇以及钝叶醇、枸橼固二烯醇等4-甲基甾醇。植物甾醇在胡麻籽皮、仁和油中均有分布，但主要存在于油脂中。冯妹元等报道油脂中甾醇含量为441.83mg/100g；Herchi等报道非洲3个品种，其中籽油中含量为492.0～722.6mg/100g，皮油中甾醇含量为260mg/100g，胡麻籽中植物甾醇含量则为183mg/100g和210mg/100g。

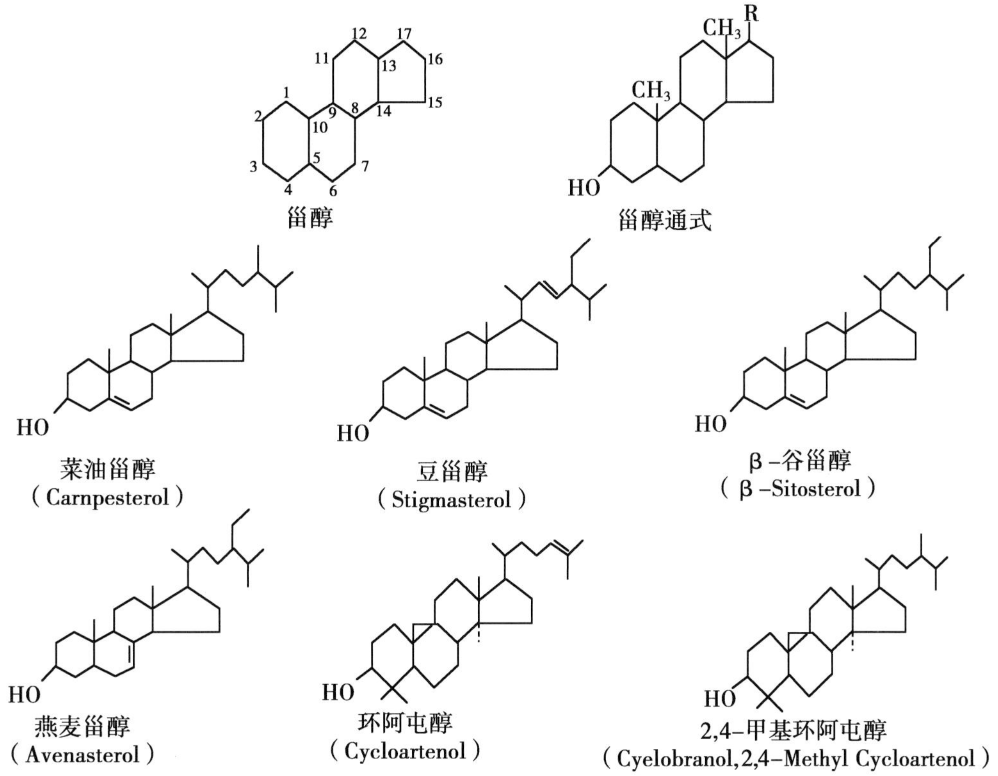

甾醇　甾醇通式

菜油甾醇（Carnpesterol）　豆甾醇（Stigmasterol）　β-谷甾醇（β-Sitosterol）

燕麦甾醇（Avenasterol）　环阿屯醇（Cycloartenol）　2,4-甲基环阿屯醇（Cyelobranol,2,4-Methyl Cycloartenol）

图3-20　胡麻籽中部分植物甾醇分子结构

Figure. 3-20　The structural formula of Phytosterol in flaxseed.

——引自：张根旺．油脂化学［M］.北京：中国财政经济出版社，1999.

表3-17结果表明，胡麻籽中含有种类较为丰富的甾醇物质，包括菜籽甾醇、菜油甾醇、豆甾醇、β-谷甾醇、燕麦甾醇、β-谷甾烷醇、菜油烷醇等，存在于胡麻籽皮、仁和油等不同部位，占不皂化物含量的11.6%～17%。但李和等报道的结果占不皂化物的47.5%，具有较大的差异；胡麻籽油脂中甾醇的含量为441.8～722.6mg/100g，不同国家报道的差异较小，要高于胡麻籽皮油中的含量（260mg/100g）。胡麻籽中也含有一定含量的4-甲基甾醇、4-4′-双甲基甾醇，如Wahid Herchi等报道3种胡麻籽油中4-4′-双甲基甾醇总含量为107.5～230.0mg/100g，测定的4-

表 3-17　胡麻籽和胡麻籽油中植物甾醇含量

Table 3-17　Phytosterol content of flaxseeds and the oil of flaxseed

洲别 Continent	国别 Country	品种数 Variety number	提取部位 Extraction site	植物甾醇总量 Total phytosterols	植物甾醇单体 Phytosterols								* 参考文献 Ref.
					菜籽甾醇 Brassicaterol	菜油甾醇 Campesterol	豆甾醇 Stigmasterol	β-谷甾醇 β-Sitosterol	燕麦甾醇 Avenasterols	β-谷甾烷醇 β-Sitosterol	菜油烷醇 Campestanol	其他甾醇 Another phytosterols	
亚洲 Asia	中国 China	1	胡麻籽油，Seed oil	441.83mg/100g	9.33mg/100g	112.06mg/100g	53.53mg/100g	273.5mg/100g	/	29.59mg/100g	/		*[38]*
		1	胡麻籽仁 Dehulled seed	47.5%a 12.8%c	0.2%b	31.2%b	10.2%b	57.6%b	0.1%b			d	*[37]*
非洲 Africa	埃及 Egypt	3		11.6%~17%e		3.2%~3.9%e	3.1%~3.6%e	2.8%~4.7%e					
欧洲 Europe	立陶宛 Lithuania	1	胡麻籽油 Seed	13.2%e	/	3.7%e	3.3%e	3.2%e	/				*[14]*
	法国 France	1		13%e		3.3%e	3%e	3.1%e					
北美洲 North America	美国 America	1	胡麻籽粉，Seed powder	183mg/100g	/	40.2mg/100g	8.6mg/100g	83.6mg/100g	21.6mg/100g	1.3mg/100g	2.7mg/100g	26.0mg/100g	*[39]*
		1	胡麻籽，Seed	210mg/100g		49.7mg/100g	14.2mg/100g	96.0mg/100g	20.9mg/100g	1.3mg/100g	2.9mg/100g	26.5mg/100g	

注：a 为 4-无甲基甾醇在不皂化物中含量；b 为不同单体占 4-无甲基甾醇的含量；c 为 4-甲基甾醇在不皂化物中含量；d 在 4-甲基甾醇中的含量，钝叶大戟甾醇 13.4%、环桉烯醇 1.9%、芦竹甾醇 45.9%、柠檬二烯醇 16.0%；e 为甾醇在总不皂化物的含量

Vote：a：level of 4-demethyl sterols in unsaponified compounds；b：level of individual isomer in 4-methyl sterols；c：level of 4-methyl sterols in unsaponified compounds；d：the main 4-methyl sterols：obtusifoliol（13.4%），cycloeucalenol（1.9%），gramisterol（45.9%），citrostadienol（16.0%）；e：level of phytosterols in unsaponified compounds.

* 斜体表示表中参考文献序号为原文序号

——引自：邓乾春，马方励，魏晓珊，等．亚麻籽加工品质特性研究进展［J］.中国油料作物学报，2016，38（1）：126-134.

甲基甾醇总含量为6.68~19.62mg/100g。魏晓珊等测定了我国32种胡麻籽植物甾醇的组分含量结果表明，胡麻籽中植物甾醇由菜油甾醇、豆甾醇、β-谷甾醇、Δ5-燕麦甾醇、环阿屯醇、2，4-亚甲基环阿屯醇组成；32种胡麻籽中总甾醇的含量范围是56.52~122.37mg/g，含量均值为92.55mg/g；植物甾醇中含量最高的组分为谷甾醇，含量范围是14.53~45.44mg/g；环阿屯醇的含量范围是16.55~36.68mg/g，均值为25.86mg/g；菜油甾醇含量范围为10.91~21.50mg/g，均值为15.43mg/g；2，4-亚甲基环阿屯醇含量范围是6.12~12.81mg/g；Δ5-燕麦甾醇的含量范围是3.37~10.38mg/g，均值为6.62mg/g；豆甾醇的含量范围是2.27~7.85mg/g，均值为5.01mg/g。

色素

胡麻籽中的色素主要存在于胡麻籽种皮的色素层内。胡麻籽的酯溶性色素，只溶于酸化乙醇、$NaHCO_3$、50%乙酸中。胡麻籽的酯溶性色素呈酱红色，色素结晶呈多棱状，熔点为163℃，最大吸收光谱（UV）为370nm，左旋，折光率为0.03，对酸碱稳定。胡麻籽中的水溶性色素，主要为异黄酮类或二氢黄酮类化合物，只溶于水、NaOH、KOH、NH_4OH，溶液呈酱红色（碱中呈橙红色），晶体为雪花状无色晶体，熔点为237℃，最大吸收光谱（UV）为350nm，左旋，折光率为0.04，碱性条件下稳定。

3.1.6.3　胡麻籽抗营养因子

胡麻籽粒含有一定量生氰糖苷（在适宜条件下释放HCN）、胰蛋白酶抑制剂、植酸（一种金属离子螯合剂）、亚麻亭（抗维生素B_6因子）等抗营养因子，对胡麻籽在饲料和食品方面应用有一定影响。

生氰糖苷

生氰糖苷（Cyanogenic glycosides）亦称氰苷、氰醇苷，是一类α-羟腈或称氰醇糖苷，氰苷是氨基酸转变而来的含氮植物代谢物。由氰醇衍生物羟基与D-葡萄糖缩合而成糖苷，生氰糖苷可水解生成高毒性氰氢酸（HCN），从而会对人体造成危害。胡麻籽已鉴定主要氰苷有亚麻氰苷（LN）和新亚麻氰苷（NN），分别为β-龙胆二糖丙酮氰醇和β-龙胆二糖甲乙酮氰醇，通过薄层层析也检测到少量亚麻苦苷和百脉根苷（亚麻苦苷的含量0~300mg/kg）（图3-21）。

生氰糖苷毒性是因氰苷在β-葡萄糖苷酶作用下释放出氰氢酸，CN^-能迅速与氧化型细胞色素氧化酶中Fe^{3+}结合，引起细胞窒息，而产生强烈的抑制呼吸的作用，使机体发生中毒。氢氰酸的主要毒副作用在于氰离子（CN^-）能迅速与氧化型细胞色素氧化酶的三价铁（Fe^{3+}）结合，生成非常稳定的高铁细胞色素氧化酶，使其不能转变为具有二价铁（Fe^{2+}）的还原型细胞色素氧化酶，致使细胞色素氧化酶失去传递电子、激活分子氧的功能，使组织细胞不能利用氧，形成“细胞内窒息”，导致细胞中毒性缺氧症。由于中枢神经系统对缺氧最为敏感，而且氢氰酸在类脂质中溶解度较大，容

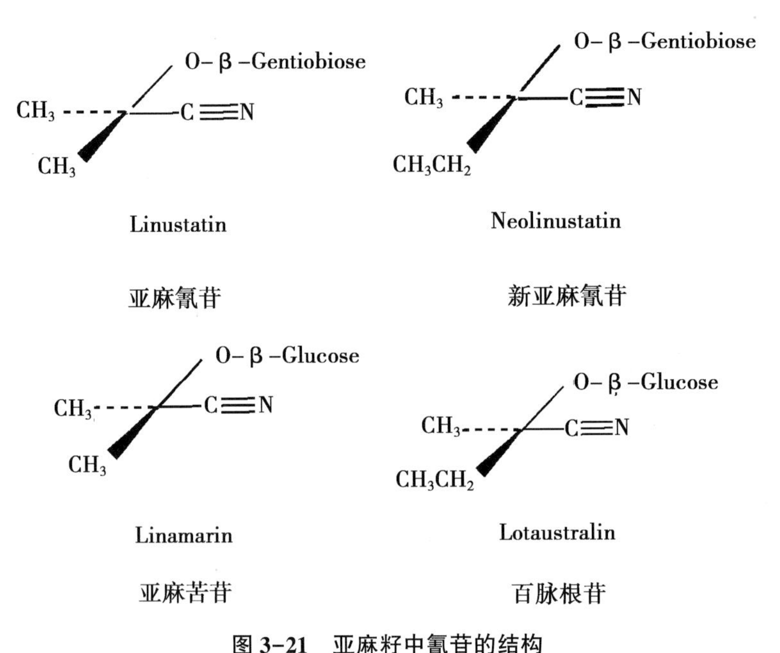

图 3-21　亚麻籽中氰苷的结构

Fig. 3-21　Structure of cyanogenic glycosides of flaxseed.

——引自：李高阳．亚麻籽双液相萃油脱氰苷及蛋白特性研究［D］.无锡：江南大学，2006.

易透过血脑屏障，所以中枢神经系统首先受害，尤以呼吸中枢及动物血管中枢为甚，临床上表现为先兴奋后抑制。呼吸麻痹是氢氰酸中毒最严重的表现和致死的主要原因。目前，已发现 CN^-可抑制 40 多种酶的活性，其中大多数酶的结构中都含有铁和铜，因为 CN^-与铁、铜离子有高度亲和力，尤其细胞色素氧化酶对 CN^-最敏感。氢氰酸除能引起急性中毒外，长期少量摄入含氰苷的饲料也能引起慢性中毒，主要表现为甲状腺肿大及生长发育迟缓。其中毒机理是由于 CN^-在动物体内经硫氰酸酶的催化作用转化为硫氰酸盐。由于其硫氰基（SCN^-）和碘离子（I^-）有相似的克分子体积及电荷，在甲状腺腺泡细胞聚碘过程中与 I^-竞争，从而减少了甲状腺腺泡细胞对碘的聚集，导致机体甲状腺激素的合成与分泌减少。在甲状腺机能调节系统（下丘脑——腺垂体——甲状腺轴）的调节机制下，当血液中甲状腺激素的浓度降低时，通过负反馈作用，使腺垂体分泌大量促甲状腺激素（TSH）。TSH 持续不断地作用于甲状腺，从而使甲状腺腺泡细胞呈现增生性变化，形成甲状腺肿。据报道，澳大利亚和新西兰的羊，由于长期采食含氰苷的白三叶草而引起羊的甲状腺肿大，生长发育迟缓。

在正常情况下，植物极少存在游离氰氢酸，只有在植物细胞遭受破坏时，如咀嚼或破碎含生氰糖苷植物时，由于细胞结构被破坏，使 β-葡萄糖苷酶释放出，生氰糖苷才会在有关酶作用下产生 HCN，HCN 在体内释放 CN^-能迅速与氧化型细胞色素氧化酶中 Fe^{3+}结合，引起细胞窒息。另外，氰化物对中枢神经系统具有直接损伤作用，这便是食用新鲜植物引起氰氢酸中毒原因。据研究，HCN 口服致死量为 50~

100mg，空气中其浓度为 200mg/m³ 时，人吸入 10min 即可致死。

胡麻籽中氰苷的含量因其品种、种植地点、种子的年代、籽粒成熟程度以及籽粒含油量等因素的不同而有所差异，其中品种是最主要的决定因素；油用和油纤兼用品种（胡麻）目标产物是籽粒，籽粒完全成熟后才收获，品质更佳，完全成熟的籽粒极少或完全不含氰苷；纤用亚麻主要收获茎秆，由于考虑到亚麻纤维的品质，往往在籽粒未完全成熟时提前收获，其籽粒中氰苷含量较多；新鲜亚麻籽中氰化物含量可达 0.25~0.69mg/kg，贮藏过程中其含量会随之下降。籽粒含油多，生氰糖苷含量越少，反之亦然。胡麻籽饼粕中生氰糖苷的含量因榨油方法不同而有很大差异。用溶剂提取法或在低温条件下进行冷榨时，胡麻籽中的亚麻苦苷和亚麻苦苷酶可原封不动地残留在饼粕中，一旦条件适合（最适条件是 pH 值为 5 左右，40~50℃，有水存在）就会分解产生氢氰酸。相反，采用机械热榨油法时（胡麻籽在榨油前经过蒸炒，温度一般在 100℃以上），其亚麻苦苷和亚麻苦苷酶绝大部分遭到破坏，胡麻籽饼中氢氰酸产生量很低，但是也由于过度加热使氨基酸成分受到影响。采用溶剂法、水煮法、蒸煮法、烘烤法和微波加热法等方法能有效脱除生氰糖苷。

然而，近年研究发现，尽管生氰糖苷在蛋白质中是有害物质，但经提取、提纯制得的高纯度产品，其具有抗癌（主要是结肠癌、乳腺癌、前列腺癌等）功效；其中 amygdalin 已被用于治疗癌症。再者生氰糖苷添加在饲料中有抗硒中毒的作用。这是生氰糖苷综合利用的另一个新方向。

表 3-18 为加拿大不同地方种植的部分不同品种胡麻籽中氰苷的含量。

表 3-18　部分胡麻籽中氰苷的含量

Table 3-18　Cyanogenic Glucoside Content of some Flaxseed Cultivars

Cultivar（品种）	cyanogenic glucosides，mg/100 g of seed（亚麻籽中氰苷的含量 mg/100 g）			
	linamarin	linustatin	neolinustatin	total
Andro	16.7±3.8	342±38	203±24	550±53
Flanders	13.8±3.7	282±55	147±22	432±47
AC Linora	19.8±5.4	269±28	122±20	402±51
Linott	22.3±8.2	213±29	161±25	396±54
McGregor	25.5±4.0	352±56	91±19	464±76
Noralta	20.3±3.4	271±34	163±18	455±50
NorLin	ND	295±46	201±37	496±81
NorMan	ND	231±63	135±37	365±97
Somme	27.5±12.1	322±46	149±25	489±78
Vimy	31.9±8.4	262±31	115±21	409±54

——引自：B. D Oomah，G Mazza，E. O. Kenaschuk Cyanogenic compound in flaxseed Journal of Agricultural & Food Chemistry. 1992，40：1346-1348.

胰岛素抑制剂

胡麻籽含有抗胰蛋白酶物质，目前有关胡麻籽对胰蛋白酶抑制活性（TIA）的报道不多。Bhatty（1993）等比较加拿大 9 种胡麻籽和大豆及卡诺拉油菜籽胰蛋白酶抑制活性，发现实验准备胡麻籽样品具有 42~51 个单位胰蛋白酶抑制活性，相应商业产品具有 14~37 个单位 TIA；因此，胰蛋白酶抑制剂是一种不利于家畜和人体营养的抗营养因子，但并不是很严重。Liu 和 Markakis（1991）发现，含水乙醇可除去大豆中胰蛋白酶抑制剂，且去除胰蛋白酶抑制剂性能取决于溶剂中乙醇含量，当浓度在 20%~70%（w/v）时，可有效去除胰蛋白酶抑制剂。

植酸

植酸（肌醇六磷酸盐）是从植物种子中提取的一种有机磷酸类化合物。植酸一般以植酸钙、镁、钾盐形式广泛存在于植物种子内，可促进氧合血红蛋白中氧释放，改善血红细胞功能，延长血红细胞生存期等。但植酸也是限制胡麻籽营养价值因素之一，植酸与蛋白质形成复合物的同时，植酸也与对人体有益矿物质如锌、钙、铜、镁和铁等络合，减少人体对这些元素的吸收。研究发现，发芽期植酸含量减少可能与发芽期植酸酶活性增强有关。烘烤、脱氰苷混合溶剂体系和微波干燥能减少胡麻籽中植酸含量。

亚麻亭

亚麻亭（$C_{10}H_{17}N_3O_5$）是谷氨酸二肽，一种维生素 B_6 抑制物，在胡麻粕中含量为 100mg/kg 左右，其水解产物 1-氨基-D-脯氨酸可与吡哆醛和磷酸吡哆醛缩合生成稳定的化合物腙，因此有破坏维生素 B_6 的作用。据报道，其对鸡有抑制生长影响，采用热处理可明显减少胡麻籽亚麻亭含量。据 Gimis 和 Polis 报道，对胡麻籽进行 24h 水处理后干燥可减少亚麻亭影响；Schlamb 等用 70% 乙酸乙酯脱除亚麻亭，从而提高胡麻籽营养价值。

3.2 胡麻的生育时期

胡麻从发芽、出苗到长出茎叶，体积和重量不断增加；从播种起，到新种子成熟止，在植株上发生着质的变化，由于这些质的变化，最后才能开花、结实。胡麻的生育期为 80~130d。

根据其一个生命周期的生长发育特性，一般可以分为 6 个生育时期，即种子萌发期、苗期、蕾期、花期、子实期与成熟期。在大田种植上由于种子萌发期是在地下完成，不便直接观察，将其略去，分为苗期、蕾期、花期、子实期与成熟期 5 个生育时期；从出苗到成熟根据器官生长特点可分为：子叶出土、生长点出现、第 1 对真叶展开、第 3 对真叶展开、茎秆伸长、花蕾出现、第 1 朵花出现、盛花期、终花期、（蒴果）青熟期、（蒴果）黄熟期、完熟期等12个生长阶段（图3-22）。

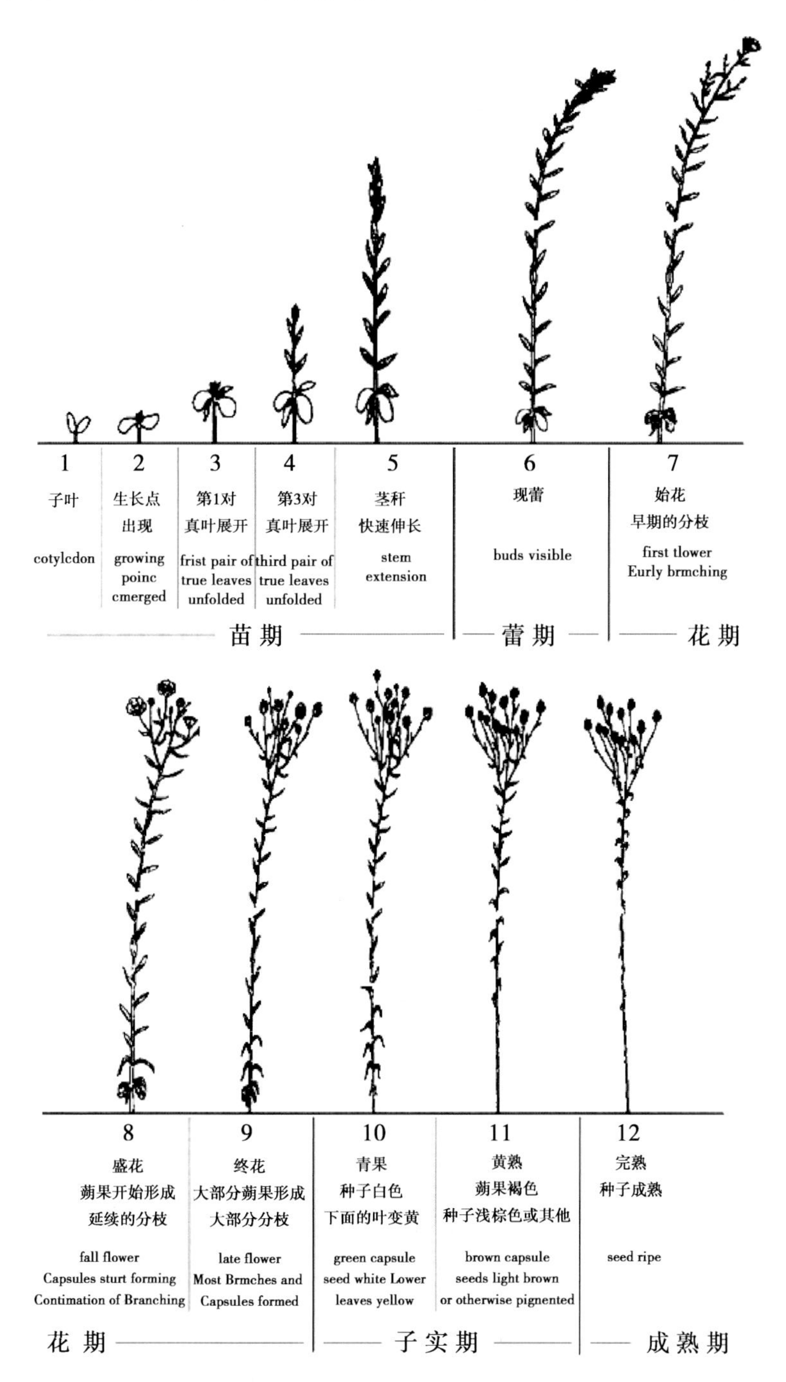

图3-22 胡麻生育时期及对应生长阶段

Fig. 3-22 Growth and development period and corresponding growth stage of oil flax.

3.2.1 种子萌发期

种子萌发期（播种——出苗）：胡麻播种后，在水分、温度等栽培条件适宜的情况下，首先吸取土壤中的水分，种子开始萌发，先是子叶和胚根开始膨大，这时的营养依靠胚乳供给，经过短时期后，胚根突破种皮而伸入土中，胚芽也迅速向上伸长，将子叶带出地面，即为出苗（图 3-23）。

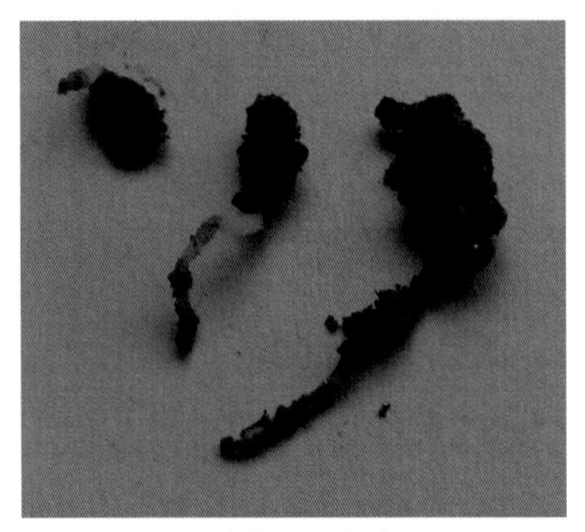

图3-23（A）

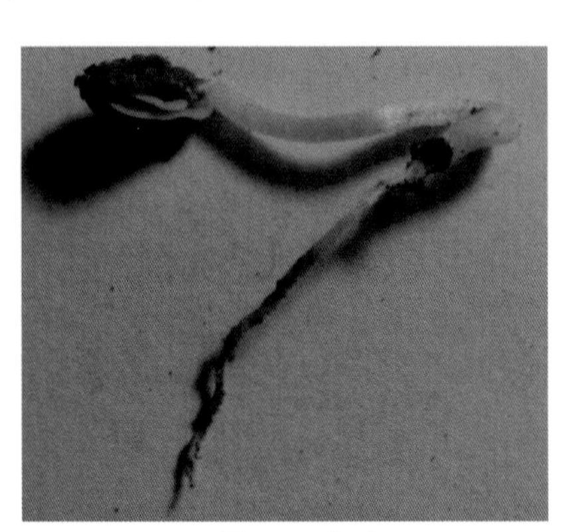

图3-23（B）

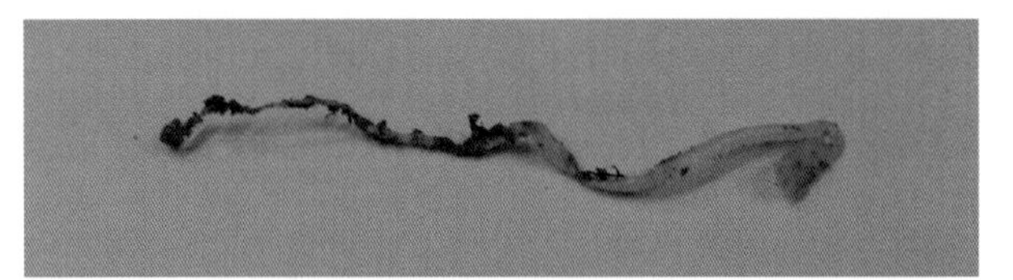

图3-23（C）

图3-23（D）

图 3-23 （胡麻）种子的萌发和出苗

A. 胚根突破种皮伸入土中；B. 胚芽向上伸长；C. 子叶突破种皮；D. 出苗（全株）（A. B. C. 均在地下完成）

Fig. 3-23 Germination and emerge of flaxseed.

A. radicle break seed coat and extend into soil; B. Germ stretch upward; C. cotyledon break through the seed coat; D. Emerge (whole plant) (A, B and C both finished in the underground) .

影响种子萌发和出苗的主要外部因素是水分、温度和氧气。当种子处于良好的发芽环境条件下，种子内部发生着一系列生理生化过程以及物质和能量的转化等变化，贮存的淀粉、蛋白质和脂肪等营养物质逐步被分解和利用，一方面在呼吸过程中转化为能量，用于自身的代谢活动以及合成生命物质；另一方面通过代谢活动转化为新细胞结构的组成部分。胡麻种子内含有大量蛋白质和脂肪，通过一系列生理生化过程，经直接或转化成为新细胞物质合成的原料，运输到生长部位。

胡麻发芽出苗最适宜的土壤含水量，因其土壤类型不同有所差异，一般为10%~18%。胡麻种子发芽首先要吸收足够的水分，不同品种的胡麻种子萌发需吸收的水分不同，一般为种子自身重量的1倍多到1.5倍左右。胡麻种子表皮含有亲水性胶体，当其播种在土壤中后，可以将土壤水分吸附在种子周围，可使土粒包着种皮，在种子周围形成土壤团粒（图3-23 A.）。据内蒙古农业大学测定，当种子吸水量达到本身干重的45%左右时，种子膨胀，当吸水量达到种子自身干重的115%~122%时，种子内部才开始进行营养物质转化，接着进行细胞分裂，种子胚在活动，并逐渐伸出胚根下扎土中。胚轴伸长，推动胚芽及子叶出土。

胡麻是早春播作物。种子发芽最低温度在1~3℃，8~10℃可以正常发芽出苗，最适温度为20~25℃。出苗快慢与温度、水分有密切的关系；在土壤水分充足的情况下，出苗速度决定于温度。据雁北地区农业科学研究所试验，4月4日播种，气温平均6.2℃，需21d出苗；4月12日播种，气温8.4℃，需16d出苗；4月20日播种，气温10.3℃，需12d出苗，4月28日播种，气温12.3℃，出苗需8d；5月5日播种，气温16.9℃，6d即可出苗。从播种到出苗一般需有效积温110~120℃（因不同品种有所差异）。低温发芽能减少种子内脂肪的消耗，有助于幼苗营养改善，促进幼苗健壮，增加抗寒能力。据研究，胡麻在5℃发芽时，种子内还保存60%的脂肪，在18℃发芽时，脂肪只有40%。发芽时种子的脂肪含量降低，有助于幼苗营养改善，促进幼苗健壮，增强抗寒能力。

3.2.2 苗期

苗期：（出苗——现蕾前）；对应生长阶段：子叶出土、生长点出现、第1对真叶展开、第3对真叶展开、茎秆伸长5个生长阶段。

胡麻苗期长达20~40d。苗期地上部生长缓慢，每天只生长0.1~0.2cm。可分为：子叶期（包括子叶出土、生长点出现2个生长阶段）、幼苗期（第1对真叶展开）、枞形期（第3对真叶展开）、快速生长期（茎秆伸长）4个亚期（图3-22）。

子叶期胚轴伸长，推动胚芽及子叶出土，子叶展开，标志着胡麻完成萌发出苗，进入苗期。从子叶出土平展后进入苗期，但真叶还未出现前这一时期叫子叶期。出苗后子叶增大，子叶未接触到光照时为黄色，出土后子叶见光变为绿色，可以进行光合作用。幼根也开始从土壤中吸收营养物质，但子叶内的营养仍然起作用。植株进入独立的营养生长阶段。随后，绿色的子叶继续生长，2 片子叶中间出现生长点（图 3-22、图 3-24）。

图3-24（A） 图3-24（B）

图3-24（C） 图3-24（D）

图 3-24 （胡麻）子叶期

A. 刚出土子叶；B. 刚出土尚未完全展开的子叶；C. 已展开的子叶；D. 生长点出现

（A、B. 未见阳光，黄色；C. 已见阳光，子叶变绿）

Fig. 3-24 The cotyledon period of oil flax.

A. The cotyledon had just come up; B. The cotyledon was not entirely expand and had just come up; C. The cotyledon had expand; D. Growing point emergence (A and B indicated the cotyledon did not to see the sunlight no sunshine, yellow; C. indicated the cotyledon turned green in the sunlight.).

胡麻出苗后有较强的耐寒抗冻能力。据学者观察，2 片子叶刚出土，尚未完全变绿时抗冻性最差。在幼苗 1 对真叶，气温短时降至-4～-2℃时，一般不受冻，短时降至-7～-6℃受轻冻，受冻率 5%～30%，短时降至零下 11℃后受冻率达 90%左右。胡麻受冻害的关键时期，是胚芽（子叶）顶破土皮，子叶未平展时，如遇气温出现-4～-2℃，有毁灭幼苗的危险。幼苗长出 2 对真叶后抗冻性较强。

幼苗期：一般指从长出第 1 对真叶到第 3 对真叶展开的时期；2 片子叶中间的生长点出现，继续生长，随后出现 2 片真叶，一般称为“拉十期”。根系迅速生长，地上部真叶也不断长出，茎生长缓慢（图 3-22、图 3-25、图 3-26）。

图3-25（A）

图3-25（B）

图 3-25　胡麻幼苗期（A、B）

Fig. 3-25　The seedling period of oil flax（A、B）.

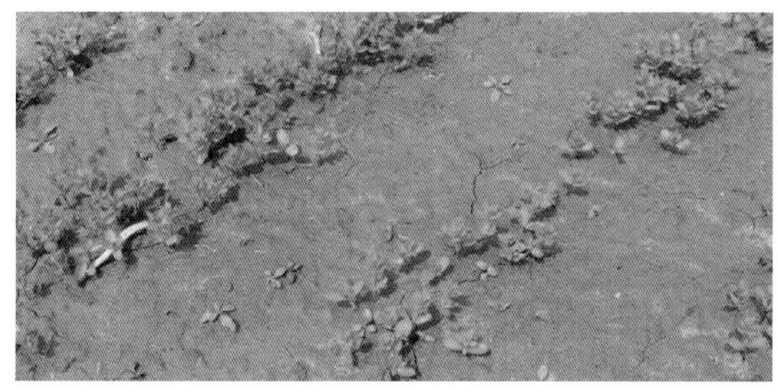

图3-26（A）

图3-26（B）

图3-26（C）

图 3-26　胡麻幼苗期（A、B、C）

Fig. 3-26　The seedling period of oil flax（A、B、C）.

枞形期：胡麻出苗后 2~3 周植株高度因品种不同已长到 5~10cm，植株出现 3 对真叶以上，茎的生长很缓慢，但叶片生长较快，幼株顶端生长点密聚着许多幼嫩小叶片尚待展开，形成叶片聚生在植株顶部。整个植株像一株枞树苗，因而也叫枞形期。该时期的生育特性是，胡麻植株地上部生长缓慢，每昼夜只生长 0.1~0.5cm。但地下部生长较快，据研究，当株高 5cm 时，土壤中的根系已下扎到 10cm

以下的深处（在土壤墒情较好的情况下，根系长度即可达 25~30cm）。枞形末期主根可下扎到 25~30cm 的深处。所以在此时期有较强的抗旱性，对水分的要求不高。胡麻枞形期也是植株茎基部叶腋间的腋芽开始分化形成分茎的时期，从栽培管理上应促进分茎的发生，分茎的多少取决于品种、土壤、水肥条件和种植密度。有效分茎多来自枞形期形成的分茎。这个时期也是地下部侧生根的发生期，侧生根发生多少也取决于土壤、水分和养分状况（图 3-22、图 3-27）。

图3-27（A）　图3-27（B）

图3-27（C）　图3-27（D）

图 3-27　胡麻枞形期（A、B、C、D）

Fig. 3-27　The fir shape period of oil flax（A、B、C、D）.

快速生长期：胡麻植株在经历枞形期缓慢生长后即进入营养体快速生长期。该时期的生育特点是，植株地上部茎生长迅速，每昼夜可长高 3~5cm，叶片在茎上均匀拉开距离，明显呈螺旋上升排列在茎上；同时也是地下部快速生长期，侧根持续伸长并分生支根；该时期也是纤维在茎中大量形成期，更是茎顶端生长锥分化的重要时期。据研究，当胡麻植株长出 10~14 片真叶时，子叶节的腋芽开始形成分茎，胡麻的分茎对产量构成有一定的作用，分茎的多少取决于品种、土壤、水肥条件和种植密度。该期花芽也开始分化，胡麻的花芽分化可划分为未分化期、生长锥伸长期、花序分化期、花萼原基分化期、花瓣及雌雄蕊分化期、药隔分化期、四分体形成期等 7 个时期，其中 1~6 期主要都在此期内进行。一个植株上花芽分化按照先主茎、后分枝，先上部分枝后下部分枝的顺序进行。胡麻植株快速生长期一般需要 20 多天，然后进入现蕾时期，植株高度可以达到成熟期株高的60%左右（图3-22、图3-28）。

图3-28（A）

图3-28（B）

图3-28　胡麻快速生长期（A、B）

Fig. 3-28　The fast growth period of oil flax（A、B）.

由于该时期是胡麻营养生长旺盛时期，又是分枝腋芽发育、花芽分化的关键时期，对水分和养分要求最高，因此称为“水肥临界期”。在有灌溉条件的地区，应在枞形末期和快速生长初期进行浇水。视胡麻植株生长营养状况考虑是否追肥。在无灌溉条件地区，通过锄地松土、保墒，促进侧根生长。依据植株长势状况，考虑在雨前追施氮肥。

3.2.3　蕾期

蕾期（现蕾——开花前）；对应生长阶段：花蕾出现阶段（图3-22、图3-29、图3-30、图3-31、图3-32、图3-33、图3-34、图3-35）。

胡麻从出苗到现蕾，一般历时40~50d。主茎顶端形成膨大的一束花蕾即进入现蕾初期。这一生育期需有效积温551.1~841.3℃。此时植株快速生长，茎秆迅速伸长，并长出许多分枝，花芽继续分化，形成了胡麻的花序。此时期正是胡麻植株从以营养生长为主转入营养生长与生殖生长并进的时期，可以直观看到生殖生长现象。现蕾期的植株生长速度很快。据测定，这个时期植株每昼夜增长1.3~3.3cm。经观察，现蕾前，株高每天平均仅伸长0.1~0.2cm，现蕾后每昼夜平均伸长2.7cm，茎秆伸长达到最高峰。进入开花期间，生长开始减慢。除分枝能力强的品种在适宜条件下还能继续伸长外，一般到了盛花期后，茎秆基本停止伸长。在这之前，苗期后期，植株已在茎尖生长点开始花芽分化，被未展开的叶片包裹着。据研究，胡麻花蕾分化形成过程大体分为5个阶段。①突起阶段：茎生长点变为半球状突起物，周围出现圆形小突起，即花蕾原始体。②雌雄蕊形成期：生长点在立体显微镜下可见中央部分有雌蕊原基突起，周边有5个微小的雄蕊原基；也可看到主茎上的分枝原基。③花瓣形成期：出现

图3-29（A） 图3-29（B）

图3-29（C）

图 3-29　胡麻蕾期（A、B、C）

Fig. 3-29　The bud period of oil flax（A、B、C）.

图3-30（A） 图3-30（B）

图 3-30　胡麻花蕾（A、B）

Fig. 3-30　The flower bud of oil flax（A、B）.

5 个舌状花瓣原基；花药体积增加，花丝有伸长表现；子房膨大，柱头呈蒜头状。④花药胚珠形成期：明显出现花药纵沟，花药略带灰蓝色。柱头伸长，将子房横切开，可见 10 个小黑点呈辐射状排列，这就是胚珠。同时也会发现分枝的花器也在形成，只是比主茎顶端花器分化晚一步。⑤花粉粒形成期：由花丝支撑的花药与柱头高度基本相等，花药内的花粉已形成圆球状。

图3-31（A）

图3-31（B）

图 3-31 胡麻花蕾

A. 花蕾（去花萼）；B. 花蕾（去花瓣及部分花萼）

Fig. 3-31 The flower bud of oil flax.

A. Flower bud (removed calyx); B. Flower bud (removed petal and part of calyx)

图3-32（A）

图3-32（B）

图 3-32 胡麻花蕾（去花瓣、花萼）

A、B. 雄蕊和雌蕊

Fig. 3-32 The flower bud of oil flax (remove petal and calyx).

A and B indicated stamens and pistils, respectively.

图3-33（A）

图3-33（B）

图 3-33 （胡麻花蕾）雄蕊

A. 正面；B. 背面

Fig. 3-33 The stamens of oil flax flower bud.

A. The front of stamens; B. The back of stamens.

图 3-33 可明显看到花丝基部合生特征。

图 3-34 （胡麻花蕾）雌蕊；花柱、柱头、球形子房

Fig. 3-34 The pistils of oil flax flower bud; style, stigma globose ovary.

现蕾前快速生长时期的田间水肥等栽培管理措施已经为胡麻植株现蕾、开花期的生殖生长做好了前期准备。据测定，从现蕾至开花期（蕾期），是胡麻一生中生长最旺盛的阶段，对水肥要求最高，植株需水量占全生育期的 50%左右，养分特别是氮素营养需求量占全生育期的 30%～50%；也是需要水肥的临界期，对水、肥是否充足非常敏感。如遭到干旱天气，胡麻植株主茎上会出现分枝少，并短缩在茎

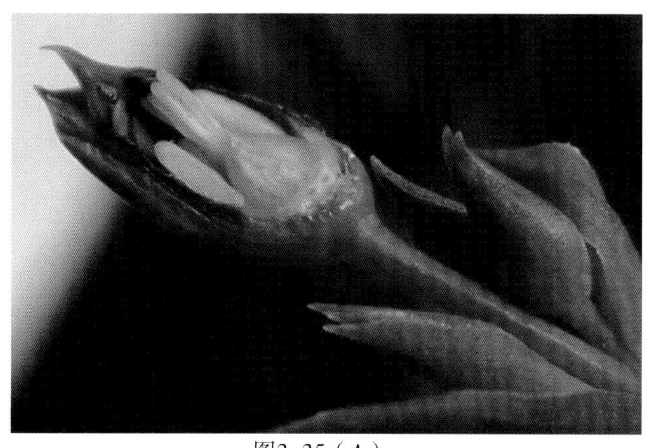
图3-35（A）

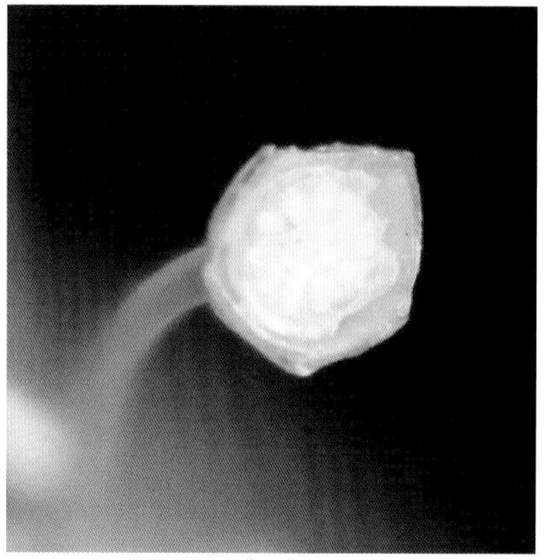
图3-35（B）

图 3-35 胡麻花蕾剖面

A. 花蕾纵剖；B. 花蕾横剖（去花瓣）

Fig. 3-35 The profile of oil flax flower bud.

A. The profile of flower bud; B. Flower bud transection (remove petal).

上；分茎生长速度也缓慢，延长了蕾期，致使以后胡麻各个植株间在开花、结果、成熟等各个时期均会出现参差不齐的现象。所以，在此期及时浇水和追肥并进行中耕（旱地要锄草保墒），能促进花芽分化、多现蕾和茎生长，有利于有效分枝增加和形成较多的蒴果，获得较高的产量。

3.2.4 花期

花期（始花—盛花—终花）：对应生长阶段，第 1 朵花出现（即始花期）、盛花期、终花期 3 个生长阶段（图 3-22、图 3-36、图 3-37、图 3-38、图 3-5、图 3-6、图 3-7、图 3-8）。

图3-36（A）

图3-36（B）

图 3-36 胡麻始花期（A、B）

Fig. 3-36 The early flowering period of oil flax（A、B）.

图3-37（A）

图3-37（B）

图3-37（C）

图 3-37　胡麻盛花期（A、B、C）

Fig. 3-37　The anthesis period of oil flax（A、B、C）.

图3-38（A）

图3-38（B）

图 3-38　胡麻终花期（A、B）

Fig. 3-38　The final flowering period of oil flax（A、B）.

植株上第1朵花开放即进入花期，开花象征着花粉成熟和授粉过程的开始。通常胡麻出苗后的45~60d，现蕾后5~15d开花，花期一般10~25d（因品种、气象、栽培条件等因素不同有所差异）。据观察，开花顺序与花芽分化顺序一样，由上而下、由里向外交替开放。首先是植株主茎花开放，2~4d后第1分枝花开放，相继第2、第3分枝花开放。从全株看，开花顺序为从上（主茎花）向下（主茎花下第1分枝花），从里（主茎花）向外（各级分枝花）。在我国北方晴朗的夏季，一般凌晨3~4时花蕾明显增大，阳光初照的5~6时花冠逐渐张开，花药开裂散粉到柱头上完成自花授粉。8~10时为盛花，12时开始随着气温升高，花瓣开始凋落。从花朵开放到花瓣脱落一般需要6h左右。翌日早晨其他花再开放。上午是雨天时不开花，下午转为晴天时会有部分花朵开放。晴天上午从远处看胡麻田，可以看到一片蓝（白）色花的海洋，很美观，下午看到的却是一片绿色的波浪，变化很大。胡麻当日开花的多少，一般与前2d的温度、湿度关系密切。高温多湿，天气晴朗，花蕾形成多，开花也多；反之，减少。在高温干旱的情况下，花朵开放较早，凋萎也早；阴天开放较迟，保持时间也较久。雨天开放晚或半开放或难以开放。阴雨天较多，花粉容易受潮破裂，往往授粉不良，影响子房的发育，秕粒增多，形成缺粒，使得蒴果结实粒数较少，产量降低。因此开花时需有晴朗的天气，才能结实好，产量高，品质好。一些地方有“要吃胡麻油，伏里晒日头”的说法。

开花后主茎伸长基本停止，只是花序的伸长。

据研究，胡麻授粉后一般在24h完成受精作用，受精后子房逐渐膨大发育成蒴果。授粉后，落在雌蕊柱头上的花粉粒，20~30min开始萌发，并在短时内形成花粉管。经2.5~3h，花粉管已经达到花柱底部，以后进入子房，并同胚囊内卵细胞融合。花药的开裂和散粉与气候条件之间的关系很大，据甘肃省清水农校观察，气温越高散粉越早，气温17.8~21.1℃时，早晨7时30分至8时开始散粉；气温25.8℃时，早晨6时30分就开始散粉；阴天或无日照时，花不开或开放不完全，第2天重开，这种情况下，第1天开的花、花药能开裂但不散粉或散出少量花粉。其次日照长短、相对湿度高低对授粉也有影响，如果全天无日照，相对湿度为84%时，其着粒率仅43.8%；日照6.5h、相对湿度85%时，着粒率提高至73%。如遇阴雨连绵，隔天后部分花蕾、花药于傍晚开放开裂，如连阴雨2天，隔天后可能连续2天部分花蕾、花药于傍晚开放开裂，其结实率分别为60%和26%。在已开花而未授粉时遇雨，因花粉受潮失去生活力，结实率仅39.7%，晴天可达63.2%。

胡麻单株花朵开放，因（品种、栽培因素）分茎、分枝、花蕾数目不同，又受阴雨天（气象因素）影响，一般7d左右完成，全田开花期需要20d左右。

但密植时能显著缩短花期，可使盛花期提前，使整个大田开花和成熟比较一致。一般7月是我国北方胡麻的盛花期，此时刚刚进入雨季，空气湿度较适中，晴天多，利于全田整齐开花，也预示着蒴果成熟整齐。花期遭遇干旱或连续阴雨时，全田植株间开花不整齐，授粉质量差，会降低坐果率和蒴果内的着粒数，种子成熟度也会差异过大。这也是为什么在多雨的南方地区不适宜种植胡麻的原因之一。天津地区曾引种胡麻，采取品种选择和尽量早播种的措施，使开花期和成熟期避开多雨季节，也获得了丰收。胡麻是自花授粉作物，我国北方胡麻的天然杂交率（异花授粉率）一般为1%~2%。在纬度低的南方地区，因空气湿度大，田间植株间开花时间不同步，天然杂交率高于北方地区；(因品种、气象因素有所差异)。据河北坝上农科所观察，一般品种天然杂交率为1%~3%，某些品种因开花时间较长，天然杂交率更高。

花期植株对水分、养分的需要仍然迫切，在始花期应及时灌水、追肥，始花期追肥灌水可使胡麻果大粒饱。

3.2.5 子实期

子实期（终花后——成熟期以前）：对应生长阶段为青果期（青熟期）、（蒴果）黄熟期2个生长阶段（图3-22）。

胡麻授粉后25~30d，种子基本发育完成，再经10d左右，种子进入成熟期。

据研究，子实和蒴果的发育过程是，胡麻授粉后，落在雌蕊柱头上的花粉粒，经20~30min后开始萌发，形成花粉管，花粉管迅速生长，然后到达胚珠而授精，一般在24h内完成受精作用。受精后子房开始逐渐膨大，直径达0.5~0.8cm，即发育成蒴果。这一过程一般需10~15d。当蒴果初具外形，内部种子种皮已经形成。其后进行灌浆，灌浆速度增长最快的时期是在受精后的25d直至种子发育完成。当蒴果外皮显黄绿色时，籽粒内部已经变成蜡质样。

青果期（青熟期）：即终花后到（蒴果）黄熟期以前，植株茎叶和蒴果呈青绿色，下部叶片开始枯萎脱落，种子还没有充分成熟，当压榨种子时，能压出绿色的小片或汁液（图3-41）。胡麻青熟期以后，如果遇到天气多雨，空气湿度大，会出现“返青”现象。胡麻植株可以产生新的分枝，茎上部叶片泛绿持续生长，继续开花，与幼果、成熟果并存于同一植株上。若遇大雨和强风，极易成片倒伏，造成减产，亦给收获带来困难。早熟蒴果内的籽粒吸水过多时，会失去光泽，甚至发芽。这也是不适宜在南方多雨地区种植胡麻的另外一个原因。所以，及时收获是保证胡麻籽粒品质和产量的关键措施之一（图3-22、图3-39、图3-40、图3-41）。

（蒴果）黄熟期：植株上部的分枝和叶片仍保持绿色，蒴果大部分呈黄色，一

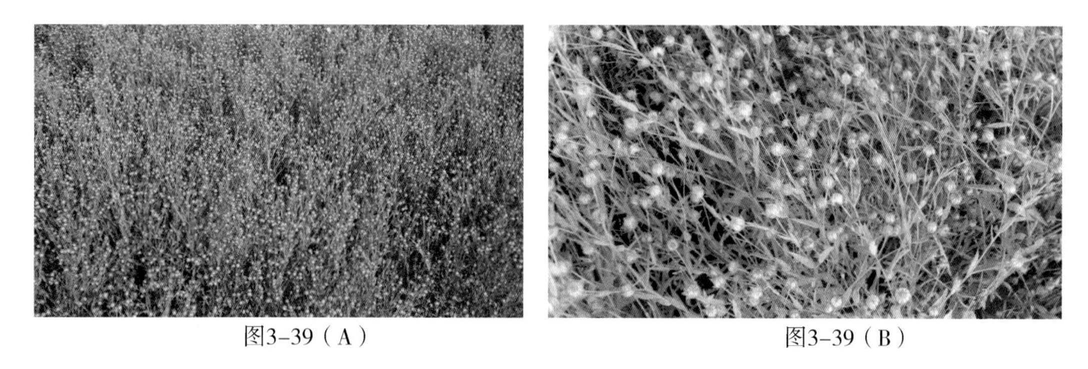

图3-39（A）　　图3-39（B）

图 3-39　胡麻青果期（A、B）

Fig. 3-39　The green capsule of oil flax during seed filling period（A、B）.

图3-40（A）　　图3-40（B）

图 3-40　（青果期）胡麻蒴果

A. 正面；B. 背面

Fig. 3-40　The capsule of oil flax（The green capsule of oil flax during seed filling period）.

A. The front of capsule；B. The back of capsule.

部分蒴果呈淡黄色。一小部分蒴果中的种子呈绿色，大多数种子已变成淡黄色，少数种子变成浅褐色，种子坚硬有光泽，但籽粒还未饱满。该时期茎纤维强度大，品质好，麻质量高。黄熟后，要求晴朗干燥的天气，阴雨天胡麻贪青晚熟（图 3-22、图 3-42、图 3-43）。

子实形成时期（即籽粒灌浆时期）：正是油分和干物质积累的时期。据测定油分的积累以种子日龄 25～30d 速度最快。30d 以后急剧下降。在施磷肥的情况下，比未施磷肥的含油量要高。碘价的增长在开花后的头三周颇为缓慢，此后增长速度较快，当油分含量达到最大值后，碘价继续增长。千粒重的增长，以种龄 20d 速度最快，25d 后迅速下降，到 35d 时基本上不再增加。据实验证明，在胡麻生长期间，每形成 1 单位重的干物质，要消耗 400～430 单位重的水。内蒙古农业大学测定了 5

图3-41（A）

图3-41（B）

图3-41（C）

图 3-41　（青果期）胡麻蒴果剖面

A. 横剖；B. 横剖；C. 纵剖

Fig. 3-41　The capsule profile of oil flax was at green capsule during seed filling period.

A and B. Capsule transection；C. Capsule profile.

个胡麻品种。结果认为，当同天开花结实的种子日龄为 9d 时，所形成的蒴果及蒴果内籽粒体积的增长已趋于稳定，其大小接近成熟时的蒴果和蒴果内籽粒的体积。此时种子内已有油分积累，含脂肪重量占种子完熟末期（种子日龄为 45d）所含脂肪重量的 8.19%~15.61%，脂肪重量比率因品种类型不同有所差异。随着单果种子日龄的增长，种子含油量逐渐增加，到 12~15d 时积累速度快，出现第 1 次高峰。

图3-42（A）

图3-42（C）

图3-42（B）

图 3-42　黄熟期胡麻（A、B、C）

Fig. 3-42　The oil flax was at brown capsule period（A、B、C）.

20d 或 25～30d 时出现第 2 次积累高峰，而后油分积累缓慢。单果种子最大重量和油分积累在种子发育日龄的 30～35d 完成，含油率达到 41. 17%～41. 77%（因品种不同有所差异）。胡麻单株油分积累速度比单个蒴果种子油分积累延迟 10d 左右，即在单株首花后的 40～45d。

此段时期对土壤水分的要求仍然较高。在雨水较为充足、适宜年份，胡麻种子的含油率和碘价都较高。

3. 2. 6　成熟期

成熟期如图 3-22、图 3-44、图 3-45、图 3-46、图 3-47。

在胡麻植株开花受精后的 35～40d 就进入了蒴果和籽粒的成熟期，完成了胡麻一生的周期变化（胡麻全田从开花末期到成熟一般需 40～50d，因品种、气象、栽培条件等因素不同有所差异）。达到成熟期的标志为植株枯黄，茎叶大部分变成褐

图3-43（A）

图3-43（B）

图3-43（C）

图3-43（D）

图 3-43　胡麻蒴果（黄熟期）

A. 蒴果；B. 横剖；C. 纵剖；D. 纵剖

Fig. 3-43　The capsule profile of oil flax（The oil flax was at brown capsule period）.

A. Capsule；B. Capsule transection；C and D. Capsule profile.

色，上部叶片已枯萎，茎秆下部和中部叶片大多脱落。蒴果呈黄褐色或暗褐色，早开花受精的蒴果有裂纹出现。籽粒坚硬饱满，成熟变硬，有光泽，褐色（或其他成熟种子颜色），千粒重和油分含量达到品种本身固有标准。植株摇动时，籽粒在蒴果内“沙沙”作响。茎秆麻纤维已变粗硬，品质较差。此时段是收获胡麻籽粒的理想时期，应择机收获。

图3-44（A）　图3-44（B）

图3-44（C）

图 3-44　收获（完熟）期胡麻（A、B、C）

Fig. 3-44　The seed ripe of oil flax（The oil flax was at maturity）（A、B、C）.

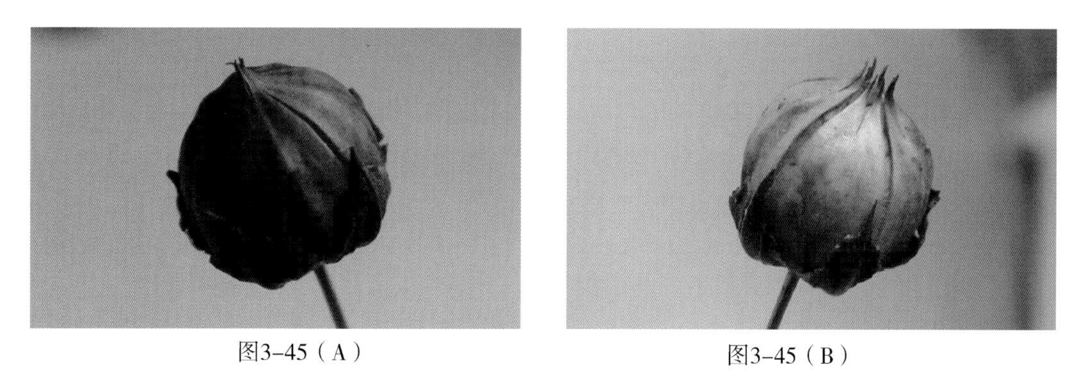

图3-45（A）　图3-45（B）

图 3-45　（完熟期）胡麻蒴果（A、B）

Fig. 3-45　The capsule of oil flax was at mature period（A、B）.

图 3-46　（完熟期）胡麻蒴果剖面

Fig. 3-46　The capsule profile of oil flax was at maturity.

图 3-47　（收获期）胡麻蒴果、籽粒

Fig. 3-47　The capsule and seed of oil flax at harvest period.

4 胡麻干物质积累特征

干物质是作物光合作用产物的最高形式，其积累和分配与经济产量有密切关系，因此，它一直是人们高产栽培研究的重点，也是揭示作物高产机理的重要方面。干物质积累是作物产量形成的基础，生育期内干物质的积累量、分配与转移特性决定着产量的高低，在一定范围内，干物质积累量与产量呈正相关。胡麻干物质积累是其产量形成的物质基础，更是胡麻植株生长状况的直接反映。

4.1 胡麻干物质积累趋势

4.1.1 胡麻全生育期根干物质积累趋势

整体来看，2012 年、2013 年、2014 年（三年）胡麻全生育期根干物质积累趋势基本一致（图 4-1、图 4-6）。根干物质积累在整个生育期呈前期一直上升后期又回落趋势，即从苗期开始到子实期一直上升，在子实期达到峰值，此后，根干物质积累则是下降趋势；2012 年青果期（子实期）达到峰值，2013 年黄熟期（子实期）达到峰值，2014 年黄熟期（子实期）达到峰值，2013 年因缺少完熟期数据在整个采样期间呈一直上升趋势，没有出现先上升后下降的态势。苗期根干物质积累缓慢，且积累量小，从快速生长期（苗期）开始经蕾期至子实期根干物质积累持续增加且增速快，总积累量也随之升高，在子实期达到峰值；期间，从盛花期（花期）到子实期根干物质积累最快，总积累量上升幅度最大，此时段为根干物质积累最快时段。

2013 年和 2014 年从枞形期开始一直到黄熟期根干物质积累趋势高度一致，在始花期——盛花期——终花期——青果期根干物质积累量 2013 年比 2014 年稍高，黄熟期 2013 年比 2014 年稍低；2012 年根干物质积累量在现蕾期、始花期、盛花期低于 2013 年和 2014 年（始花期较低，现蕾期、盛花期稍低于 2013 年与 2014 年），在终花期、青果期明显高于 2013 年和 2014 年。苗期和现蕾期三年根干物质积累量相差不大，苗期：2012 年（幼苗期根干物质重为 0.003g、枞形期根干物质重为

0.012g、快速生长期根干物质重为 0.014g)、2013 年（幼苗期根干物质重为 0.0019g、枞形期根干物质重为 0.010g、快速生长期根干物质重为 0.010g)、2014 年（枞形期根干物质重为 0.012g、快速生长期根干物质重为 0.020g)，现蕾期：2012 年（现蕾期根干物质重为 0.032g)、2013 年（现蕾期根干物质重为 0.045g)、2014 年（现蕾期根干物质重为 0.042g)；三年根干物质积累量峰值差异不大，但峰值出现时间稍有不同，2013 年和 2014 年在黄熟期（子实期）达到，2012 年在青果期（子实期）达到；2012 年根干物质积累量最高值 0.187g，在青果期（子实期）达到，2013 年根干物质积累量最高值 0.182g，黄熟期（子实期）达到，2014 年根干物质积累量最高值 0.192g，在黄熟期（子实期）达到；2012 年和 2014 年根干物质积累在全生育期呈前期持续上升达到峰值后又下降趋势，2013 年根干物质积累因缺少完熟期的数据在整个采样期间呈一直上升趋势，没有出现先上升后下降的态势，这有待进一步继续深入研究、探讨。

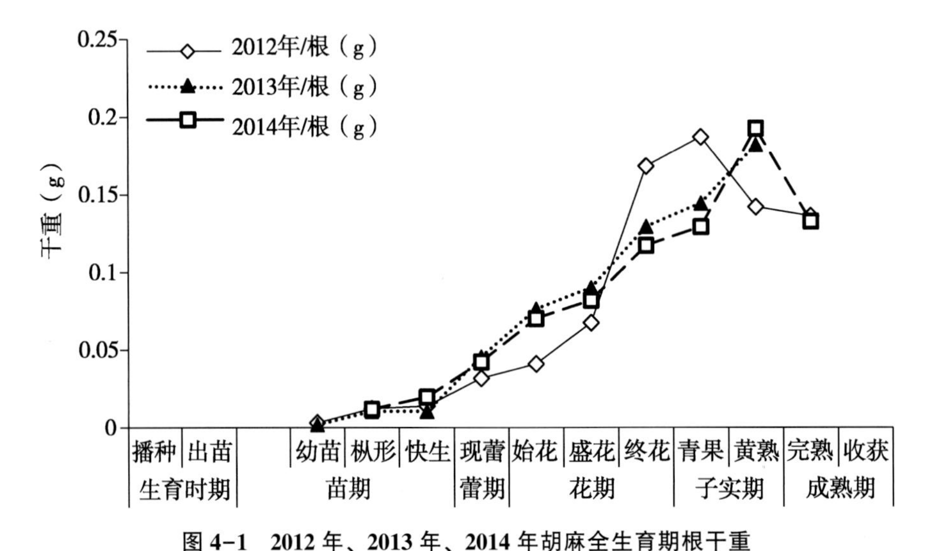

图 4-1　2012 年、2013 年、2014 年胡麻全生育期根干重

Fig. 4-1　Dry matter in the root of oil flax during the growing season in 2012, 2013 and 2014.

4.1.2　胡麻全生育期茎干物质积累趋势

整体来看，2012 年、2013 年、2014 年（三年）胡麻全生育期茎干物质积累趋势比较一致（图 4-2、图 4-6）。三年全生育期茎干物质积累一直呈上升态势，至完熟期（成熟期）达到峰值（2013 年因缺完熟期数据，峰值出现在黄熟期，下同）。苗期茎干物质积累缓慢，且积累量少，从快速生长期（苗期）开始一直到完熟期（成熟期）茎干物质积累持续增加且增速快，总积累量也随之升高，至完熟期达到最高值。

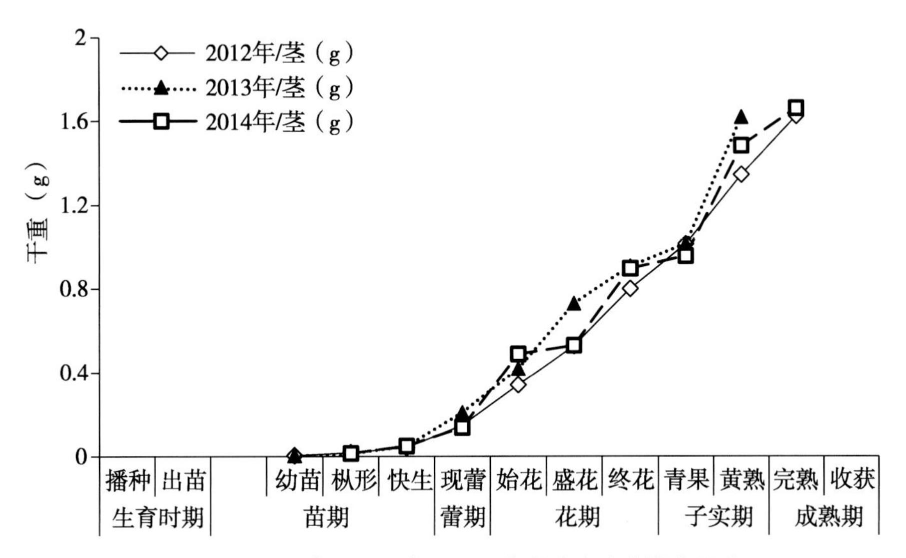

图 4-2　2012 年、2013 年、2014 年胡麻全生育期茎干重

Fig. 4-2　Dry matter in the stem of oil flax during the growing season in 2012, 2013 and 2014.

茎干物质积累量除个别生育期外差异不大；三年茎干物质积累量差异最大的生育期为黄熟期（子实期），2013 年最大，2012 年最小，2014 年介于二者之间，分别为：2013 年黄熟期茎干物质积累量为 1.618g、2012 年黄熟期茎干物质积累量为 1.344g、2014 年黄熟期茎干物质积累量为 1.482g；2013 年盛花期茎干物质积累量高于 2012 年和 2014 年，2012 年和 2014 年盛花期茎干物质积累量几乎无差异，2012 年盛花期茎干物质积累量为 0.528g、2014 年盛花期茎干物质积累量为 0.529g、2013 年盛花期茎干物质积累量为 0.729g；苗期和青果期（子实期）三年茎干物质积累量基本无差异，苗期：2012 年（幼苗期茎干物质重为 0.005g、枞形期茎干物质重为 0.018g、快速生长期茎干物质重为 0.042g）、2013 年（幼苗期茎干物质重为 0.004g、枞形期茎干物质重为 0.013g、快速生长期茎干物质重为 0.049g）、2014 年（枞形期茎干物质重为 0.015g、快速生长期茎干物质重为 0.050g），青果期（子实期）：2012 年（青果期茎干物质重为 1.013g）、2013 年（青果期茎干物质重为 1.013g）、2014 年（青果期茎干物质重为 0.956g）；2012 年和 2014 年茎干物质积累量峰值在完熟期（成熟期）达到，2013 年茎干物质积累量峰值在黄熟期（子实期）达到，三年基本相差不大，2012 年茎干物质积累量最高值 1.623g，完熟期（成熟期）达到，2014 年茎干物质积累量最高值 1.660g，完熟期（成熟期）达到，2013 年茎干物质积累量最高值 1.618g，黄熟期（子实期）达到。

2013 年茎干物质积累因缺少完熟期的数据，在整个采样期间呈一直上升趋势，在黄熟期（子实期）达到峰值且高于2012年和2014年同时期，同2012年和2014年峰值（完熟期）差不多；再者，2013年由于播种推迟，播种时期的气温、地温均高于当地正常播种时期，加之开花前期降雨异常增多，植株倒伏严重，对后期干物质积累有一定影响，这有待进一步继续深入研究、探讨。

4.1.3 胡麻全生育期叶干物质积累趋势

整体来看（图4-3、图4-6），2012年、2013年、2014年（三年）胡麻叶干物质积累，在整个采样期间呈前期一直上升后期又回落趋势，即从苗期开始到子实期一直上升，在子实期达到峰值，此后，叶干物质积累则是下降趋势［2012年和2013年青果期（子实期）达到峰值，2014年黄熟期（子实期）达到峰值，2013年因缺少完熟期数据，黄熟期后未知］。苗期叶干物质积累较慢，干物质总积累量也较低，从快速生长期（苗期）到现蕾（蕾期）至始花期（花期）叶干物质积累最快，总积累量也随之升高，上升幅度最大，此一时段为整个采样期间叶干物质积累最快时段［2012年叶干物质积累最快时段为终花期（花期）到青果期（子实期）］。

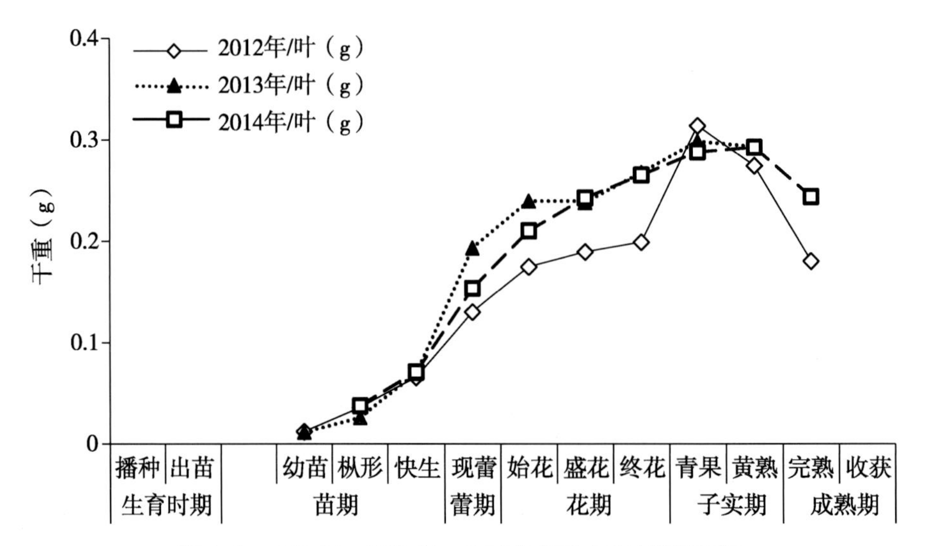

图4-3 2012年、2013年、2014年胡麻全生育期叶干重

Fig. 4-3 Dry matter in the leaf of oil flax during the growing season in 2012, 2013 and 2014.

三年胡麻生育期叶干物质积累趋势在不同生育期差异程度不同，但2013年和2014年从枞形期开始一直到黄熟期（除蕾期和始花期叶干物质积累量2013年高于2014年外）叶干物质积累趋势高度一致（图4-3、图4-6）。在苗期（幼苗期、枞形期、快速生长期）和子实期（青果期、黄熟期）三年叶干物质积累趋势基本一致，苗期：2012年幼苗期叶干物质重为0.012g、枞形期叶干物质重为0.036g、快速生长期叶干物质重为0.066g，2013年幼苗期叶干物质重为0.012g、枞形期叶干物质重为0.027g、快速生长期叶干物质重为0.070g，2014年枞形期叶干物质重为0.038g、快速生长期叶干物质重为0.071g；子实期：2012年青果期叶干物质重为0.314g、黄熟期叶干物质重为0.274g，2013年青果期叶干物质重为0.299g、黄熟期叶干物质重为0.294g，2014年青果期叶干物质重为0.288g、黄熟期叶干物质重为0.293g；三年叶干物质积累量差异最大时期在始花期（花期）和蕾期，2012年最低、2013年最高、2014年介于二者之间，分别为：2012年始花期（花期）叶干物质重为0.175g、蕾期叶干物质重为0.130g，2013年始花期（花期）叶干物质重为0.240g、蕾期叶干物质重为0.194g，2014年始花期（花期）叶干物质重为0.211g、蕾期叶干物质重为0.154g；在盛花期和终花期2013年和2014年叶干物质积累量基本无差异，明显高于2012年，分别为：盛花期：2013年盛花期叶干物质重为0.239g、2014年盛花期叶干物质重为0.243g、2012年盛花期叶干物质重为0.190g，终花期：2013年终花期叶干物质重为0.268g、2014年终花期叶干物质重为0.265g、2012年终花期叶干物质重为0.199g；三年叶干物质积累量峰值差异不大，峰值出现时间稍有不同，2012年和2013年在青果期（子实期）达到，2014年在黄熟期（子实期）达到；2012年叶干物质积累量最高值0.314g，青果期（子实期）达到，2013年叶干物质积累量最高值0.299g，青果期（子实期）达到，2014年叶干物质积累量最高值0.293g，黄熟期（子实期）达到；2012年和2014年叶干物质积累在全生育期呈前期持续上升达到峰值后又快速下降趋势，2013年叶干物质积累因缺少完熟期的数据在整个采样期间呈一直上升至峰值后基本持平略有下降的趋势，没有出现快速下降的态势，这有待进一步继续深入研究、探讨。

4.1.4 胡麻全生育期蕾·蒴果干物质积累趋势

整体来看（图4-4、图4-6），2012年、2013年、2014年（三年）在整个采样期间蕾·蒴果干物质积累一直呈上升态势，至完熟期（成熟期）达到峰值（2013年因缺完熟期数据，峰值出现在黄熟期，下同）。花期（始花期、盛花期）蕾·蒴果干物质积累缓慢，且积累量少，从盛花期（花期）到子实期蕾·蒴果干物质积累最快，总积累量也随之快速升高，上升幅度最大，此时段为整个采样期间蕾·蒴果干物质积累最快时段［2013年和2014年从盛花期（花期）到黄熟期（子实期），2012年从盛花期（花期）到青果期（子实期）］。

三年胡麻生育期蕾·蒴果干物质积累趋势在不同生育时期差异程度不同。在始花期、盛花期三年蕾·蒴果干物质积累量差异不大，始花期：2012年始花期蕾·蒴果干物质重为0.025g、2013年始花期蕾·蒴果干物质重为0.019g、2014年始花期蕾・蒴果干物质重为0.038g，盛花期：2012年盛花期蕾・蒴果干物质重为0.134g、2013年盛花期蕾・蒴果干物质重为0.080g、2014年盛花期蕾・蒴果干物质重为0.066g；2012年和2014年终花期蕾・蒴果干物质积累量差异不大，分别为：2012年终花期蕾・蒴果干物质重为0.600g、2014年终花期蕾・蒴果干物质重为0.669g，2012年和2014年青果期蕾・蒴果干物质积累量差异也较小，分别为：2012年青果期蕾・蒴果干物质重为1.095g、2014年青果期蕾・蒴果干物质重为0.918g，三年蕾・蒴果干物质积累量在黄熟期（子实期）差异最大，2013年最低、2014年最高、2012年介于二者之间，分别为：2013年黄熟期（子实期）蕾・蒴果干物质重为1.036g、2014年黄熟期（子实期）蕾・蒴果干物质重为1.752g、2012年黄熟期（子实期）蕾・蒴果干物质重为1.118g；完熟期因缺少2013年数据，只有2012年和2014年数据，两者差异较大，2014年完熟期蕾・蒴果干物质积累量明显高于2012年，分别为：2014年完熟期蕾・蒴果干物质重为1.852g、2012年完熟期蕾・蒴果干物质重为1.295g；2013年蕾・蒴果干物质积累从盛花期后明显低于2012年和2014年同一时期，即在终花期、青果期、黄熟期2013年蕾・蒴果干物质积累明显低于2012年和2014年相应时期（黄熟期2013年和2012年相差较小）。

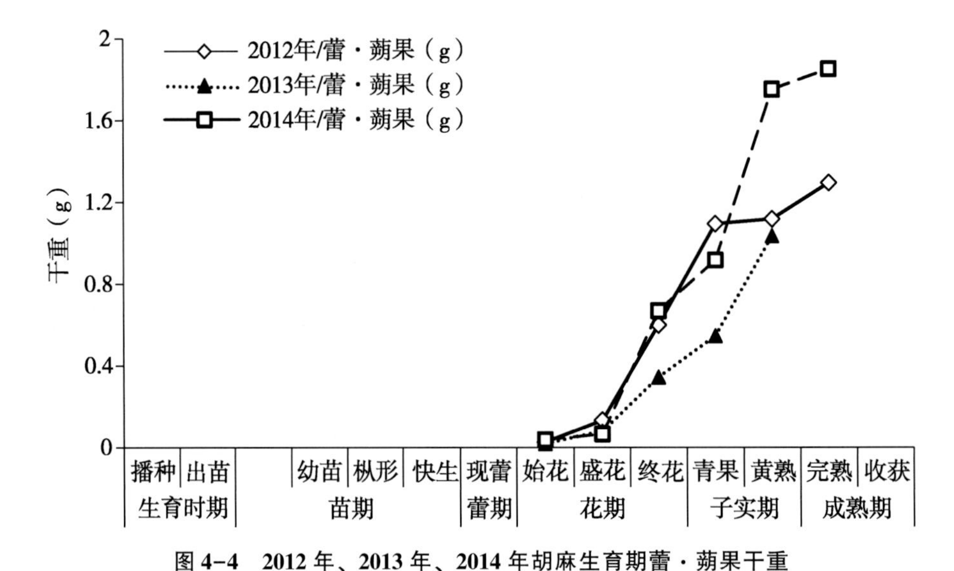

图4-4　2012年、2013年、2014年胡麻生育期蕾・蒴果干重

Fig. 4-4　Dry matter in the flower bud and capsule of oil flax during the growing season in 2012, 2013 and 2014.

2013年由于播种迟、开花前期降雨异常增多等原因使胡麻生育期缩短、推后，植株倒伏严重，对后期干物质积累有一定影响，直接导致当年蕾・蒴果干物质积累明显低于2012年和2014年相应时期，严重影响胡麻籽粒产量，这点不论在基础理论、生理习性研究层面，还是生产种植实际意义上，都有待进一步继续深入研究、探讨。

4.1.5 胡麻全生育期整株干物质积累趋势

整体来看，2012年、2013年、2014年（三年）胡麻全生育期整株干物质积累趋势基本一致（图4-5、图4-6）。三年全生育期整株干物质积累一直呈上升态势，至完熟期（成熟期）达到峰值（2013年因缺完熟期数据，峰值出现在黄熟期，下同）。苗期整株干物质积累缓慢，且积累量少，从快速生长期（苗期）开始整株干物质积累持续增加且增速快，总积累量也随之升高，经花期至完熟期达到最高值。期间，从盛花期（花期）到子实期整株干物质积累最快，总积累量也相应快速升高，上升幅度最大，此时段为全生育期整株干物质积累最快时段，也是整株干物质积累量上升幅度最大时期。

在苗期（幼苗期、枞形期、快速生长期）、蕾期（现蕾期）、花期（始花期、盛花期、终花期）三年整株干物质积累差异不大，苗期：2012年（幼苗期整株干物质重为0.021g、枞形期整株干物质重为0.067g、快速生长期整株干物质重为0.122g）、2013年（幼苗期整株干物质重为0.018g、枞形期整株干物质重为0.051g、快速生长期整株干物质重为0.130g）、2014年（枞形期整株干物质重为0.065g、快速生长期整株干物质重为0.141g），蕾期：2012年现蕾期整株干物质重为0.310g、2013年现蕾期整株干物质重为0.448g、2014年现蕾期整株干物质重为0.334g，花期：2012年（始花期整株干物质重为0.583g、盛花期整株干物质重为0.919g、终花期整株干物质重为1.767g）、2013年（始花期整株干物质重为0.753g、盛花期整株干物质重为1.138g、终花期整株干物质重为1.649g）、2014年（始花期整株干物质重为0.807g、盛花期整株干物质重为0.920g、终花期整株干物质重为1.947g）；在子实期（青果期、黄熟期）三年整株干物质积累差异较大，青果期整株干物质积累2013年最低、2012年最高、2014年介于二者之间，分别为：2013年青果期整株干物质重为2.003g、2012年青果期整株干物质重为2.608g、2014年青果期整株干物质重为2.291g；黄熟期整株干物质积累2012年最低、2014年最高、2013年介于二者之间，分别为：2012年黄熟期整株干物质重为2.879g、2014年黄熟期整株干物质重为3.720g、2013年黄熟期整株干物质重为3.130g；完熟期因缺少2013年数据，只有2012年和2014年数据，两者差异较大，2014年完熟期整株干物质积累明显高于2012年，分别为：2014年完熟期整株干物质重为3.889g、2012年完熟期整株干物质重为3.235g。

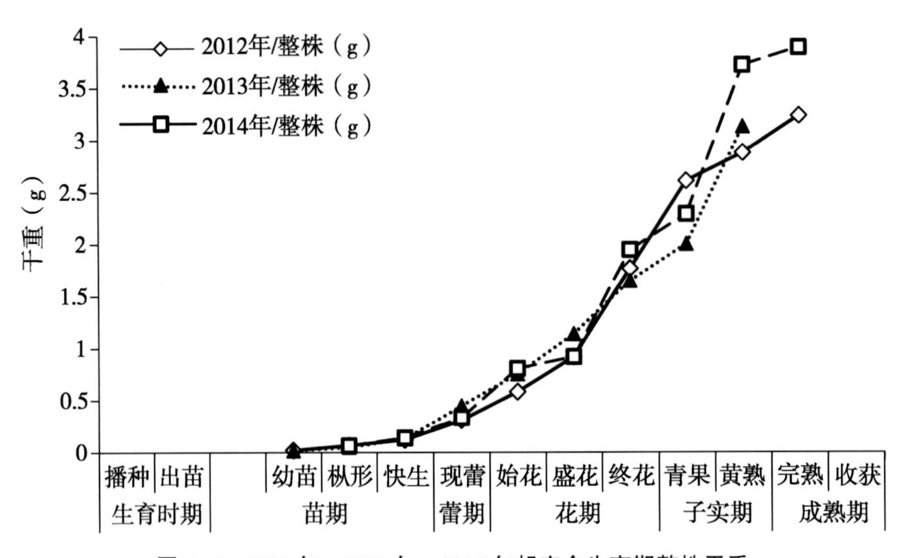

图 4-5　2012 年、2013 年、2014 年胡麻全生育期整株干重

Fig. 4-5　Dry matter in the whole plant of oil flax during the growing season in 2012, 2013 and 2014.

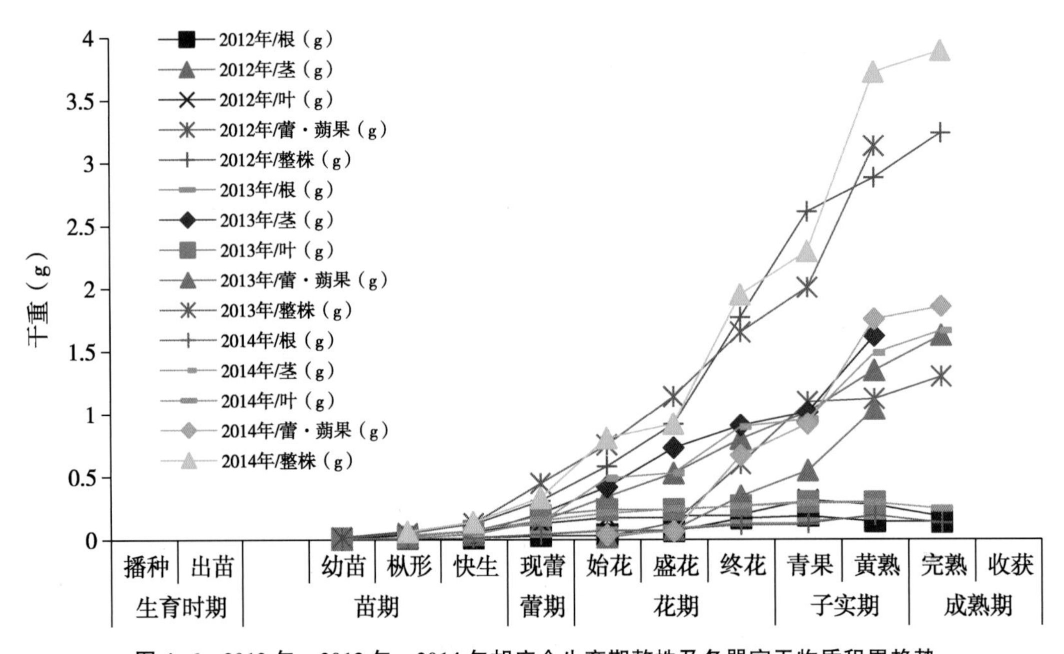

图 4-6　2012 年、2013 年、2014 年胡麻全生育期整株及各器官干物质积累趋势

Fig. 4-6　Dry matter in various organs and the whole plant of oil flax during the growing season in 2012, 2013 and 2014.

4.2 胡麻全生育期干物质日增长量

4.2.1 胡麻全生育期根干物质日增长量

2012 年、2013 年、2014 年（三年）胡麻全生育期根干物质日增长量如图 4-7、图 4-12；从幼苗期开始（2014 年从枞形期开始）在波动中整体上升至终花期达到峰值，2012 年和 2013 年峰值出现在终花期，分别为 0.0077g/d 和 0.0039g/d，2014 年峰值出现在黄熟期（0.0063g/d）；2012 年根干物质日增长量峰值要比 2013 年和 2014 年峰值高；达到峰值后 2012 年和 2014 年根干物质日增长量均下降直至负值，2013 年达到峰值后有所波动没出现负值；在苗期三年根干物质日增长量均较小且三年差异较小，蕾期后三年根干物质日增长量差异较大，在青果期三年根干物质日增长量差异不大。

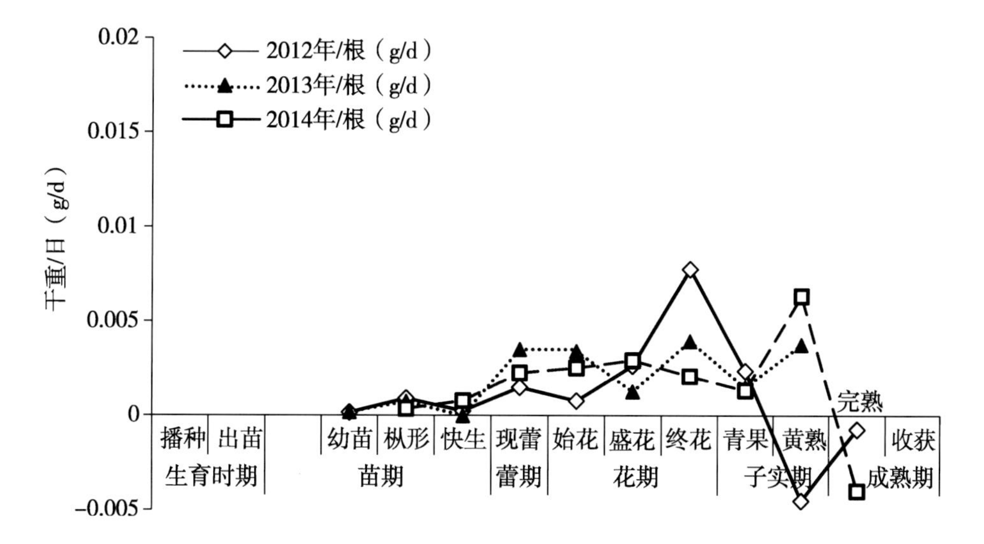

图 4-7 2012 年、2013 年、2014 年胡麻全生育时期根干物质日增长量

Fig. 4-7 Dry matter daily increasement in the root of oil flax during the growing season in 2012, 2013 and 2014.

4.2.2 胡麻全生育期茎干物质日增长量

2012 年、2013 年、2014 年（三年）胡麻全生育时期茎干物质日增长量见图 4-8、图 4-12；从幼苗期开始（2014 年从枞形期开始）至始花期三年茎干物质日增长量一直增加，始花期后三年茎干物质日增长量各自有所不同；2012 年茎干物质日增长量从幼苗期开始一直增加直到完熟期达到最大（0.0349g/d）；2013 年茎干物质日增长量从幼苗期开始到盛花期一直增加，之后从盛花期下降至青果期，随后又增加到黄熟期达到最大（0.0605g/d）；2014年茎干物质日增长量从枞形期开始在波动中整体上升至黄熟期达到峰值（0.0527g/d），之后减少直至完熟期；2012年茎干物质日增长量峰值出现在完熟期，2013年和2014年峰值出现在黄熟期；2013年和2014年茎干物质日增长量在青果期下降至较低；2014年完熟期茎干物质日增长量下降至较低，2012年完熟期没有下降；苗期三年茎干物质日增长量均最少且三年差异较小。

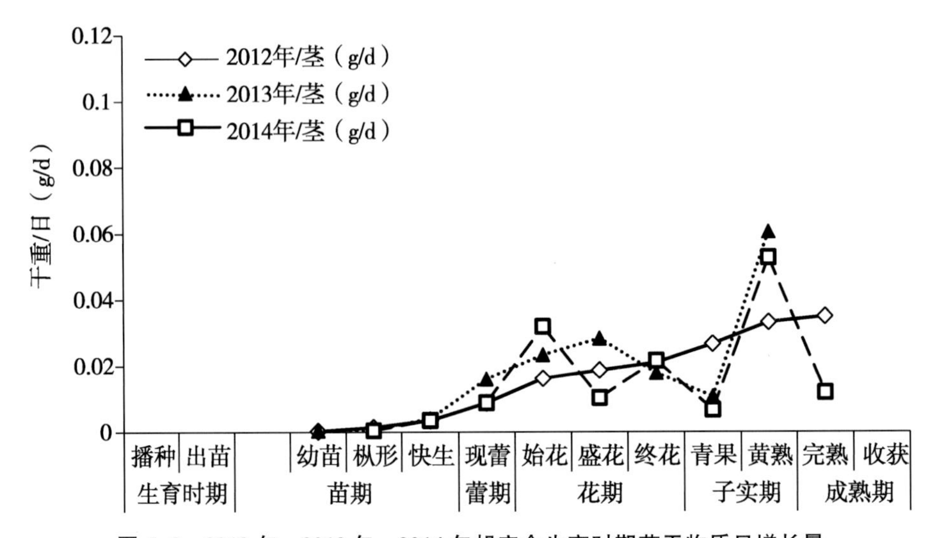

图4-8　2012年、2013年、2014年胡麻全生育时期茎干物质日增长量

Fig. 4-8: Dry matter daily increasement in the stem of oil flax during the growing season in 2012, 2013 and 2014.

4.2.3　胡麻全生育期叶干物质日增长量

2012年、2013年、2014年（三年）胡麻全生育时期叶干物质日增长量如图4-9、图4-12；三年叶干物质日增长量从幼苗期开始（2014年从枞形期开始）一直增加至蕾期，蕾期后下降至始花期，始花期后三年叶干物质日增长量各自有所不同；2012年叶干物质日增长量从幼苗期开始一直上升到蕾期后下降，至终花期后再次增加在青果期达到最多（0.0143 g/d），此后，一直减少在黄熟期为负值，持续减少至完熟期更低；2013年叶干物质日增长量从幼苗期开始一直上升到蕾期达到最多（0.0124 g/d），后下降至盛花期最低，接近0，随后再次增加至终花期持续到青果期达到次多，接着下降至黄熟期为负值（2013年缺完熟期数据，黄熟后干物质日增长量并不完整）；2014年叶干物质日增长量从枞形期开始一直上升到蕾期达到最多（0.0082 g/d），始花期有所下降，盛花期又升高基本与蕾期持平，之后有所波动整体下降至完熟期为负值；三年叶干物质日增长量出现第一个高峰是在蕾期，为2013年和2014年最大值，2012年最大值出现在青果期；黄熟期2012年和2013年出现负值，2014年接近0；完熟期2012年和2014年均为负值（2013年缺完熟期数据）；苗期三年叶干物质日增长量均小且差异较小。

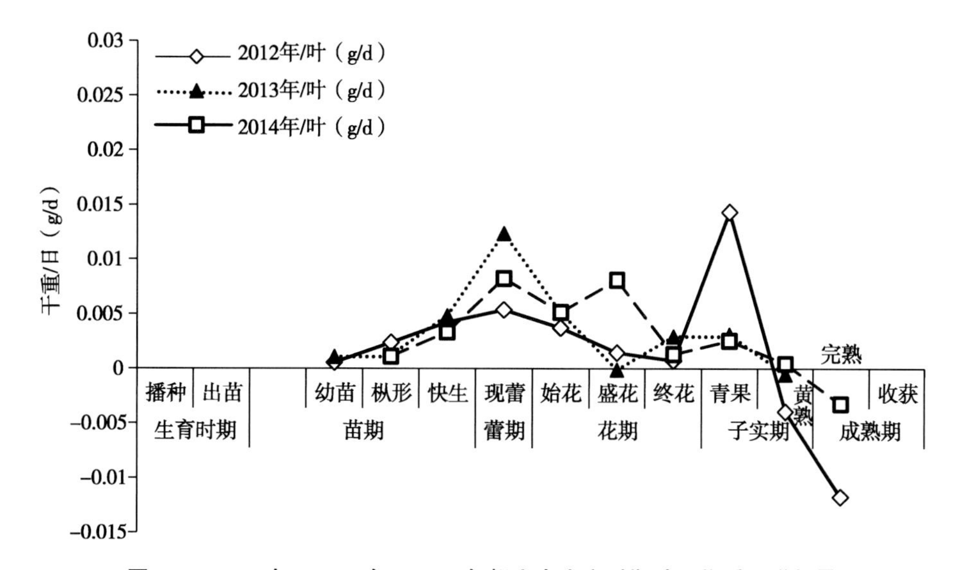

图4-9 2012年、2013年、2014年胡麻全生育时期叶干物质日增长量

Fig. 4-9 Dry matter daily increasement in the leaf of oil flax during the growing season in 2012, 2013 and 2014.

4.2.4 胡麻全生育期蕾·蒴果干物质日增长量

2012年、2013年、2014年（三年）胡麻全生育时期蕾·蒴果干物质日增长量见图4-10、图4-12；从始花期开始至终花期一直增加，此后三年蕾·蒴果干物质日增长量各自有所不同；2012年蕾·蒴果干物质日增长量从始花期开始一直增加至青果期达到最多（0.0619 g/d），此后减少到黄熟期，之后至完熟期有所增加；2013年蕾·蒴果干物质日增长量从始花期开始至终花期一直增加，之后有所下降到青果期后再次增加直至黄熟期最多（0.0489 g/d）（2013年缺完熟期数据）；2014年蕾·蒴果干物质日增长量从始花期开始总体一直增加（在青果期有所下降）至黄熟期达到最多（0.0834 g/d），之后从黄熟期下降至完熟期；2013年和2014年蕾·蒴果干物质日增长量峰值出现在黄熟期；2012年蕾·蒴果干物质日增长量峰值出现在青果期，之后从青果期下降至黄熟期（很低），从黄熟期至完熟期有所增加；2013年和2014年蕾·蒴果干物质日增长量在青果期有所减少。

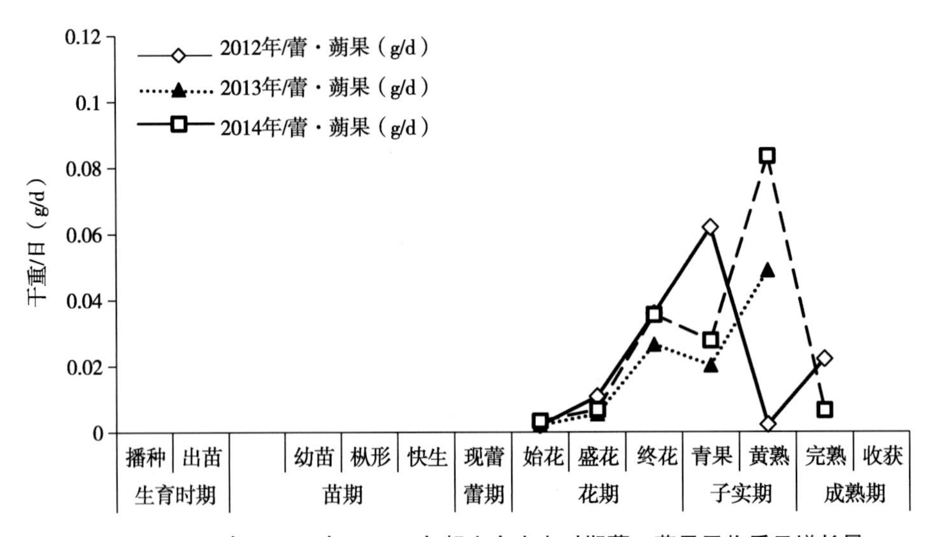

图 4-10　2012 年、2013 年、2014 年胡麻全生育时期蕾·蒴果干物质日增长量

Fig. 4-10　Dry matter daily increasement in the flower bud and capsule of oil flax during the growing season in 2012，2013 and 2014.

4.2.5　胡麻全生育期整株干物质日增长量

2012 年、2013 年、2014 年（三年）胡麻全生育时期整株干物质日增长量见图 4-11、图 4-12；三年整株干物质日增长量从幼苗期（2014 年从枞形期开始）到终花期一直增加（2014 年稍有波动），终花期后三年整株干物质日增长量整体上都在增加达到峰值，但各自有所不同；2012 年整株干物质日增长量从幼苗期开始一直增加至青果期达到最多（0. 1052g/d），随后减少至黄熟期，之后至完熟期有所增加；2013 年整株干物质日增长量从幼苗期开始到黄熟期虽有波动，一直增加至黄熟期达到最多（0. 1126g/d），苗期整株干物质日增长量最少，青果期有所减少，2014 年整株干物质日增长量从枞形期开始到黄熟期虽有波动，一直增加至黄熟期达到最多（0. 1429g/d），之后从黄熟期快速下降至完熟期，苗期和完熟期整株干物质日增长量最少。苗期三年整株干物质日增长量很小且三年整株干物质日增长量大小比较一致，差异很小；2013 年和 2014 年整株干物质日增长量在青果期有所减少，2012 年整株干物质日增长量在黄熟期较少；2013 年和 2014 年整株干物质日增长量峰值出现在黄熟期，2012 年峰值出现在青果期，2014 年最多（0. 1429g/d），2012 年最少（0. 1052 g/d），2013 年介于两者之间（0. 1126 g/d）。

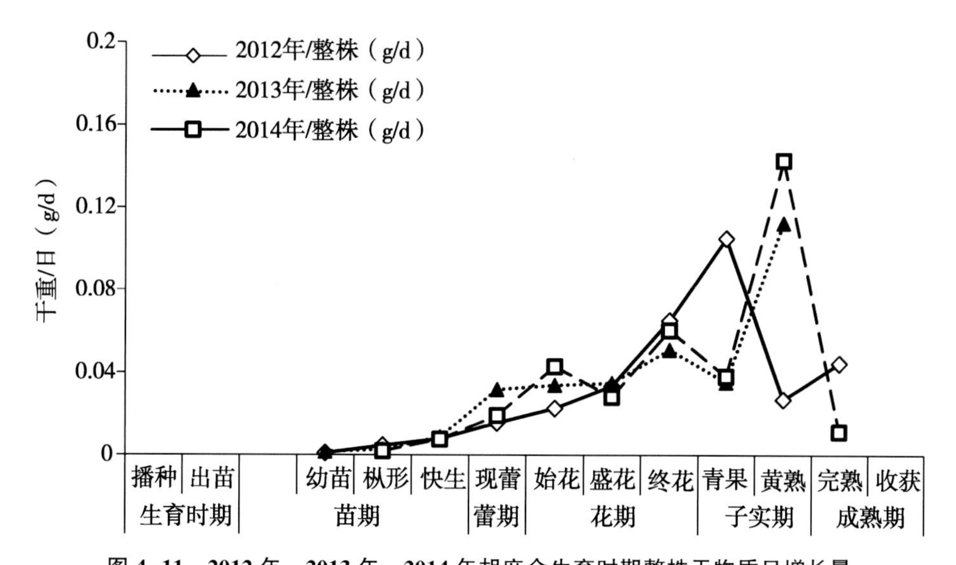

图 4-11　2012 年、2013 年、2014 年胡麻全生育时期整株干物质日增长量

Fig. 4-11　Dry matter daily increasement in the whole plant of oil flax during the growing season in 2012, 2013 and 2014.

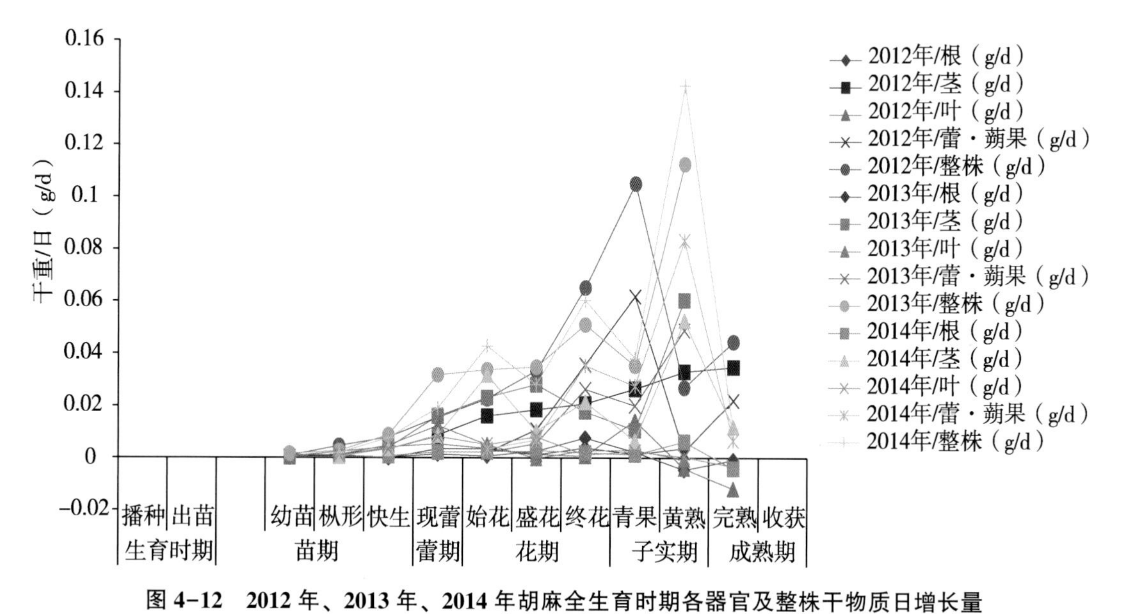

图 4-12　2012 年、2013 年、2014 年胡麻全生育时期各器官及整株干物质日增长量

Fig. 4-12　Dry matter daily increasement in the various organs and whole plant of oil flax during the growing season in 2012, 2013 and 2014.

4.3 胡麻全生育期干物质分配比率

4.3.1 胡麻全生育期不同生长阶段单株各器官干重（比率）及整株干重

4.3.1.1 2012 年胡麻全生育期不同生长阶段单株各器官（根、茎、叶、蕾·蒴果）干重（比率）及整株干重（图 4-13）

2012 年胡麻全生育期不同生长阶段根干重和叶干重从第一次幼苗期（苗期）采样到最后一次完熟期（成熟期）采样呈前期一直持续上升达到峰值后又回落，即从第一次幼苗期（苗期）采样到青果期（子实期）一直上升，在青果期（子实期）达到峰值，此后，青果期以后（青果期到完熟期）根干重和叶干重则是下降趋势；茎干重和整株干重（图 4-13 中各生长阶段各器官系列总高度为相应生长阶段整株干重）从第一次幼苗期（苗期）采样到最后一次完熟期（成熟期）采样在整个生育期干重一直持续上升，至完熟期（成熟期）达到峰值；蕾·蒴果干重从第一次始花期（花期）采样到最后一次完熟期（成熟期）采样一直持续上升，至完熟期（成熟期）达到峰值。苗期（幼苗期、枞形期、快速生长期）根干重、茎干重以及叶干重均较小；蕾期（现蕾期）后根干重、茎干重以及叶干重上升较快，根干重和叶干重在青果期（子实期）达到峰值，茎干重和整株干重在完熟期（成熟期）达到峰值；始花期增加蕾·蒴果干重，花期（始花期、盛花期）蕾·蒴果干重较小，

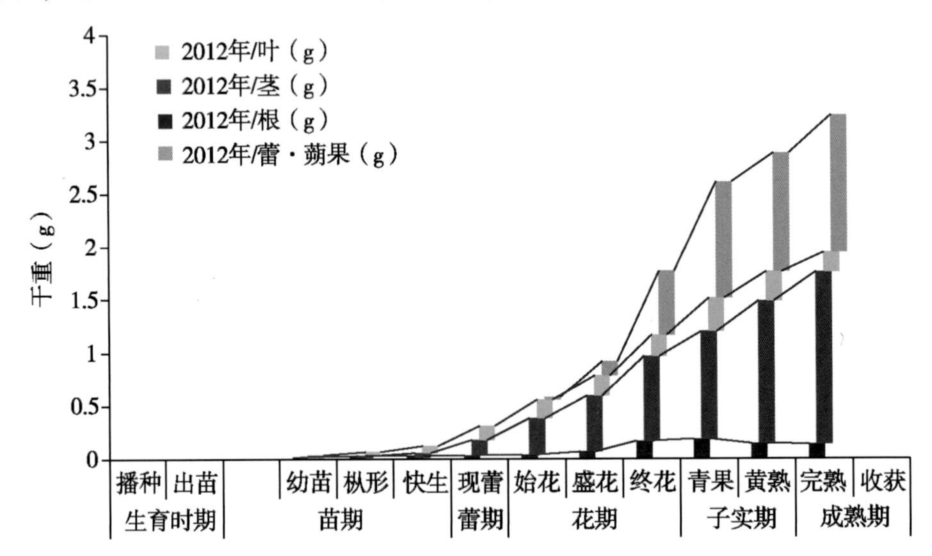

图 4-13 2012 年胡麻全生育期不同生长阶段单株各器官干重及整株干重

Fig. 4-13 Dry matter in the various organs and whole plant of oil flax during the growing season in 2012.

终花期后（子实期：青果期、黄熟期）蕾·蒴果干重上升快，完熟期（成熟期）达到峰值。

4.3.1.2 2013 年胡麻生育期不同生长阶段单株各器官（根、茎、叶、蕾·蒴果）干重（比率）及整株干重（图 4-14）

2013 年胡麻生育期不同生长阶段根干重、茎干重、叶干重和整株干重（图 4-14 中各生长阶段各器官系列总高度为相应生长阶段整株干重）从第一次幼苗期（苗期）采样到最后一次黄熟期（子实期）采样在整个采样期间干重一直持续上升，至黄熟期（子实期）达到峰值（叶干重在青果期达到峰值后基本一致持续至黄熟期）；蕾·蒴果干重从第一次始花期（花期）采样到最后一次黄熟期（子实期）采样干重一直持续上升，至黄熟期（子实期）达到峰值。苗期（幼苗期、枞形期、快速生长期）根干重、茎干重以及叶干重均较小；蕾期（现蕾期）后根干重、茎干重、叶干重以及整株干重上升较快，根干重、茎干重和整株干重在黄熟期（子实期）达到峰值，叶干重在青果期达到峰值，后基本一致持续至黄熟期；始花期增加蕾·蒴果干重，花期（始花期、盛花期）蕾·蒴果干重较小，终花期后（子实期：青果期、黄熟期）蕾·蒴果干重上升快，黄熟期（子实期）达到峰值（缺完熟期数据）。

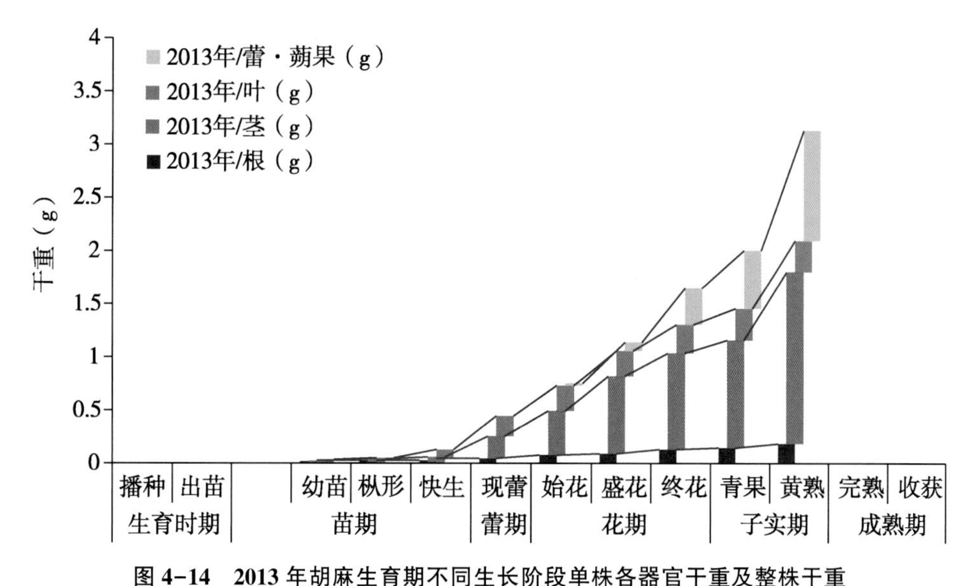

图 4-14 2013 年胡麻生育期不同生长阶段单株各器官干重及整株干重

Fig. 4-14 Dry matter in the various organs and whole plant of oil flax during the growing season in 2013.

4.3.1.3 2014 年胡麻全生育期不同生长阶段单株各器官（根、茎、叶、蕾·蒴果）干重（比率）及整株干重（图 4-15）

2014 年胡麻全生育期不同生长阶段根干重和叶干重从第一次枞形期（苗期）

采样到最后一次完熟期（成熟期）采样呈前期一直持续上升达到峰值后又回落，即从第一次枞形期（苗期）采样到黄熟期（子实期）一直上升，在黄熟期（子实期）达到峰值，此后，黄熟期以后（黄熟期到完熟期）根干重和叶干重则是下降趋势；茎干重和整株干重（图 4-15 中各生长阶段各器官系列总高度为相应生长阶段整株干重）从第一次枞形期（苗期）采样到最后一次完熟期（成熟期）采样在整个生育期干重一直持续上升，至完熟期（成熟期）达到峰值；蕾·蒴果干重从第一次始花期（花期）采样到最后一次完熟期（成熟期）采样一直持续上升，至完熟期（成熟期）达到峰值。苗期（枞形期、快速生长期）根干重、茎干重、叶干重以及整株干重均较小；蕾期（现蕾期）后根干重、茎干重、叶干重以及整株干重上升较快，根干重和叶干重在黄熟期（子实期）达到峰值，茎干重和整株干重在完熟期（成熟期）达到峰值；始花期增加蕾·蒴果干重，花期（始花期、盛花期）蕾·蒴果干重较小，终花期后（子实期：青果期、黄熟期）蕾·蒴果干重快速上升至完熟期（成熟期）达到峰值。

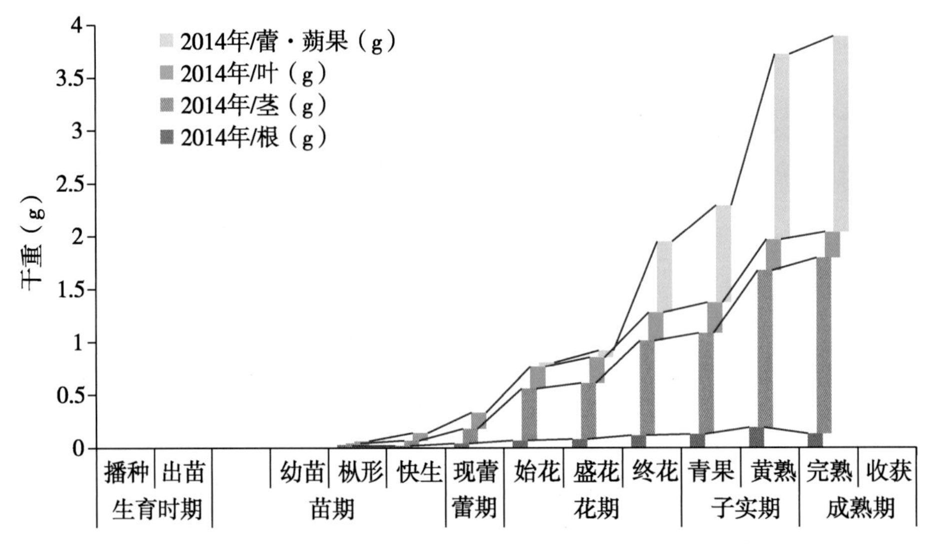

图 4-15　2014 年胡麻全生育期不同生长阶段单株各器官干重及整株干重

Fig. 4-15　Dry matter in the various organs and whole plant of oil flax during the growing season in 2014.

4.3.1.4　2012 年、2013 年、2014 年（三年）胡麻全生育期不同生长阶段单株各器官干重及整株干重

2012 年、2013 年、2014 年（三年）胡麻全生育时期不同生长阶段单株各器官（根、茎、叶、蕾·蒴果）干重及整株干重，参见图 4-16。

图 4-16 中，幼苗期无 2014 年数据，完熟期无 2013 年数据。整体来看，2012 年、2013 年、2014 年（三年）胡麻全生育时期不同生长阶段单株各器官（除 2012

年和2014年根、叶以及2013年叶外）干重及整株干重从幼苗期（苗期）到完熟期（成熟期）[2013年为从幼苗期（苗期）到黄熟期（子实期）、2014年为从枞形期（苗期）到完熟期（成熟期）]一直持续上升，至完熟期（成熟期）达到最大值[2013年为黄熟期（子实期）达到最大值]。苗期（幼苗期、枞形期、快速生长期）根干重、茎干重、叶干重以及整株干重均较小；从蕾期开始根干重、茎干重、叶干重以及整株干重上升较快，2012年和2014年根干重和叶干重在子实期达到峰值[2012年在青果期（子实期）达到峰值、2014年在黄熟期（子实期）达到峰值]；2012年和2014年茎干重和整株干重在完熟期（成熟期）达到峰值；2013年根干重、茎干重和整株干重在黄熟期（子实期）达到峰值，叶干重在青果期（子实期）达到峰值，后基本持平至黄熟期（子实期）。始花期增加蕾·蒴果干重，花期（始花期、盛花期）蕾·蒴果干重较小，终花期后（子实期：青果期、黄熟期）蕾·蒴果干重上升快，完熟期（成熟期）达到峰值；2013年黄熟期（子实期）达到峰值；（缺完熟期数据）。图4-16表明，蕾期2013年整株干重和茎干重及叶干重明显高于同期2012年、2014年整株干重和茎干重及叶干重。始花期：2012年整株干重和茎干重及叶干重明显低于同期2013年、2014年整株干重和茎干重及叶干重；三年蕾·蒴果干重差异不大。盛花期：2013年整株干重和茎干重明显高于同期2012年、2014年整株干重和茎干重；2012年蕾·蒴果干重明显高于同期2013年、2014年蕾·蒴果干重。终花期：2013年整株干重和蕾·蒴果干重明显低于同期2012年、2014年整株干重和蕾·蒴果干重；2012年茎干重和叶干重明显低于同期2013年、2014年茎干重和叶干重。青果期：2012年整株干重和蕾·蒴果干重明显高于同期2013年、2014年整株干重和蕾·蒴果干重，为三年最高；2013年整株干重和蕾·蒴果干重明显低于同期2012年、2014年整株干重和蕾·蒴果干重，为三年最低；2014年茎干重明显低于同期2012年、2013年茎干重，2014年整株干重和蕾·蒴果干重介于同期2012年、2013年整株干重和蕾·蒴果干重之间。黄熟期：2012年整株干重和茎干重为三年最低，明显低于同期2013年、2014年整株干重和茎干重；2014年整株干重和蕾·蒴果干重为三年最高，明显高于同期2012年、2013年整株干重和蕾·蒴果干重；2013年茎干重为三年最高，明显高于同期2012年、2014年茎干重，2013年蕾·蒴果干重为三年最低，明显低于同期2012年、2014年蕾·蒴果干重，2013年整株干重介于同期2012年、2014年整株干重之间。完熟期：2014年整株干重和叶干重及蕾·蒴果干重明显高于同期2012年整株干重和叶干重及蕾·蒴果干重；（2013年无完熟期数据）。三年蕾·蒴果干重在黄熟期差异最大，2013年最低、2014年最高、2012年介于二者之间；完熟期因缺少2013年数据，只有2012年和2014年数据，两者差异较大。2013年蕾·蒴果干重从盛花期后明显低于2012年和2014年同一时期，即在终花期、青果期、黄熟期2013年

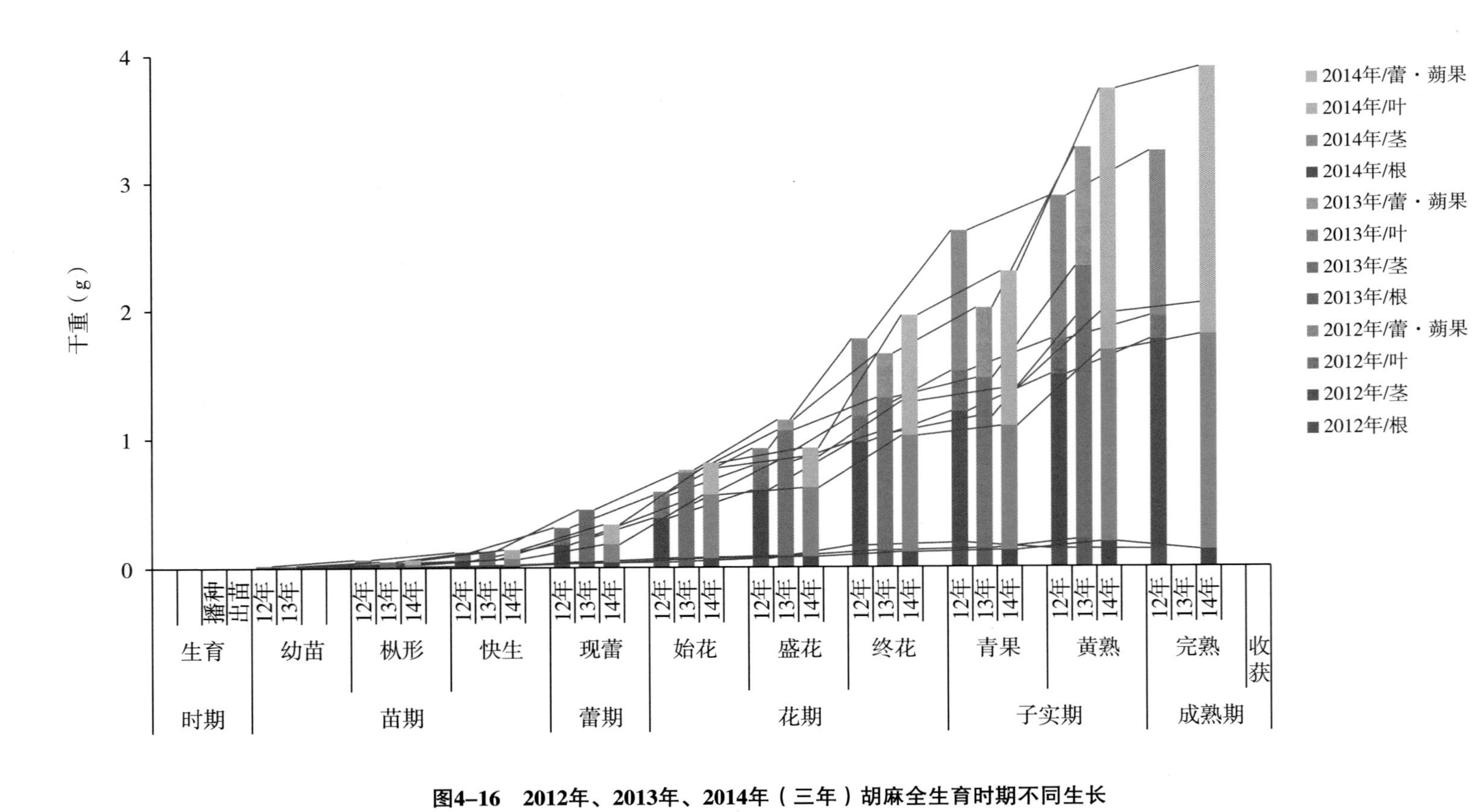

图4-16　2012年、2013年、2014年（三年）胡麻全生育时期不同生长阶段单株各器官干重及整株干重

Fig. 4-16　Dry matter in the whole plant and the ration of dry matter in various organs of oil flax per plant during the growing season in 2012，2013 and 2014.

蕾·蒴果干重明显低于2012年和2014年相应时期。2012年和2014年蕾·蒴果干重在花期（始花期、盛花期、终花期）均差异不大，青果期2014年蕾·蒴果干重还要比2012年小，到了黄熟期和完熟期差距则明显增加，2014年蕾·蒴果干重要远大于2012年蕾·蒴果干重。

4.3.2 胡麻全生育期不同生长阶段单株各器官干重分配比率（%）

4.3.2.1 2012年胡麻全生育期不同生长阶段单株各器官（根、茎、叶、蕾·蒴果）干重分配比率（%）（图4-17）

图4-17表明，2012年胡麻根干重所占百分比在枞形期（苗期）最高，高达18%以上，完熟期（成熟期）最低，低于5%，苗期（幼苗期、枞形期、快速生长期）根干重所占百分比是全生育期最高时期，随生育进程推进，根干重所占百分比逐渐降低，至成熟期（完熟期）根干重所占百分比最低；茎干重所占百分比在幼苗期（苗期）最低，低于23%，始花期（花期）最高，超过58%，其次为盛花期（花期），也超过57%，此时期（始花期、盛花期）茎干重所占百分比是全生育期最高时期，从幼苗期（苗期）开始随生育进程的推进，茎干重所占百分比逐渐升高，到始花期（花期）达到最高，之后逐渐降低，至青果期（子实期）不再下降，随后又开始上升直至完熟期（成熟期）；叶干重所占百分比在幼苗期（苗期）最高，超过60%，完熟期（成熟期）最低，低于6%，叶干重所占百分比在苗期（幼苗期最高，枞形期和快速生长期仅次于幼苗期）是全生育期最高时期，随生育进程的推进，叶干重所占百分比逐渐降低，直至完熟期（成熟期）下降至最低；蕾·蒴果干重所占百分比始花期（花期）最小［蕾·蒴果干重从始花期（花期）开始计］，随生育进程的推进，蕾·蒴果干重所占百分比持续上升，至完熟期（成熟期）上升至最高。苗期（幼苗期、枞形期、快速生长期）叶干重所占百分比超过一半以上，比茎干重和根干重两者之和所占百分比还高，幼苗期叶干重所占百分比超过60%；在子实期（青果期、黄熟期）和成熟期（完熟期）主要是茎干重所占百分比和蕾·蒴果干重所占百分比高，两者所占百分比之和超过80%，青果期（子实期）两者所占百分比之和超过80%，黄熟期（子实期）两者所占百分比之和超过85%，到了成熟期（完熟期）则更高，两者所占百分比之和超过90%，而在该生育时期根干重所占百分比和叶干重所占百分比都很小，在青果期（子实期）两者所占百分比之和小于20%，黄熟期（子实期）两者所占百分比之和小于15%，在成熟期（完熟期）则更低，两者所占百分比之和低于10%。苗期（幼苗期、枞形期、快速生长期）和蕾期（现蕾期）植株主要是营养生长为主，植株器官为根、茎、叶，所示干重分配比率为：根干重所占百分比、茎干重所占百分比和叶干重所占百分比；花期（始花期、盛花期、终花期）是营养生长和生殖生长并进时期，子

实期（青果期、黄熟期）和成熟期（完熟期）植株主要以生殖生长为主，植株器官为根、茎、叶、蕾·蒴果，所示干重分配比率为：根干重所占百分比、茎干重所占百分比、叶干重所占百分比以及蕾·蒴果干重所占百分比。

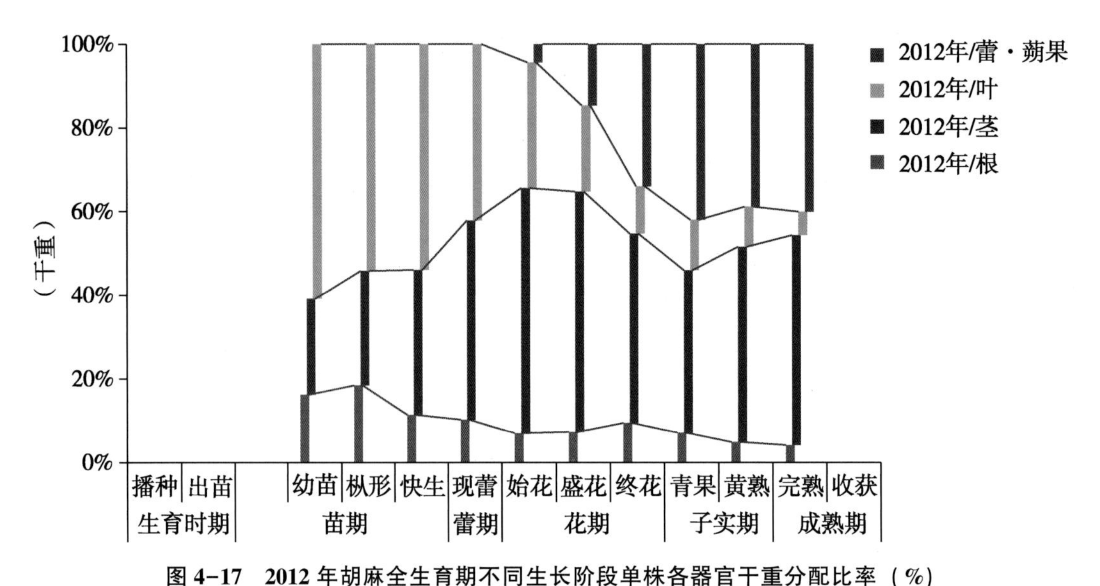

图 4-17 2012 年胡麻全生育期不同生长阶段单株各器官干重分配比率（%）

Fig. 4-17 Distribution ration of dry matter in various organs of oil flax per plant during the growing season in 2012.

4.3.2.2 2013 年胡麻生育期不同生长阶段单株各器官（根、茎、叶、蕾·蒴果）干重分配比率（%）（图 4-18）

图 4-18 表明，2013 年胡麻根干重所占百分比在枞形期（苗期）最高，高达 21%以上，黄熟期（子实期）最低，低于 6%，幼苗期、枞形期（苗期）根干重所占百分比是全生育期最高时期，随生育进程推进，根干重所占百分比逐渐降低，现蕾期和始花期基本持平，至黄熟期（子实期）根干重所占百分比降到最低；茎干重所占百分比在幼苗期（苗期）最低，低于 25%，盛花期（花期）最高，高达 64%以上，从幼苗期（苗期）开始随生育进程的推进，茎干重所占百分比逐渐升高，到盛花期（花期）达到最高，之后逐渐降低，至青果期（子实期）不再下降，随后又开始上升直至黄熟期（子实期）；叶干重所占百分比在幼苗期（苗期）最高，超过 65%，黄熟期（子实期）最低，低于 10%，叶干重所占百分比在苗期（幼苗期最高，枞形期和快速生长期仅次于幼苗期）是全生育期最高时期，随生育进程的推进，叶干重所占百分比逐渐降低，直至黄熟期（子实期）下降至最低；蕾·蒴果干重所占百分比始花期（花期）最小［蕾·蒴果干重从始花期（花期）开始计］，随生育进程的推进，蕾·蒴果干重所占百分比持续上升，至黄熟期（子实期）上升至最高。苗期（幼苗期、枞形期、快速生长期）叶干重所占百分比超过一半以上，比

茎干重和根干重两者所占百分比之和还高，幼苗期叶干重所占百分比甚至超过65%；在子实期（青果期、黄熟期）主要是茎干重所占百分比最高，其次为蕾·蒴果干重所占百分比较高，青果期（子实期）两者所占百分比之和超过77%，到了黄熟期（子实期）则更高，两者所占百分比之和超过84%，而在该生育时期根干重所占百分比和叶干重所占百分比都很小，青果期（子实期）两者所占百分比之和小于23%，在黄熟期（子实期）则更低，两者所占百分比之和小于16%。苗期（幼苗期、枞形期、快速生长期）和蕾期（现蕾期）植株主要是以营养生长为主，植株器官为根、茎、叶，所示干重分配比率为：根干重所占百分比、茎干重所占百分比和叶干重所占百分比；花期（始花期、盛花期、终花期）是营养生长和生殖生长并进时期，子实期（青果期、黄熟期）植株主要以生殖生长为主，植株器官为根、茎、叶、蕾·蒴果，所示干重分配比率为：根干重所占百分比、茎干重所占百分比、叶干重所占百分比以及蕾·蒴果干重所占百分比。

2013年完熟期（成熟期）采样因遗失，故无完熟期（成熟期）数据，此处（图4-18）数据则是主要体现黄熟期（子实期）以前生育时期各生长阶段（即幼苗期——黄熟期）的单株各器官（根、茎、叶、蕾·蒴果）干重分配比率（%）。

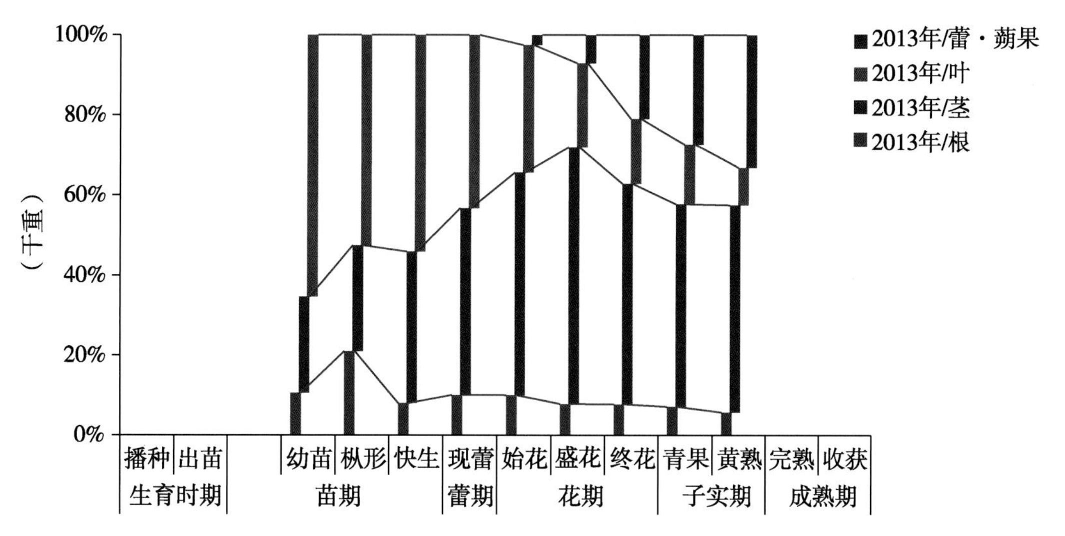

图4-18 2013年胡麻生育期不同生长阶段单株各器官干重分配比率（%）

Fig. 4-18 Distribution ration of dry matter in various organs of oil flax per plant during the growing season in 2013.

4.3.2.3 2014年胡麻全生育期不同生长阶段单株各器官（根、茎、叶、蕾·蒴果）干重分配比率（%）（图4-19）

图4-19表明，2014年胡麻根干重所占百分比在枞形期（苗期）最高，高达18%以上，完熟期（成熟期）最低，低于4%，苗期（枞形期、快速生长期）根

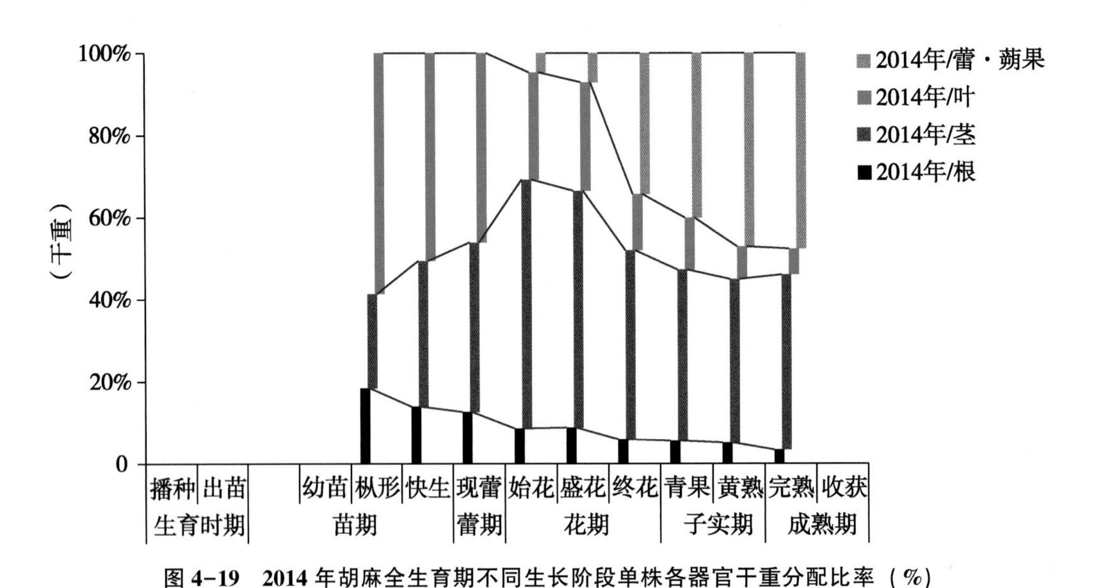

图 4-19　2014 年胡麻全生育期不同生长阶段单株各器官干重分配比率（%）

Fig. 4-19　Distribution ration of dry matter in various organs of oil flax per plant during the growing season in 2014.

干重所占百分比是全生育期最高时期，随生育进程推进，根干重所占百分比逐渐降低，至完熟期（成熟期）根干重所占百分比降到最低；茎干重所占百分比在枞形期（苗期）最低，低于 24%，始花期（花期）最高，超过 60%，花期（始花期、盛花期、终花期）茎干重所占百分比是全生育期最高时期，盛花期仅次于始花期，终花期超过 45%，从枞形期（苗期）开始随生育进程的推进，茎干重所占百分比逐渐升高，到始花期（花期）达到最高，之后逐渐降低，至黄熟期（子实期）不再下降，随后又开始上升直至完熟期（成熟期）；叶干重所占百分比在枞形期（苗期）最高，超过 58%，完熟期（成熟期）最低，低于 7%，叶干重所占百分比在苗期（枞形期最高，快速生长期仅次于枞形期，超过 50%）是全生育期最高时期，随生育进程的推进，叶干重所占百分比逐渐降低，直至完熟期（成熟期）下降至最低；蕾・蒴果干重所占百分比始花期（花期）最小［蕾・蒴果干重从始花期（花期）开始计］，随生育进程的推进，蕾・蒴果干重所占百分比持续上升，至完熟期（成熟期）上升至最高，高达 47% 以上。苗期（枞形期、快速生长期）叶干重所占百分比超过一半以上，比茎干重和根干重两者之和所占百分比还高，枞形期叶干重所占百分比甚至超过 58%；在子实期（青果期、黄熟期）和完熟期（成熟期）主要是茎干重所占百分比和蕾・蒴果干重所占百分比最高，两者所占百分比之和超过 80% 以上，青果期（子实期）两者所占百分比之和超过 80%，黄熟期（子实期）两者所占百分比之和超过 85%，到了完熟期（成熟期）则更高，两者所占百分比之和超过 90%，而在该生育时期根干重所占百分比和叶干重所占百分比都很小，青果期（子实期）两者所占百分比之和小于20%，在黄熟期（子实期）两者所占百分比之和小于15%，到了完熟期（成熟期）则更低，两者所占百分比之和低于10%。苗期（枞形期、快速生长期）和蕾期（现蕾期）植株主要是营养生长为主，植株器官为根、茎、叶，所示干重分配比率为：根干重所占百分比、茎干重所占百分比和叶干重所占百分比；花期（始花期、盛花期、终花期）是营养生长和生殖生长并进时期，子实期（青果期、黄熟期）和完熟期（成熟期）植株主要以生殖生长为主，植株器官为根、茎、叶、蕾·蒴果，所示干重分配比率为：根干重所占百分比、茎干重所占百分比、叶干重所占百分比以及蕾·蒴果干重所占百分比。

4.3.2.4　2012 年、2013 年、2014 年（三年）胡麻全生育时期不同生长阶段单株各器官（根、茎、叶、蕾·蒴果）干重分配比率（%）（图 4-20、图 4-21、图 4-22、图 4-23、图 4-24、图 4-25）

图 4-20、图 4-21、图 4-22、图 4-23、图 4-24、图 4-25 中，幼苗期无 2014 年数据，完熟期无 2013 年数据。整体来看，2012 年、2013 年、2014 年（三年）胡麻全生育时期不同生长阶段单株各器官（根、茎、叶、蕾·蒴果）干重分配比率（%）除少数生育时期不同年份个别器官外，大部分生育时期不同生长阶段单株各器官（根、茎、叶、蕾·蒴果）干重分配比率（%）趋势比较一致，差异较小。

三年胡麻根干重所占百分比在枞形期最高，之后呈波动总体下降趋势至完熟期最低，2013 年黄熟期最低；2012 年和 2013 年幼苗期根干重所占百分比均低于各自枞形期根干重所占百分比，只是仅次于枞形期，出现从幼苗期到枞形期 2012 年和 2013 年根干重所占百分比上升达到峰值，之后随生育进程推进，呈波动总体下降趋势至最低，2013 年根干重所占百分比波动较大，在快速生长期所占百分比较低，为 8.1%。三年胡麻根干重分配比率（%）在幼苗期、快速生长期、始花期、终花期差异较大，其他生育时期根干重所占百分比比较一致，差异较小；在幼苗期 2012 年根干重所占百分比明显高于同期 2013 年根干重所占百分比，2012 年根干重所占百分比 16.3%，2013 年根干重所占百分比 10.7%；在快速生长期 2014 年根干重所占百分比为三年最大，2013 年根干重所占百分比为三年最小，2012 年介于 2013 年和 2014 年之间，2014 年根干重所占百分比为 14.0%，2013 年根干重所占百分比为 8.1%，2012 年根干重所占百分比为 11.4%；在始花期 2013 年根干重所占百分比为三年最大，2012 年根干重所占百分比为三年最小，2014 年介于 2012 年和 2013 年之间，2013 年根干重所占百分比为 10.1%，2012 年根干重所占百分比为 7.0%，2014 年根干重所占百分比为 8.7%；在终花期 2012 年根干重所占百分比为三年最大，2014 年根干重所占百分比为三年最小，2013 年介于 2012 年和 2014 年之间，2012

年根干重所占百分比为9.5%，2014年根干重所占百分比为6.0%，2013年根干重所占百分比为7.8%（图4-20、图4-21、图4-25）。

三年胡麻茎干重所占百分比在幼苗期最低（2014年枞形期最低），之后一直持续上升至始花期达最高（2013年至盛花期最高），随后下降至青果期（2014年降至黄熟期）后又升高；三年胡麻茎干重分配比率（%）在幼苗期（为2012年和2013年）、枞形期、快速生长期、蕾期、始花期一直呈持续上升态势，比较一致、差异不大；始花期后，三年胡麻茎干重分配比率（%）在盛花期、终花期、青果期、黄熟期、完熟期差异较大，其中2013年茎干重所占百分比在盛花期、终花期、青果期、黄熟期明显高于同期2012年和2014年茎干重所占百分比，2013年茎干重所占百分比在盛花期为64.1%、终花期为55.0%、青果期为50.6%、黄熟期为51.7%，同期2012年茎干重所占百分比盛花期为57.4%、终花期为45.3%、青果期为38.8%、黄熟期为46.7%，2014年茎干重所占百分比盛花期为57.6%、终花期为46.0%、青果期为41.7%、黄熟期为39.8%；2012年和2014年茎干重所占百分比在盛花期、终花期、青果期比较一致，差异较小，到黄熟期、完熟期两年差异较大，2012年茎干重所占百分比明显高于同期2014年茎干重所占百分比，2012年茎干重所占百分比在黄熟期为46.7%、完熟期50.2%，2014年茎干重所占百分比在黄熟期为39.8%、完熟期42.7%（图4-20、图4-22、图4-25）。

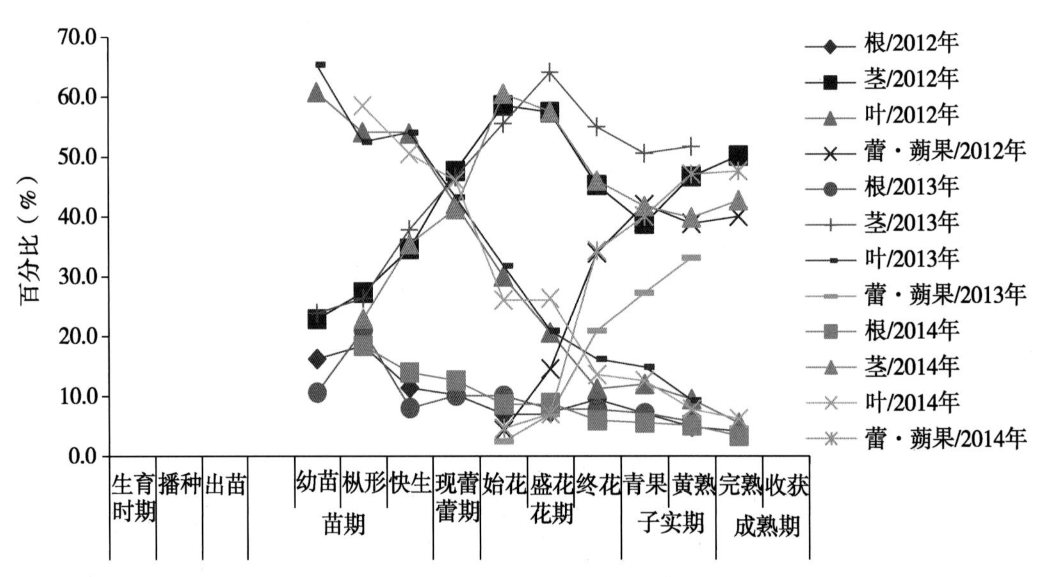

图4-20　2012年、2013年、2014年（三年）胡麻全生育时期不同生长阶段单株各器官（根、茎、叶、蕾・蒴果）干重所占百分比（%）

Fig. 4-20　Percentage of dry matter in various organs (root, stem, leaf, flower bud and capsule) per plant of oil flax during the growing season in 2012, 2013 and 2014.

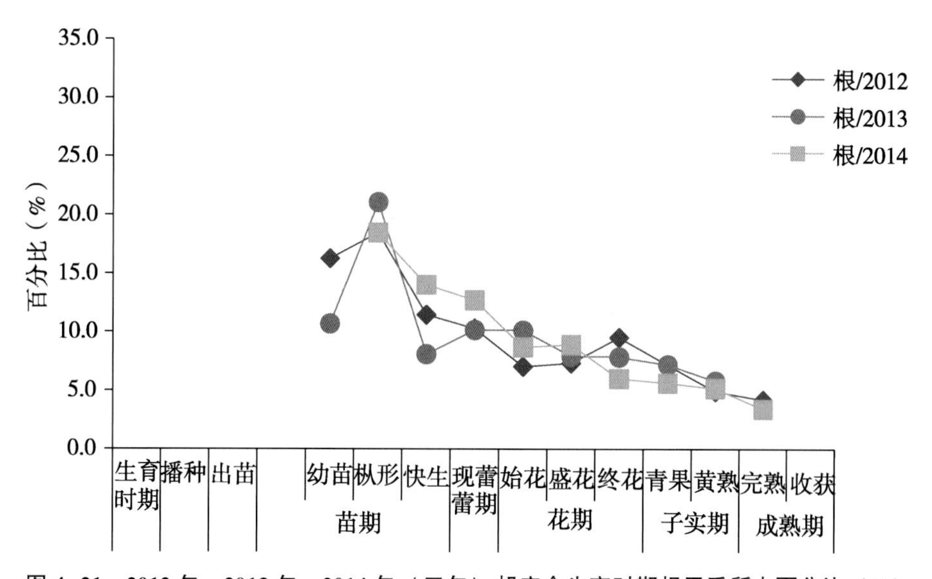

图 4-21　2012 年、2013 年、2014 年（三年）胡麻全生育时期根干重所占百分比（%）

Fig. 4-21　Percentage of dry matter in the root of oil flax during the growing season in 2012, 2013 and 2014.

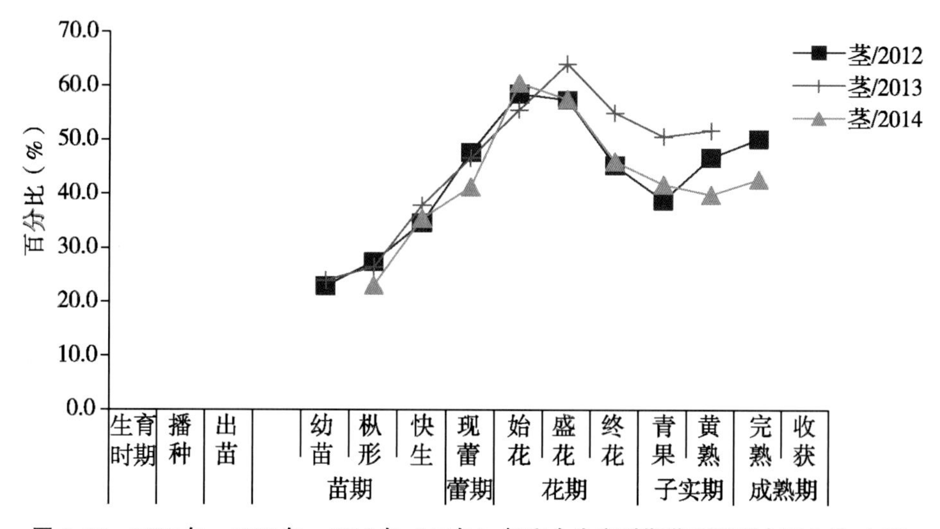

图 4-22　2012 年、2013 年、2014 年（三年）胡麻全生育时期茎干重所占百分比（%）

Fig. 4-22　Percentage of dry matter in the stem of oil flax during the growing season in 2012, 2013 and 2014.

三年胡麻叶干重分配比率（%）在幼苗期最高（2014 年枞形期最高），完熟期最低（2013 年因无完熟期数据，为黄熟期最低）；三年胡麻叶干重所占百分比从幼苗期开始一直呈持续下降态势至完熟期降至最低（2013 年为黄熟期最低），期间虽

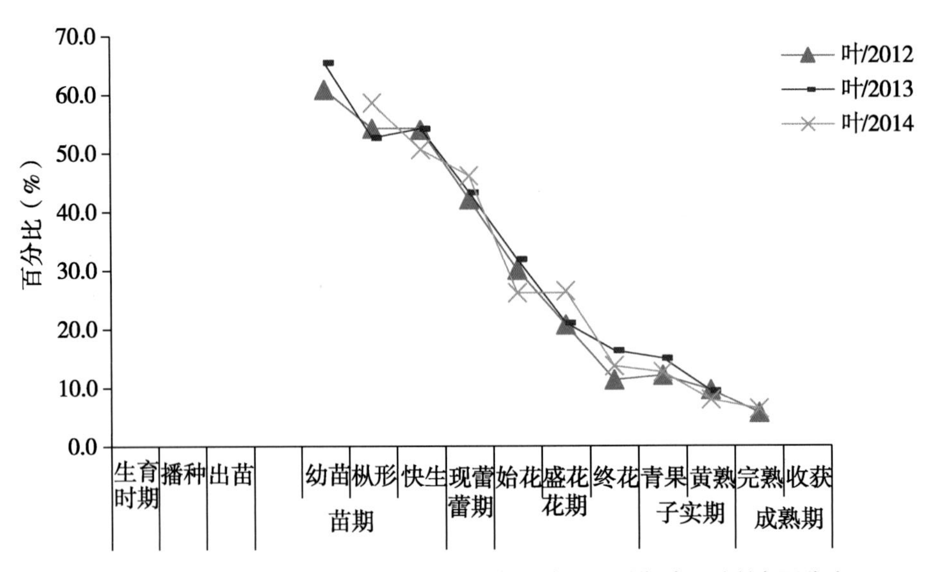

图 4-23 2012 年、2013 年、2014 年（三年）胡麻全生育时期叶干重所占百分比（%）

Fig. 4-23 Percentage of dry matter in the leaf of oil flax during the growing season in 2012, 2013 and 2014.

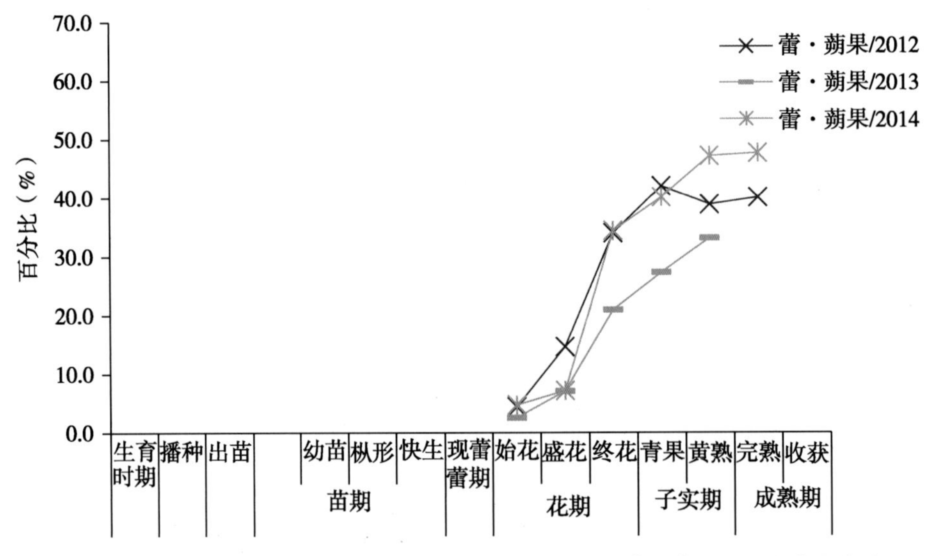

图 4-24 2012 年、2013 年、2014 年（三年）胡麻全生育时期蕾・蒴果干重所占百分比（%）

Fig. 4-24 Percentage of dry matter in the flower bud and capsule of oil flax during the growing season in 2012, 2013 and 2014.

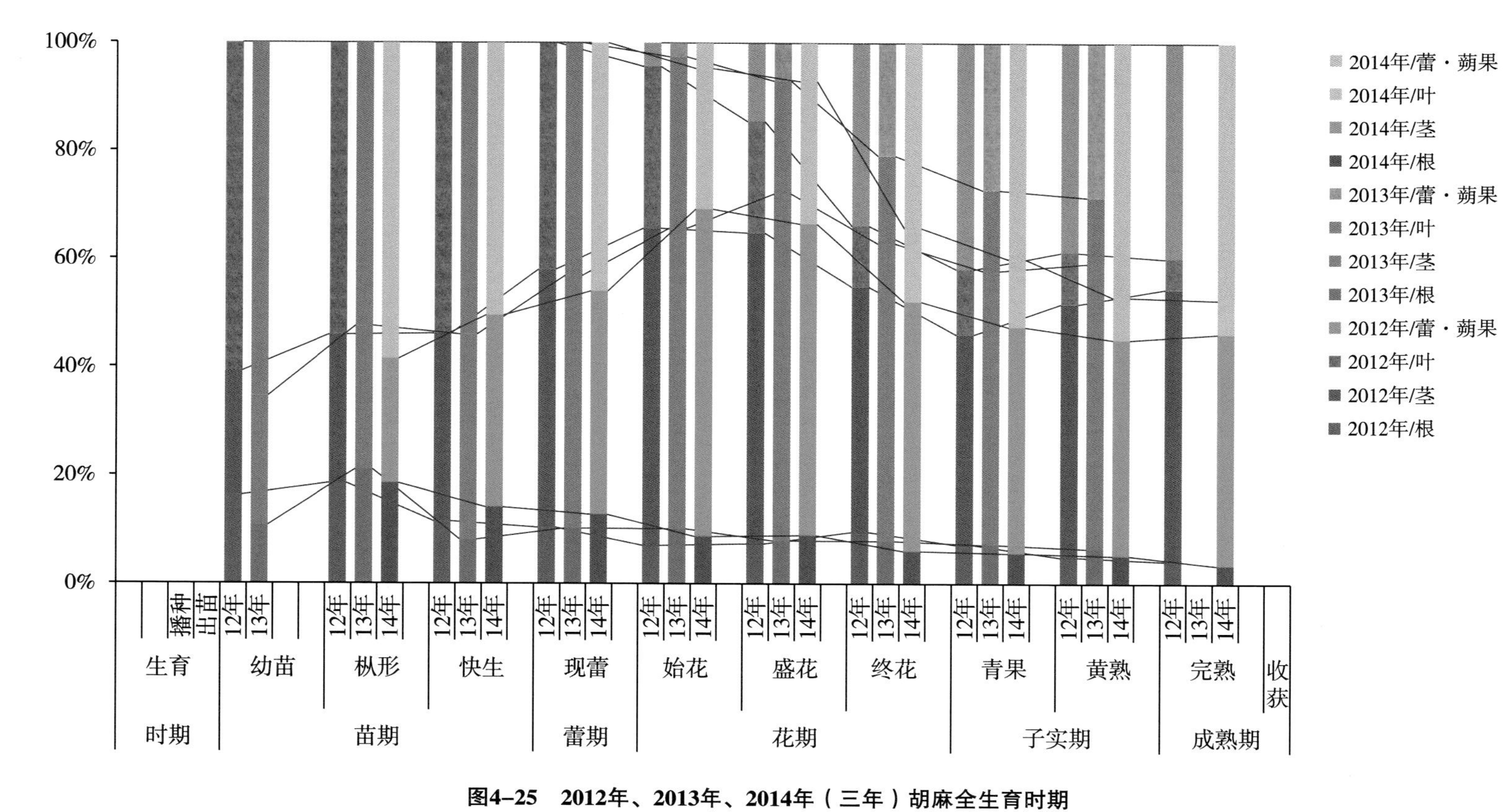

图4-25　2012年、2013年、2014年（三年）胡麻全生育时期不同生长阶段单株各器官干重分配比率（%）

Fig. 4-25　Percentage of dry matter in various organs of oil flax per plant during the growing season in 2012, 2013 and 2014.

有小幅波动，但总体比较一致，差异较小（幼苗期为 2012 年和 2013 年两年、完熟期为 2012 年和 2014 年两年）（图 4-20、图 4-23、图 4-25）。

三年胡麻蕾·蒴果干重所占百分比在始花期最小（三年差异也最小），之后一直持续升高至完熟期达到最高（2012 年为青果期最高，2013 年因无完熟期数据，为黄熟期最高）；三年胡麻蕾·蒴果干重分配比率（%）在终花期、青果期、黄熟期、完熟期差异最大，其中 2013 年蕾·蒴果干重所占百分比在终花期、青果期、黄熟期明显低于同期 2012 年和 2014 年蕾·蒴果干重所占百分比，2013 年蕾·蒴果干重所占百分比在终花期为 20.9%、青果期为 27.3%、黄熟期为 33.1%，同期 2012 年蕾·蒴果干重所占百分比终花期为 33.9%、青果期为 42%、黄熟期为 38.8%，2014 年蕾·蒴果干重所占百分比终花期为 34.3%、青果期为 40.1%、黄熟期为 47.1%；2014 年蕾·蒴果干重所占百分比在黄熟期、完熟期明显高于同期 2012 年蕾·蒴果干重所占百分比，2014 年蕾·蒴果干重所占百分比在黄熟期为 47.1%、完熟期 47.6%，2012 年蕾·蒴果干重所占百分比在黄熟期为 38.8%、完熟期 40.0%（图 4-20、图 4-24、图 4-25）。

4.3.3 胡麻全生育期不同生长阶段单株各器官干重及干重分配比率（%）

4.3.3.1 2012 年胡麻全生育期不同生长阶段单株各器官（根、茎、叶、蕾·蒴果）干重及干重分配比率（%）（图 4-26）

图 4-26 中：左边纵坐标轴（主要纵坐标轴）表示不同生长阶段单株各器官（根、茎、叶、蕾·蒴果）实际干重，对应图中较宽的数据系列，数据系列的总高度为单株干重，从幼苗期到完熟期呈持续上升趋势；右边纵坐标轴（次要纵坐标轴）表示不同生长阶段单株各器官（根、茎、叶、蕾·蒴果）干重分配比率（%），即各器官（根、茎、叶、蕾·蒴果）干重所占（单株干重）百分比，对应图中窄细的数据系列。在全生育期不同生长阶段，即在每个生育时期各个生长阶段的单株各器官（根、茎、叶、蕾·蒴果）实际干重（较宽的数据系列）都对应着各自干重所占（单株干重）百分比（窄细的数据系列）。图 4-26 表明，2012 年胡麻全生育期不同生长阶段根干重和叶干重从幼苗期（苗期）到完熟期（成熟期）呈前期一直持续上升达到峰值后又回落态势，即从幼苗期（苗期）到青果期（子实期）一直上升，在青果期（子实期）达到峰值后，根干重和叶干重则是下降趋势；而同期胡麻根干重所占百分比在枞形期（苗期）最高，幼苗期（苗期）次之，完熟期（成熟期）最低，苗期（幼苗期、枞形期、快速生长期）根干重所占百分比是全生育期最高时期，苗期后，根干重所占百分比逐渐降低，至成熟期（完熟期）根干重所占百分比最低；叶干重所占百分比在幼苗期（苗期）最高，完熟期（成熟期）最低，叶干重所占百分比在苗期（幼苗期最高，

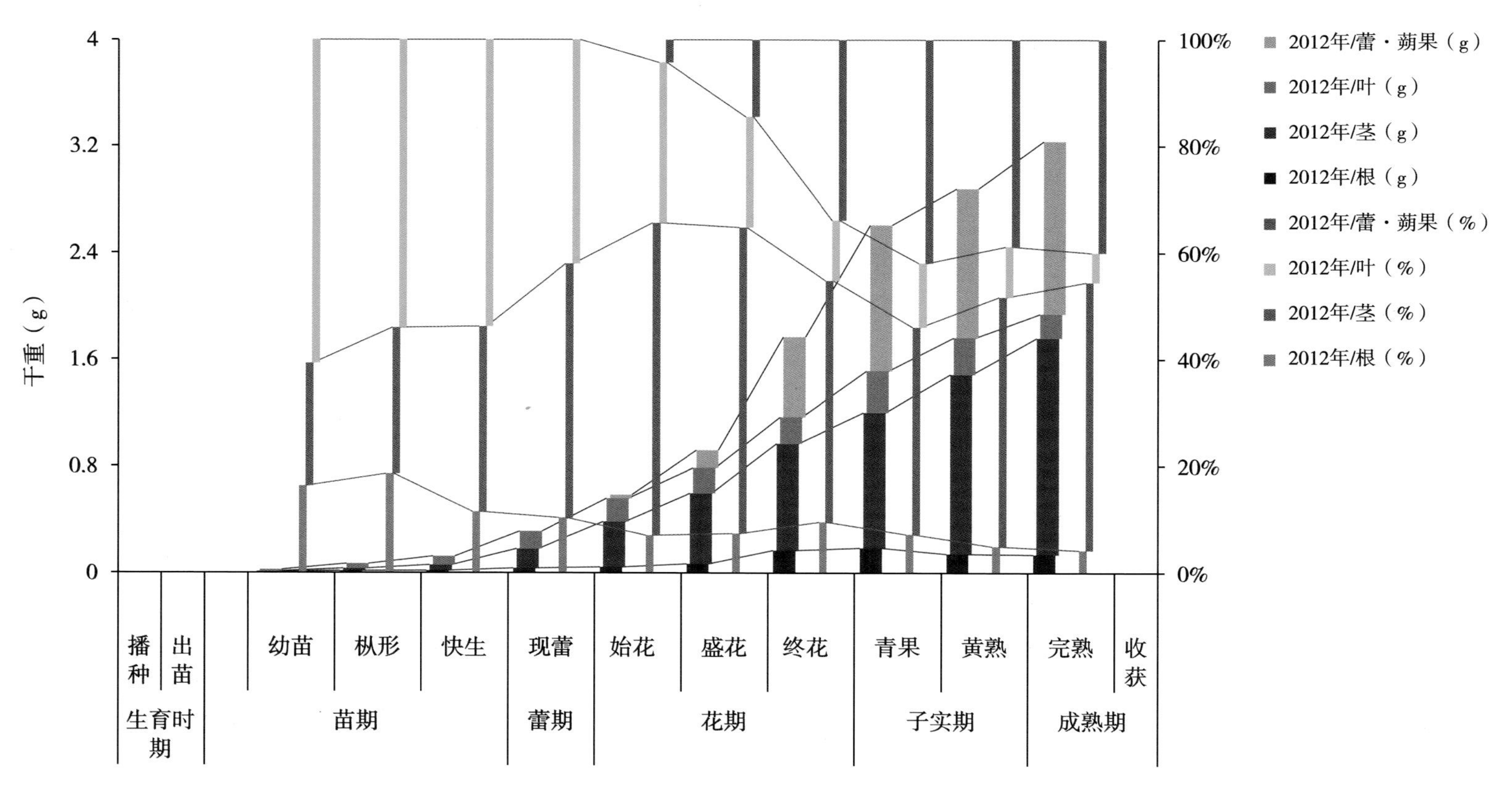

图4-26　2012年胡麻全生育期不同生长阶段单株各器官干重及干重分配比率（%）

Fig. 4-26　Dry matter and distribution ration of dry matter in various organs of oil flax per plant during the growing season in 2012.

枞形期和快速生长期仅次于幼苗期）是全生育期最高时期，苗期后，叶干重所占百分比逐渐降低，直至完熟期（成熟期）下降至最低。茎干重从幼苗期（苗期）到完熟期（成熟期）一直持续上升，至完熟期（成熟期）达到峰值；茎干重所占百分比在幼苗期（苗期）最低，始花期（花期）最高，其次为盛花期（花期），此时期（始花期、盛花期）茎干重所占百分比是全生育期最高时期，从幼苗期（苗期）开始茎干重所占百分比逐渐升高，到始花期（花期）达到最高，之后逐渐降低，至青果期（子实期）不再下降，随后又开始上升直至完熟期（成熟期）。蕾·蒴果干重及其干重所占百分比从始花期（花期）到完熟期（成熟期）一直持续上升，至完熟期（成熟期）达到最高。苗期（幼苗期、枞形期、快速生长期）根干重、茎干重、叶干重以及整株干重均较小；蕾期（现蕾期）后根干重、茎干重、叶干重以及整株干重上升较快，在黄熟期（子实期）和完熟期（成熟期）茎干重和蕾·蒴果干重都最大。在苗期（幼苗期、枞形期、快速生长期）、蕾期（现蕾期）、始花期以及盛花期主要是茎干重所占百分比和叶干重所占百分比最大；根干重所占百分比在枞形期和幼苗期（苗期）最大；在黄熟期（子实期）和完熟期（成熟期）主要是蕾·蒴果干重所占百分比和茎干重所占百分比最高，根干重所占百分比和叶干重所占百分比最小。

4.3.3.2 2013年胡麻生育期不同生长阶段单株各器官（根、茎、叶、蕾·蒴果）干重及干重分配比率（%）（图4-27）

图4-27中，左边纵坐标轴（主要纵坐标轴）表示不同生长阶段单株各器官（根、茎、叶、蕾·蒴果）实际干重，对应图中较宽的数据系列，数据系列的总高度为单株干重，从幼苗期到黄熟期呈持续上升趋势；右边纵坐标轴（次要纵坐标轴）表示不同生长阶段单株各器官（根、茎、叶、蕾·蒴果）干重分配比率（%），即各器官（根、茎、叶、蕾·蒴果）干重所占（单株干重）百分比，对应图中窄细的数据系列。在生育期不同生长阶段，即在每个生育时期的单株各器官（根、茎、叶、蕾·蒴果）实际干重（较宽的数据系列）都对应着各自干重所占（单株干重）百分比（窄细的数据系列）。图4-27表明，2013年胡麻生育期不同生长阶段根干重、茎干重和叶干重从幼苗期（苗期）到黄熟期（子实期）一直持续上升，至黄熟期（子实期）根干重、茎干重达到峰值，叶干重在青果期（子实期）达到峰值，后基本持平至黄熟期（子实期）；而同期胡麻根干重所占百分比在枞形期（苗期）最高，黄熟期（子实期）最低，苗期（幼苗期、枞形期、快速生长期）根干重所占百分比是图4-27所示生育期最高时期（幼苗期根干重所占百分比仅次于枞形期），苗期后，根干重所占百分比逐渐降低，现蕾期和始花期基本持平，至黄熟期（子实期）根干重所占百分比降到最低；茎干重所占百分比在幼苗期（苗期）最低，盛花期（花期）最高，从幼苗期（苗期）开

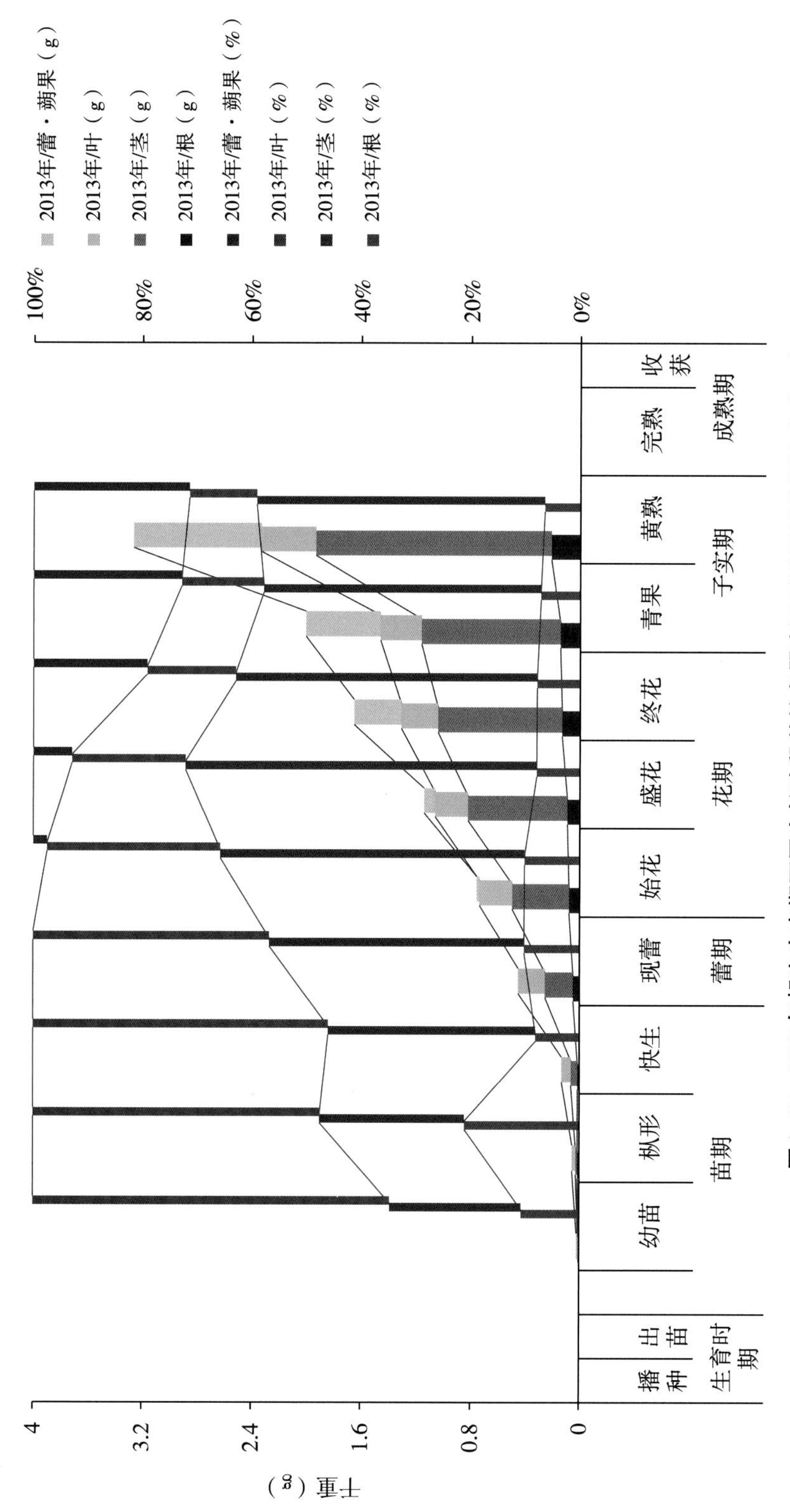

图4-27 2013年胡麻生育期不同生长阶段单株各器官干重及干重分配比率（%）

Fig. 4-27 Dry matter and distribution ration of dry matter in various organs of oil flax per plant during the growing season in 2013.

始茎干重所占百分比逐渐升高，到盛花期（花期）达到最高，之后逐渐降低，至青果期（子实期）不再下降，随后又开始上升直至黄熟期（子实期）；叶干重所占百分比在幼苗期（苗期）最高，黄熟期（子实期）最低，叶干重所占百分比在苗期（幼苗期最高，枞形期和快速生长期仅次于幼苗期）是图 4-27 所示生育期最高时期，苗期后，叶干重所占百分比逐渐降低，直至黄熟期（子实期）下降至最低；蕾·蒴果干重及其干重所占百分比从始花期（花期）到黄熟期（子实期）一直持续上升，至黄熟期（子实期）达到最高。苗期（幼苗期、枞形期、快速生长期）根干重、茎干重、叶干重以及整株干重均较小；蕾期（现蕾期）开始根干重、茎干重、叶干重以及整株干重上升较快，在黄熟期茎干重和蕾·蒴果干重都最大。在苗期（幼苗期、枞形期、快速生长期）、蕾期（现蕾期）、始花期以及盛花期主要是茎干重所占百分比和叶干重所占百分比最大；在枞形期（苗期）根干重所占百分比最大；在黄熟期（子实期）主要是蕾·蒴果干重所占百分比和茎干重所占百分比最高，根干重所占百分比和叶干重所占百分比最小。

2013 年完熟期（成熟期）采样因遗失，故无完熟期（成熟期）数据，此处（图 4-27）数据则是主要体现黄熟期（子实期）以前生育时期（即幼苗期——黄熟期）的单株各器官（根、茎、叶、蕾·蒴果）干重及其干重分配比率（%）。

4.3.3.3 2014 年胡麻全生育期不同生长阶段单株各器官（根、茎、叶、蕾·蒴果）干重及干重分配比率（%）（图 4-28）

图 4-28 中，左边纵坐标轴（主要纵坐标轴）表示不同生长阶段单株各器官（根、茎、叶、蕾·蒴果）实际干重，对应图中较宽的数据系列，数据系列的总高度为单株干重，从枞形期到完熟期呈持续上升趋势；右边纵坐标轴（次要纵坐标轴）表示不同生长阶段单株各器官（根、茎、叶、蕾·蒴果）干重分配比率（%），即各器官（根、茎、叶、蕾·蒴果）干重所占（单株干重）百分比，对应图中窄细的数据系列。在全生育期不同生长阶段，即在每个生育时期各个生长阶段的单株各器官（根、茎、叶、蕾·蒴果）实际干重（较宽的数据系列）都对应着各自干重所占（单株干重）百分比（窄细的数据系列）。图 4-28 表明，从枞形期（苗期）到完熟期（成熟期）根干重和叶干重呈前期一直持续上升达到峰值后又回落，即从枞形期（苗期）到黄熟期（子实期）一直上升，在黄熟期（子实期）达到峰值后，根干重和叶干重则是下降趋势；而根干重和叶干重所占百分比在枞形期（苗期）最高，完熟期（成熟期）最低，从枞形期（苗期）到完熟期（成熟期）根干重和叶干重所占百分比从最高逐渐降低，至完熟期（成熟期）根干重和叶干重所占百分比降到最低。茎干重从枞形期（苗期）到完熟期（成熟期）一直持续上升，至完熟期（成熟期）达到峰值；茎干重所占百分比在枞形期（苗期）最低，始花期（花期）最高，从枞形期（苗期）开始茎干重所

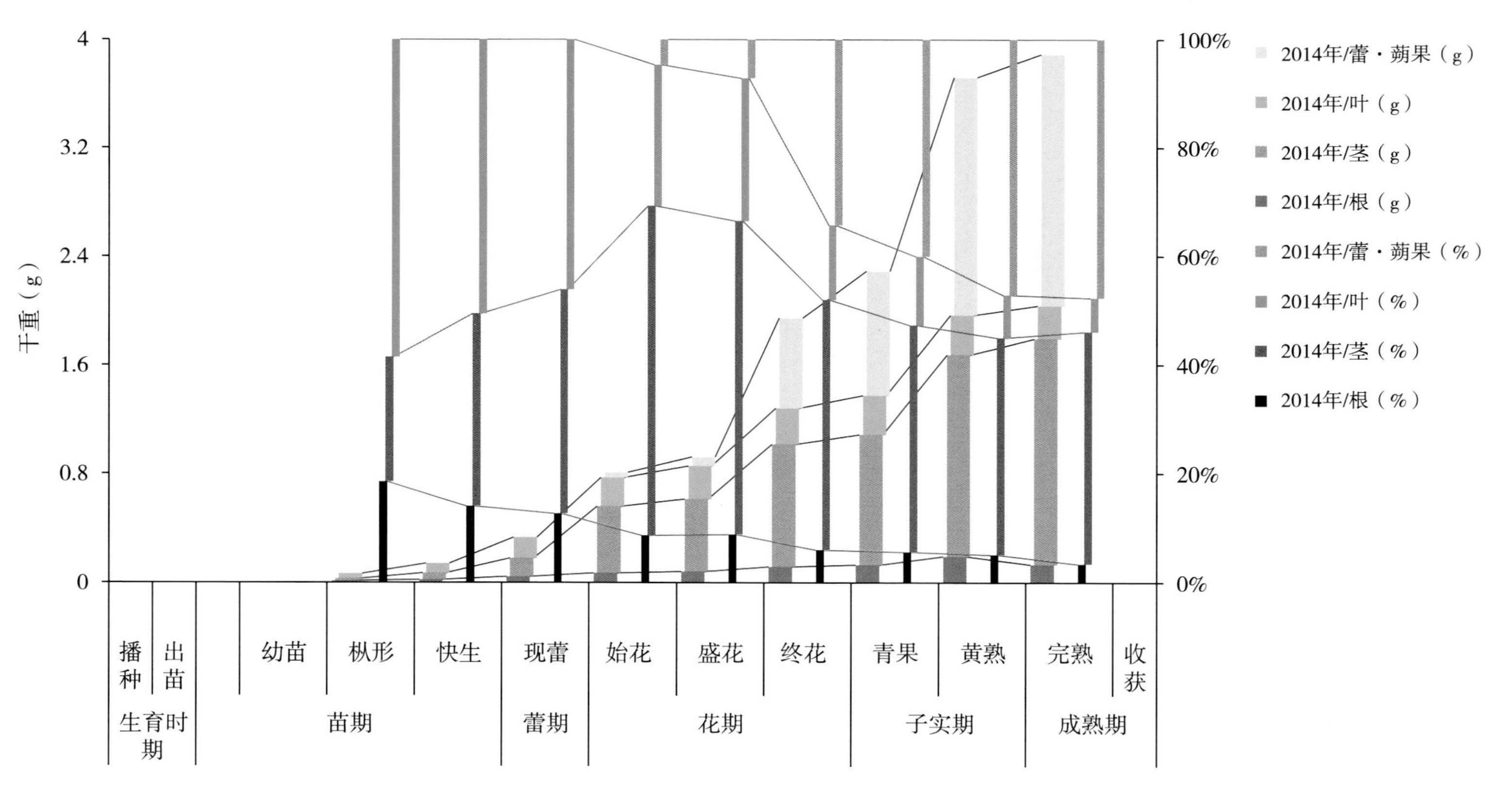

图4-28　2014年胡麻全生育期不同生长阶段单株各器官干重及干重分配比率（%）

Fig. 4-28　Dry matter and distribution ration of dry matter in various organs of oil flax per plant during the growing season in 2014.

占百分比逐渐升高，到始花期（花期）达到最高，之后逐渐降低，至黄熟期（子实期）不再下降，随后又开始上升直至完熟期（成熟期）。蕾·蒴果干重及其干重所占百分比从始花期（花期）到完熟期（成熟期）一直持续上升，至完熟期（成熟期）达到最高。苗期（枞形期、快速生长期）根干重、茎干重、叶干重以及整株干重均较小；蕾期（现蕾期）后根干重、茎干重、叶干重以及整株干重上升较快，在黄熟期（子实期）和完熟期（成熟期）茎干重和蕾·蒴果干重都最大。在苗期（枞形期、快速生长期）、蕾期（现蕾期）、始花期以及盛花期主要是茎干重所占百分比和叶干重所占百分比最大；在黄熟期（子实期）和完熟期（成熟期）主要是蕾·蒴果干重所占百分比和茎干重所占百分比最高。

4.3.3.4 2012 年、2013 年、2014 年（三年）胡麻全生育时期不同生长阶段单株各器官干重及干重分配比率（%）（图 4-29）

图 4-29 中，左边纵坐标轴（主要纵坐标轴）表示 2012 年、2013 年、2014 年（三年）胡麻全生育时期不同生长阶段单株各器官（根、茎、叶、蕾·蒴果）实际干重，对应图中较宽的数据系列，数据系列的总高度为单株干重，从幼苗期到完熟期呈持续上升趋势；右边纵坐标轴（次要纵坐标轴）表示 2012 年、2013 年、2014 年（三年）胡麻全生育时期不同生长阶段单株各器官（根、茎、叶、蕾·蒴果）干重分配比率（%），即各器官（根、茎、叶、蕾·蒴果）干重所占（单株干重）百分比，对应图中窄细的数据系列。在 2012 年、2013 年、2014 年（三年）胡麻全生育期不同生长阶段，即在每个生育时期的单株各器官（根、茎、叶、蕾·蒴果）实际干重（较宽的数据系列）都对应着各自干重所占（单株干重）百分比（窄细的数据系列）。

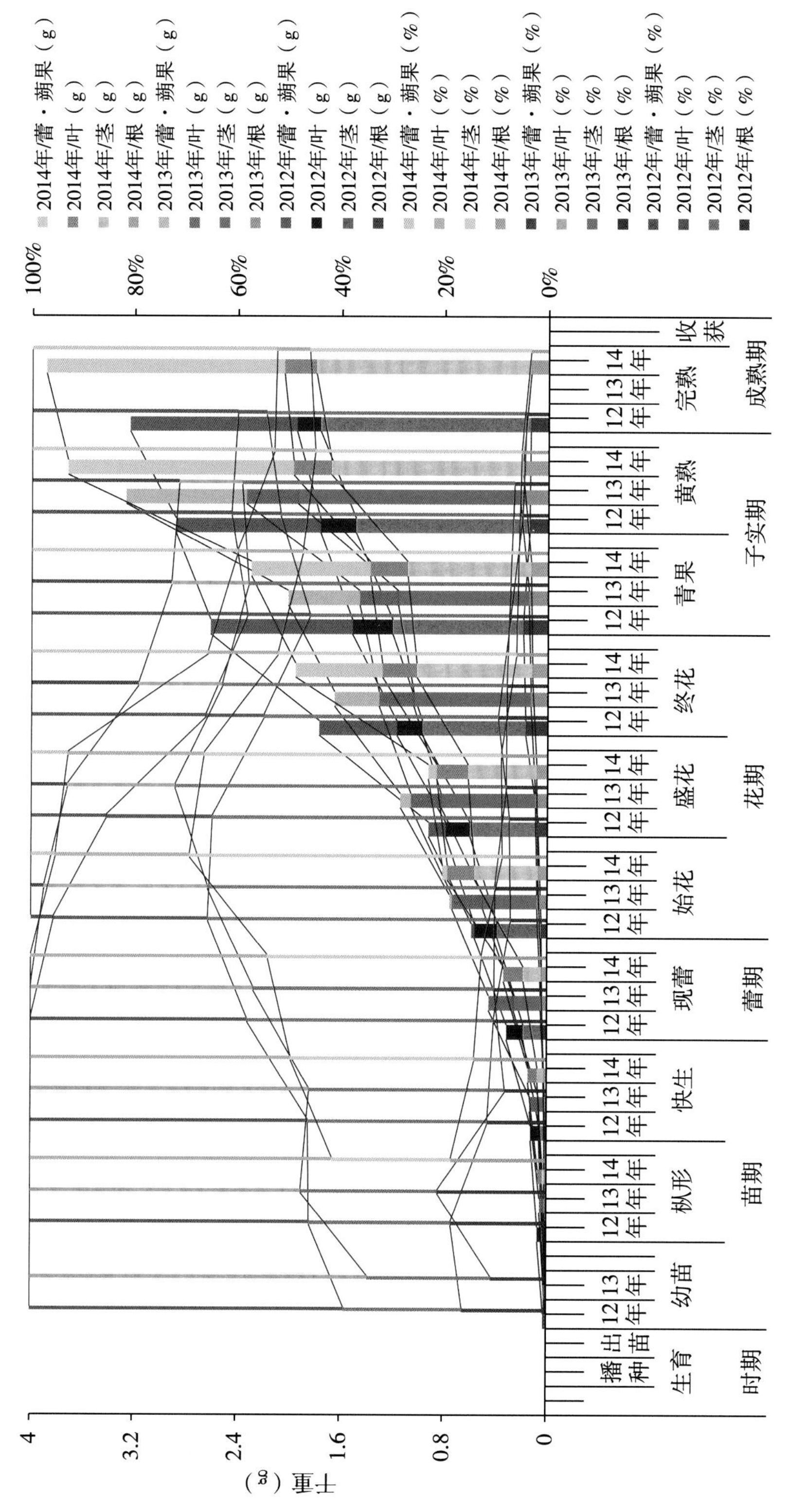

图4-29 2012年、2013年、2014年（三年）胡麻全生育时期不同生长阶段单株各器官干重及干重分配比率（%）

Fig.4-29 Dry matter and distribution ration of dry matter in various organs per plant of oil flax during the growing season in 2012, 2013 and 2014.

5 旱地胡麻氮营养规律

5.1 旱地胡麻植株对氮素的累积

从图 5-1、图 5-2、图 5-3 可以看出，旱地胡麻地上部分（包括茎、叶、非籽粒和籽粒）及其茎、叶中氮素累积量随施氮量的增加而增加。胡麻地上部分及其茎、叶中氮素累积量因不同施氮水平而异，施氮改变了氮在某一生育时期内累积量的大小，并没有改变氮在整个生育期内累积量的总体趋势。即无论施氮与否，茎中氮素累积量在整个生育期持续增加，直至成熟期；地上部分氮累积量亦如此；叶中氮累积量在花期达最大值，随之急剧降低，至成熟期。可见，旱地胡麻地上部分及其茎、叶中氮素累积总体变化趋势一致，没有因施氮量不同而发生变化，在某一生育时期氮累积量的大小和施氮量有极大关系。

图 5-1（A）和图 5-1（B）显示，胡麻叶片中氮素累积量随生育进程的推进先升后降呈“∧”变化趋势，在花期达到最高值。在花期，胡麻叶片中氮素累积量 CK、N45、N90 和 N135 处理下，两年平均为 29.41kg/hm^2、40.46kg/hm^2、62.90kg/hm^2 和 68.66kg/hm^2；N45、N90 和 N135 比 CK 分别提高了 37.56%、113.86%和 133.46%；随后开始急速下降，至成熟期，叶片中氮素累积量 CK、N45、N90 和 N135 处理下，两年平均为 9.01kg/hm^2、11.31kg/hm^2、11.81kg/hm^2 和 17.60kg/hm^2；相比花期累积量的平均值，降低了 69.36%、72.05%、81.23% 和 74.37%。

图 5-2（A）和图 5-2（B）显示，旱地胡麻茎中氮素一直在增加，苗期、蕾期、花期、子实期和成熟期氮素累积量两年平均分别为 6.08kg/hm^2、11.26kg/hm^2、16.20kg/hm^2、23.85kg/hm^2 和 38.26kg/hm^2。从苗期到成熟期，CK、N45、N90 和 N135 处理增幅分别为 5.73 倍、4.83 倍、5.59 倍和 5.08 倍（2011 年）；4.21 倍、5.40 倍、5.95 倍和 5.45 倍（2012 年）。在整个生育期，CK 处理、N45 处理与 N135 处理间差异显著（$P<0.05$）（两年）；N90 处理与 N135 处理间，2011 年除花期外，其他时期差异不显著；2012 年除蕾期和花期差异不显著外，其他时期差异

显著。

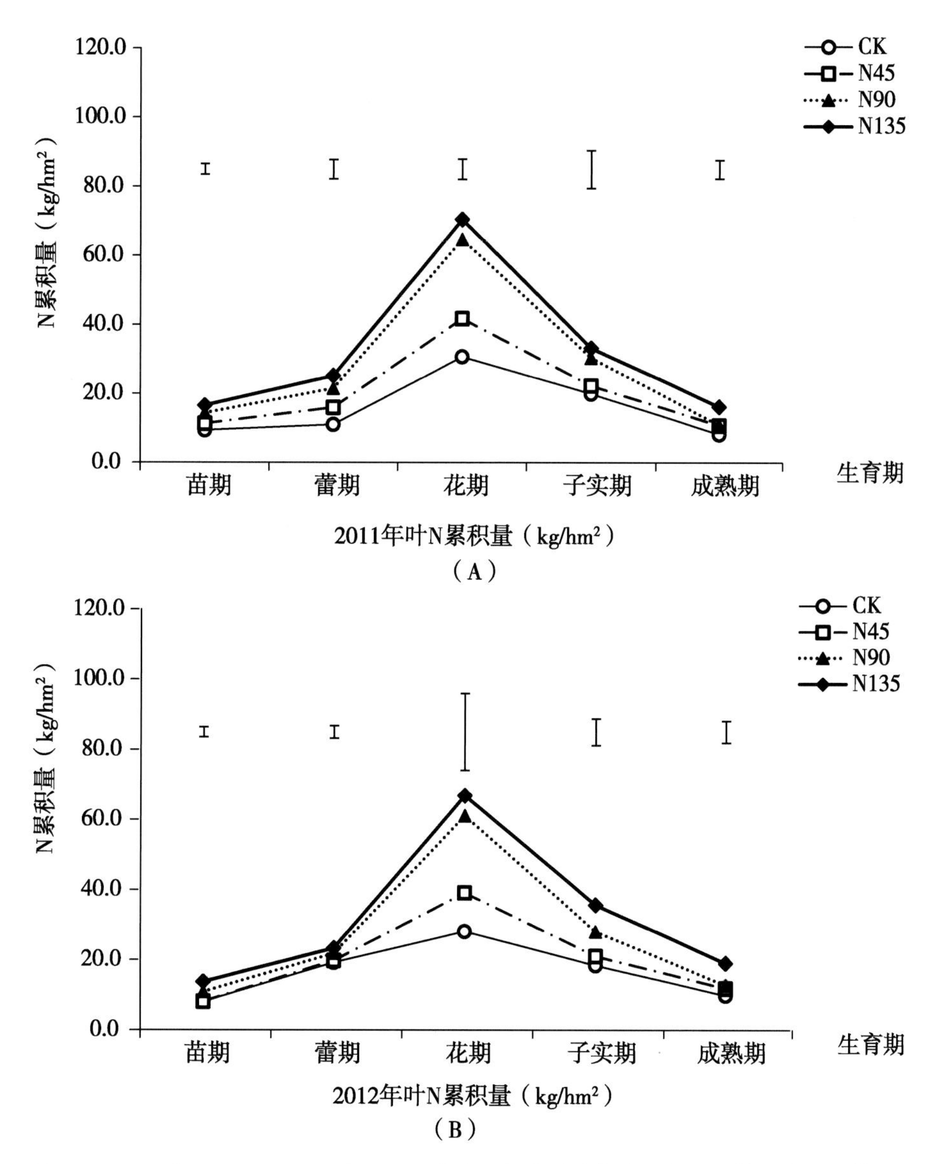

图 5-1　2011 年（A）和 2012 年（B）张家口胡麻叶中氮累积量；竖棒为最小显著差数

Fig. 5-1　Nitrogen accumulation in the leaves of oil flax at Zhangjiakou Experimental Station in 2011（A）and 2012（B）, respectively. The line bars represent least significant difference（LSDs）with $P \leqslant 0.05$.

图 5-3（A）和图 5-3（B）显示，旱地胡麻地上部分（包括茎、叶、非籽粒和籽粒）中氮素一直在增加，CK、N45、N90 和 N135 处理下，苗期、蕾期、花期、子实期和成熟期氮素累积量两年平均分别达到 17.63kg/hm^2、32.94kg/hm^2、76.04kg/hm^2、88.55kg/hm^2 和 109.31kg/hm^2。从苗期到成熟期，CK、N45、N90 和

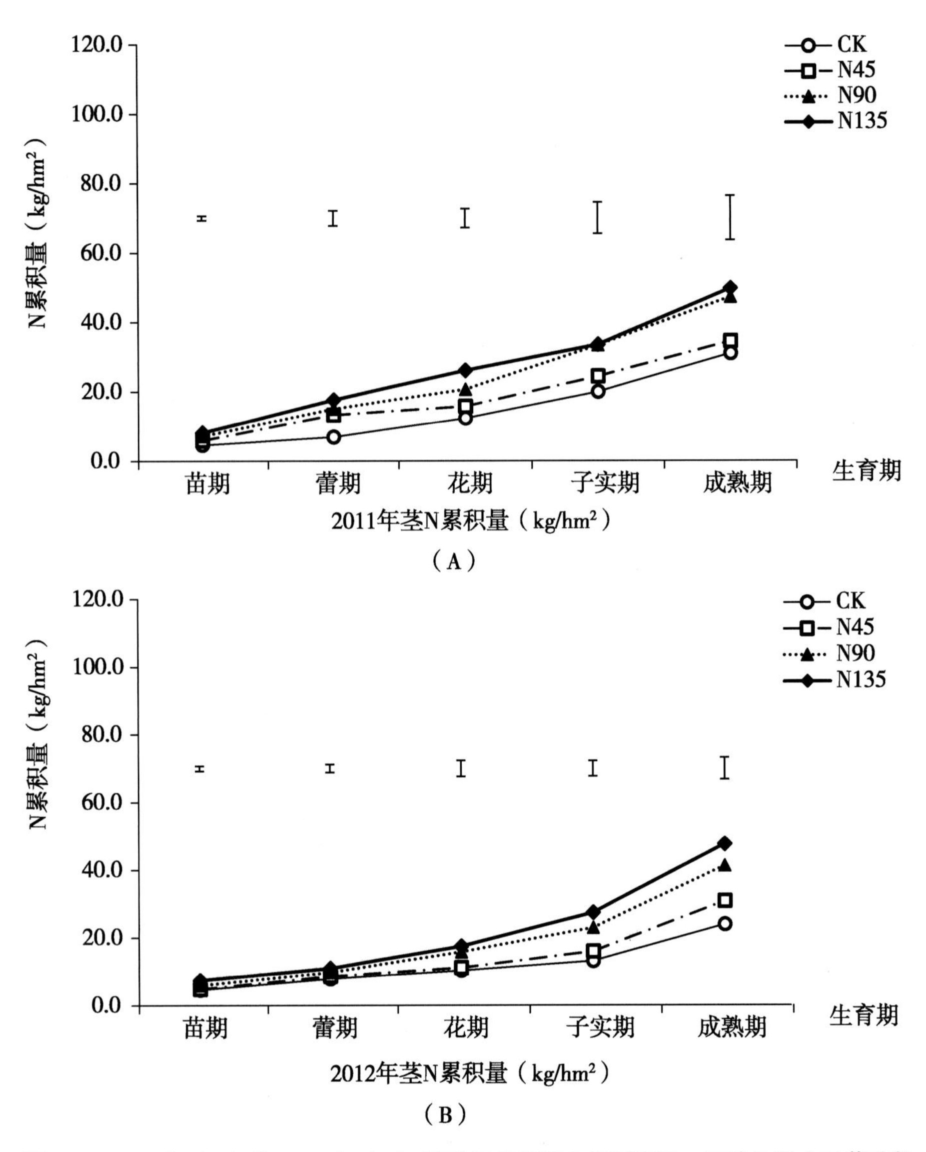

图 5-2　2011 年（A）和 2012 年（B）张家口胡麻茎中氮累积量；竖棒为最小显著差数

Fig. 5-2　Nitrogen accumulation in the stems of oil flax at Zhangjiakou Experimental Station in 2011（A）and 2012（B）, respectively. The line bars represent least significant difference（LSDs）with $P \leq 0.05$.

N135 处理增幅分别为 4.61 倍、4.41 倍、5.04 倍和 4.99 倍（2011 年）；4.55 倍、5.98 倍、6.13 倍和 5.81 倍（2012 年）。在整个生育期，CK 处理、N45 处理与 N135 处理间差异显著（$P<0.05$）（两年）；CK 与 N45 处理间除 2012 年苗期外，其他时期都差异显著；在整个生育期，CK 处理与 N90 处理间差异显著（$P<0.05$）（两年）；N45 处理与 N90 处理间除 2011 年蕾期外，其他时期差异显著；N135 处理

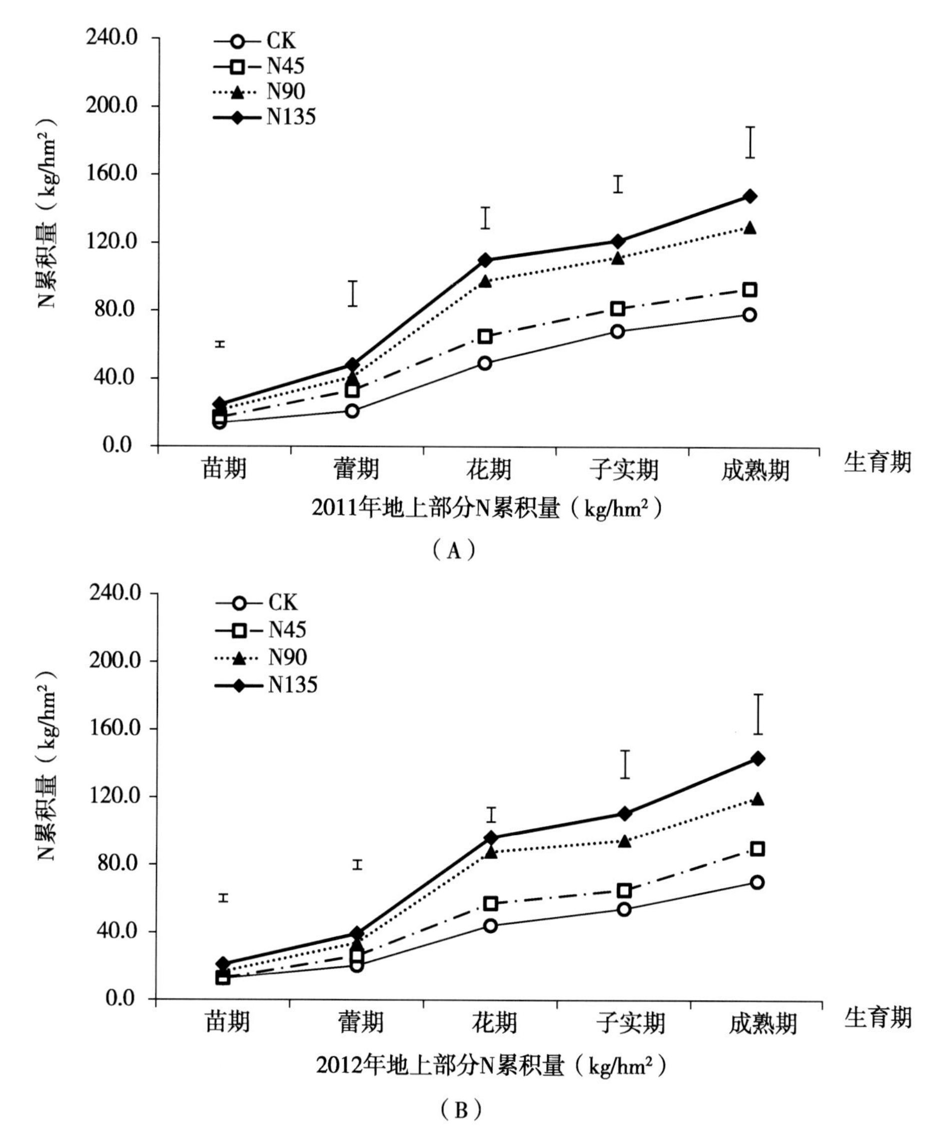

图 5-3 2011 年（A）和 2012 年（B）张家口胡麻地上部分氮累积量；竖棒为最小显著差数

Fig. 5-3 Nitrogen accumulation of oil flax in the total aboveground plant parts at Zhangjiakou Experimental Station in 2011（A）and 2012（B）, respectively. The line bars represent least significant difference（LSDs）with $P \leq 0.05$.

与 N90 处理间差异明显。

图 5-4 可见，非籽粒中氮的累积量随施氮量的增加而增加。旱地胡麻非籽粒中氮素累积量因不同施氮水平而异，施氮改变了氮在某一生育时期非籽粒中氮累积量的大小，并没有改变氮在整个生育期内累积量的总体趋势。即无论施氮与否，非籽

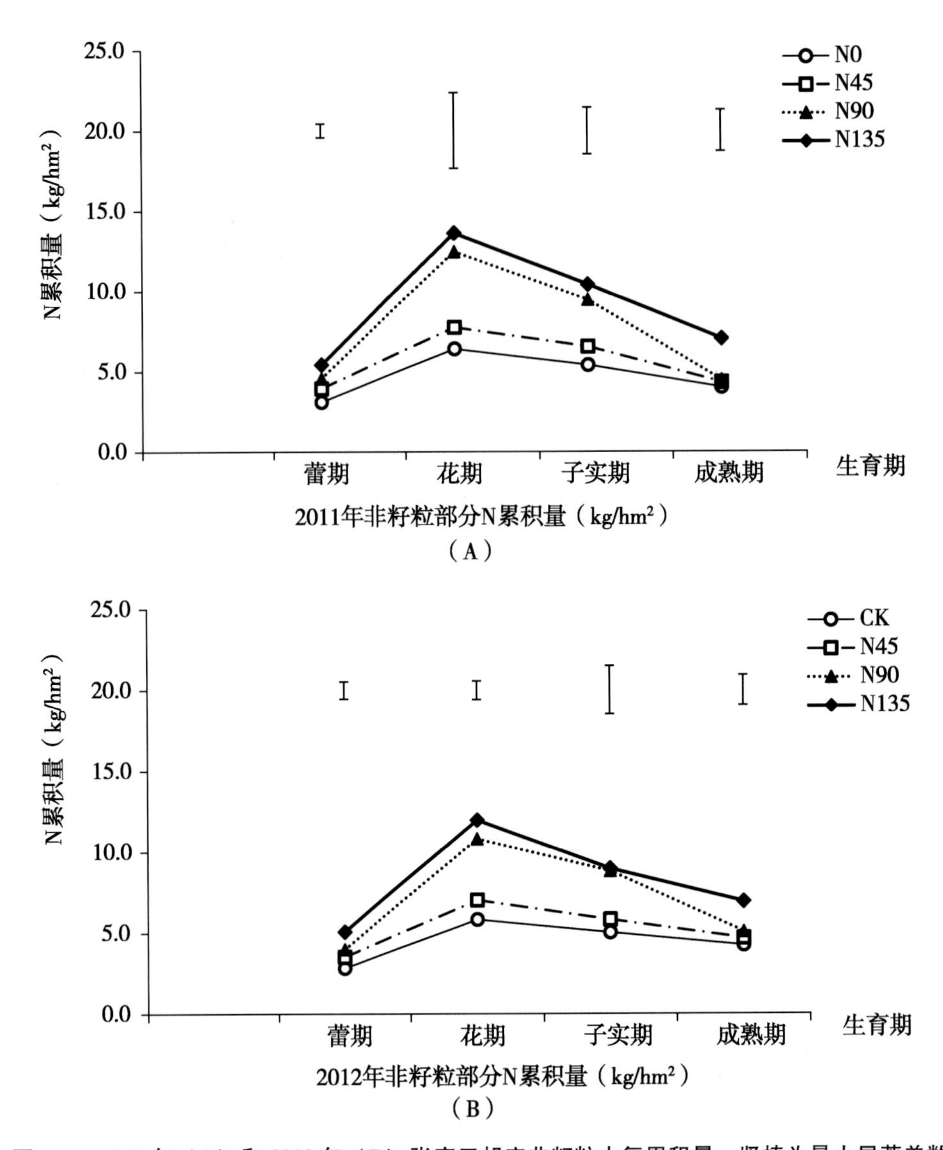

图 5-4　2011 年（A）和 2012 年（B）张家口胡麻非籽粒中氮累积量；竖棒为最小显著差数

Fig. 5-4　Nitrogen accumulation in the non-grains of oil flax at Zhangjiakou Experimental Station in 2011（A）and 2012（B）, respectively. The line bars represent least significant difference（LSDs）with $P \leqslant 0.05$.

粒中氮素累积量在花期达最高值，随后降低，直至成熟期。表明非籽粒中氮转移到其他器官中了，可能转移到了籽粒中，相应伴随着籽粒中氮素的快速增加。到花期，CK、N45、N90 和 N135 处理下，非籽粒中氮素累积量两年平均达到了 6.12kg/hm²、7.38kg/hm²、11.64kg/hm² 和 12.79kg/hm²，与 CK 相比，N45、N90 和 N135 处理增幅平均分别为 20.68%、90.68%和 109.12%。从花期至成熟期，非籽粒中氮素 CK、N45、N90 和 N135 处理下，分别降低了 2.39kg/hm^2、3.42kg/hm^2、7.99kg/hm^2 和 6.59kg/hm^2（2011 年），1.59kg/hm^2、2.34kg/hm^2、5.73kg/hm^2 和 5.03kg/hm^2（2012 年）；降幅分别为 37.38%、44.16%、64.16% 和 48.38%（2011 年），27.16%、33.27%、52.99%和 42.03%（2012 年）。非籽粒中氮素降低幅度大小依次为 N90>N135>N45>CK。

5.2 旱地胡麻植株中氮素的分配

旱地胡麻地上部分各生育时期的氮素吸收和阶段累积量占整个生育期比率见图 5-5。图 5-5 显示，2011 年苗期的氮素阶段累积量占整个生育期累积量的 16.56%~18.49%，2012 年占 14.02%~18.02%；在整个生育期占比率较大，可能与苗期胡麻植株生长时间长、土壤中氮含量充足有关。进入蕾期后，胡麻开始进入营养生长与生殖生长并进时期，需要吸收大量养分满足生长，同时消耗养分也多，但这一时期持续时期较短，氮素累积量占整个生育期比率不大，2012 年氮素累积分配比率比 2011 年略有升高。胡麻地上部分植株中氮素累积在花期最多，占整个生育期 34.42%~44.24%，其次是成熟期，占整个生育期 17.60%~20.46%。从花期至成熟期，氮素累积量占 67.67%~72.06%，可见，胡麻植株氮素累积量主要集中在生殖生长后期。CK、N90、N45 和 N135 处理氮素累积最高峰在花期；分别占整个生育期累积量的 34.98%、34.43%、44.24%和 40.72%（两年均值）。可见，为了满足胡麻对氮素营养的需求，在花期前追施氮肥很有必要。

5.3 成熟期旱地胡麻地上部分器官中氮素的分配

由表 5-1 可见，不同施氮量并未改变成熟期胡麻地上部各器官氮素积累量分配比率的总体趋势，不同处理间（CK、N90、N45 和 N135）各器官氮素积累分配规律均为籽粒氮素积累量占比率最大，茎秆次之，再次是叶片，非籽粒氮素积累量所占比率最小。成熟期胡麻地上部分氮素分配比率在籽粒中累积量最多，占 44.93%~51.89%（2011 年），46.01%~50.76%（2012 年），平均占 45.47%~51.32%（两年）；其次是茎，平均占 33.33%~36.76%（两年），叶平均占 9.49%~12.32%（两年），非籽粒中氮素占比率最小，平均占 3.83%~5.57%（两年）。表 5-1表明，施氮量对籽粒中氮素分配比率影响较大，籽粒中氮素分配比率随施氮量增加先增加，在 N90 水平达最高值，随后降低。在 N90 水平下籽粒中氮素分配比率最高，2011 年和 2012 年分别达到 51.89%和 50.76%。可见，胡麻到成熟期植株体内氮素主要集中在籽粒和茎秆中。茎秆中氮素持续增加，可能是胡麻属于“双

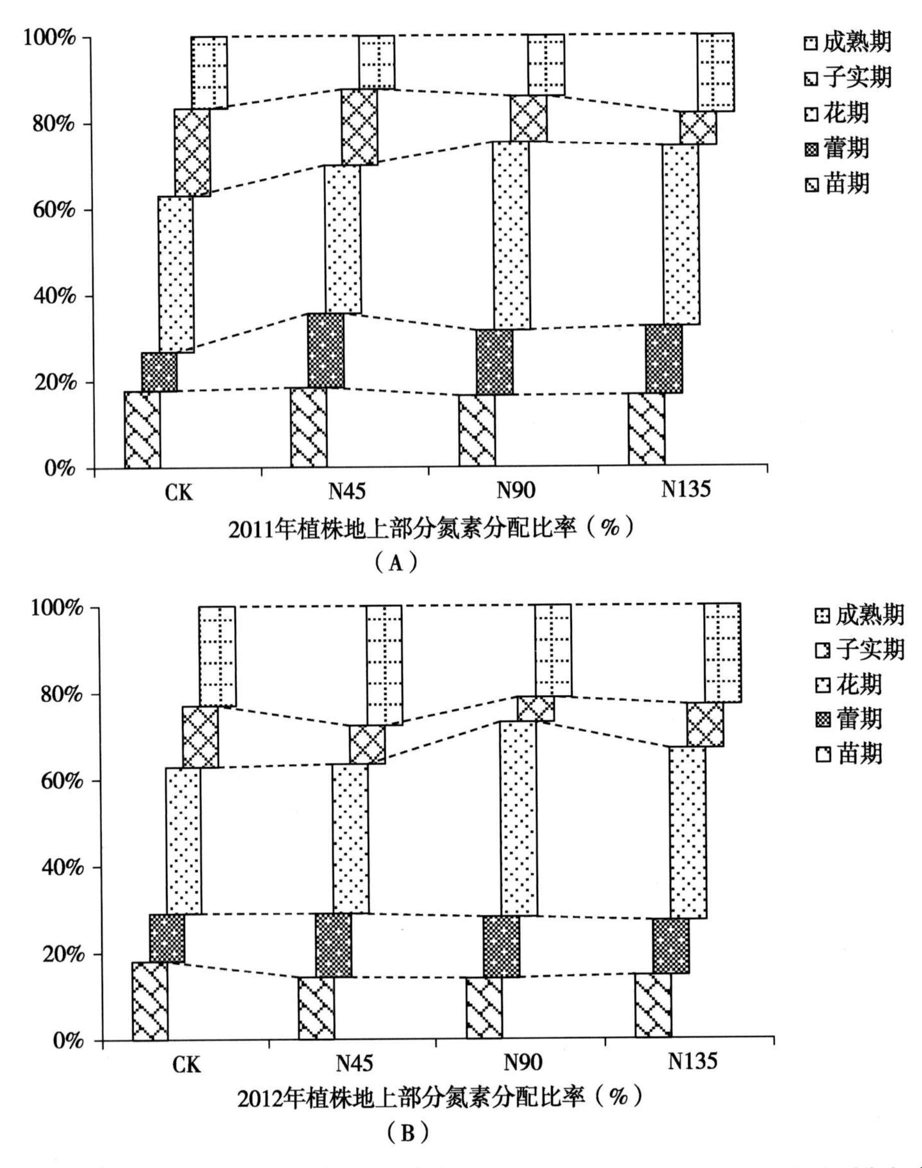

图 5-5　2011 年（A）和 2012 年（B）张家口试验站胡麻植株地上部分不同生育时期氮素累积量占全生育期累积量的分配比率

Fig. 5-5　Proportion of N accumulation of aboveground plants in oil flax at different growth stage in Zhangjiakou Experimental Station in 2011（A）and 2012（B）, respectively.

库”作物，在收获籽粒的同时，一方面茎秆中还含有大量纤维，可以收获纤维，另一方面，茎秆中氮素不断积累，可能与茎秆的支撑作用有关。

表 5-1 旱地胡麻成熟期地上部分器官中氮素的分配比率（%）

Table 5-1 Proportion of N accumulation in different aboveground plant parts of oil flax at maturity in rain-fed conditions (%)

处理 Treatment	茎 Stem		叶 Leaf		非籽粒 Non-grains		籽粒 Oilseed grain	
	2011	2012	2011	2012	2011	2012	2011	2012
CK	39.52 a	33.99 a	10.45 a	13.97 a	5.10 a	6.04 a	44.93 b	46.01 b
N45	37.04 b	34.12 a	11.54 a	13.10 a	4.63 b	5.19 b	46.79 b	47.58 b
N90	36.33 b	34.39 a	8.35 b	10.62 b	3.43 c	4.20 c	51.89 a	50.76 a
N135	33.52 c	33.14 a	10.91 a	13.23 a	4.74 b	4.84 b	50.83 a	48.80 ab

注：不同小写字母表示处理间差异显著（$P<0.05$）。下同。

Note: Different small letters indicate significant difference among treatments at 0.05 level. The same below

5.4 旱地胡麻中氮素的转运

由表 5-2 可见，胡麻叶片中氮素的转移量随氮肥施用量增加而增加（2011 年）或随氮肥施用量的增加先增后降（2012 年）。叶片中氮素转移量最高达 54.3kg/hm^2（2011 年）、48.4kg/hm^2（2012 年）；与 CK 相比，N45、N90 和 N135 处理转移量平均增加 42.89%、150.44% 和 150.30%；非籽粒中氮素转移量，CK、N45、N90 和 N135 分别平均为 2.00kg/hm^2、2.85kg/hm^2、6.85kg/hm^2 和 5.80kg/hm^2，N45、N90 和 N135 处理分别比 CK 处理提高了 42.50%、242.50% 和 190.00%。叶片和非籽粒中氮转移率随施氮量增加先增加后减小，叶片中转移率最高达 83.23%（2011 年），与 CK 相比 N45、N90 和 N135 转移率分别提高了 0.91、9.90 和 3.69 个百分点（2011 年）；非籽粒中转移率最高达 64.26%（2011 年），与 CK 相比 N45、N90 和 N135 转移率分别提高了 7.35 个、27.45 个和 11.58 个百分点（2011 年）。叶片和非籽粒中氮素对籽粒氮素的贡献率随施氮量增加先增加后减小，在 N90 水平时，叶片贡献率平均达 79.59%，与 CK 相比 N45、N90 和 N135 叶片对籽粒贡献率分别提高 7.21 个、19.40 个和 9.95 个百分点（两年平均）；在 N90 水平时，非籽粒贡献率平均达 10.65%，与 CK 相比 N45、N90 和 N135 非籽粒对籽粒贡献率分别提高了 0.70 个、4.75 个和 2.05 个百分点（两年平均）。氮的收获指数随施氮量增加呈先增加后减小，在 N90 水平时达最高值，与 CK 相比 N45、N90 和 N135 处理分别平均提高了 1.72 个、5.85 个和 4.35 个百分点。

表 5-2 氮肥对氮素转移量、转移率、对籽粒中氮素的贡献率及氮收获指数的影响

Table 5-2 Effects on N fertilization on N translocation, translocation efficiency (TE), contribution rate, and N harvest index (NHI).

处理 Treatment	氮转移量（kg/hm²）N translocation		氮转移效率（%）N translocation efficiency		贡献率（%）Contribution rate		氮收获指数 NHI
	叶 Leaves	非籽粒 Non-grains	叶 Leaves	非籽粒 Non-grains	叶 Leaves	非籽粒 Non-grains	
2011							
CK	22. 5 c	2. 4 b	73. 3 b	36. 8 c	63. 9 c	6. 9 c	0. 45 b
N45	31. 0 b	3. 4 b	74. 2 b	44. 2 bc	71. 2 b	7. 8 bc	0. 47 b
N90	53. 8 a	8. 0 a	83. 2 a	64. 3 a	79. 8 a	11. 9 a	0. 52 a
N135	54. 3 a	6. 6 b	77. 0 ab	48. 4 b	72. 1 b	8. 7 b	0. 51 a
2012							
CK	18. 3 c	1. 6 d	64. 9 b	26. 7 c	56. 5 c	4. 9 c	0. 46 b
N45	27. 3 b	2. 3 c	69. 8 b	33. 3 bc	63. 6 bc	5. 4 c	0. 47 b
N90	48. 4 a	5. 7 a	79. 1 a	52. 9 a	79. 4 a	9. 4 a	0. 51 a
N135	47. 8 a	5. 0 b	71. 5 b	41. 4 b	68. 2 b	7. 2 b	0. 49 ab

5.5 氮对旱地胡麻籽粒产量和氮肥利用效率的影响

表 5-3 表明，胡麻籽粒产量随氮肥施用量增加先增加后减小，在氮肥施用量为 90kg/hm²N 时产量最高；但 N90、N135 处理间产量无显著差异。2011 年最高产量为 2 270kg/hm²，2012 年最高产量为 1 903kg/hm²。N45、N90、N135 处理与对照 CK 比较，籽粒产量分别增加 285. 0kg/hm²、535. 0kg/hm²、390. 0kg/hm²（2011 年）和 235. 0kg/hm²、367. 0kg/hm²、289. 0kg/hm²（2012 年），增产率分别为 16. 43% ~ 30. 84%（2011 年）和 15. 31% ~ 23. 48%（2012 年）。当施氮肥量由 45kg/hm² 增加到 90kg/hm² 时，施肥量增加了 100. 0%，而产量增加了 7. 40% ~ 12. 38%；施氮肥量由 90kg/hm² 增加到 135kg/hm² 时，施肥量增加了 50. 0%，而产量减小了 4. 10% ~ 6. 39%；氮肥施用量的变化趋势和产量变化趋势不同；产量随氮肥施用量的增加先增后降，且在氮肥增加产量也增加的过程中，氮肥的增加量远远超过产量的增加量。N45 至 N90 时，氮肥表观利用率随施氮量的增加而提高，施氮量为 N 90kg/hm² 时氮肥表观利用率最高，达 55. 15% ~ 57. 26%，之后随施氮量的增加而降低；说明 43% ~ 45% 以上的氮肥未被当季作物吸收利用。氮肥农学效率随施氮量的增加而减小，施氮量为 45kg/hm²N 时达最高，随后下降，说明随施氮量的增加氮肥的增产效应持续下降。

表 5-3　施氮对胡麻籽粒产量与氮肥利用效率的影响

Table 5-3 Effect of N application on the seed yield and N utilization efficiency of oil flax in rain-fed conditions

时间 Time	处理 Treatment	籽粒产量（kg/hm^2） Seed yield	增产（%） Increase seed yield	氮肥表观利用率（%） Apparent N recovery efficiency	农学效率（kg/kg） Agronomic use efficiency
2011	CK	1 735 c	—	—	—
	N45	2 020 b	16. 43%	32. 78 b	6. 33 a
	N90	2 270 a	30. 84%	57. 26 a	5. 94 a
	N135	2 125 b	22. 48%	51. 72 a	2. 89 b
2012	CK	1 536 c	—	—	—
	N45	1 771 b	15. 31%	44. 13 b	5. 23 a
	N90	1 903 a	23. 48%	55. 15 a	4. 07 a
	N135	1 825 ab	18. 80%	54. 31 a	2. 14 b

6 灌溉地胡麻氮营养规律

6.1 灌溉地胡麻植株对氮素的累积

胡麻茎、叶和地上部分及其非籽粒中氮素累积量随施氮量、施磷量的增加而增加。参见图 6-1、图 6-2、图 6-3、图 6-4；不同施氮、施磷处理间，氮素累积量差异表现为 CK<P75<P150<N75<N150。胡麻茎、叶和地上部分及其非籽粒中氮素累积量因不同施磷、施氮水平而异，施磷肥和氮肥改变了氮在某一生育时期内累积量的大小，并没有改变氮在整个生育期内累积量的总体趋势。即无论施磷、氮与否，茎中氮素累积量在整个生育期持续增加，直至成熟期；地上部分氮累积量也如此；叶中氮累积量在花期达最大值，随后急剧降低，直至成熟期；非籽粒中氮累积量在子实期达最大值，随后急剧降低直至成熟期。可见，胡麻植株茎、叶、地上部分以及非籽粒中氮素累积各自变化总体趋势一致，没有因磷、氮施用量不同而发生变化，在某一生育时期氮累积量的大小和磷、氮施用量有明显关系。

由图 6-1（A）和图 6-1（B）可以看出，胡麻茎中氮素累积量一直在增加，CK、P75、P150、N75 和 N150 处理下，茎中氮累积量依次增大。苗期、蕾期、花期、子实期和成熟期氮素累积量两年平均分别为 4.96kg/hm^2、8.68kg/hm^2、14.45kg/hm^2、27.28kg/hm^2 和 50.29kg/hm^2。从苗期到成熟期，CK、P75、P150、N75 和 N150 处理增幅分别为 11.38 倍、11.77 倍、11.73 倍、11.43 倍和 12.84 倍（2012 年），7.60 倍、8.29 倍、7.17 倍、6.72 倍和 6.38 倍（2013 年）。在整个生育期，CK 处理与 N150 处理间差异显著（$P<0.05$）（两年）；P75 处理与 N150 处理间差异显著（$P<0.05$）（两年）；P75 处理与 P150 处理除 2012 年子实期外、2013 年花期和成熟期外，其他生育时期差异不显著；N75 处理与 N150 处理间，2012 年在苗期、2013 年在花期差异不显著，其他时期差异显著。

由图 6-2（A）和图 6-2（B）可以看出，胡麻叶片中氮素累积量在整个生育期内先升后降呈“∧”变化趋势，在花期达到最高值。在花期，胡麻叶片中氮素累积量 CK、P75、P150、N75 和 N150 处理下，两年平均达 55.23kg/hm^2、66.02kg/hm^2、

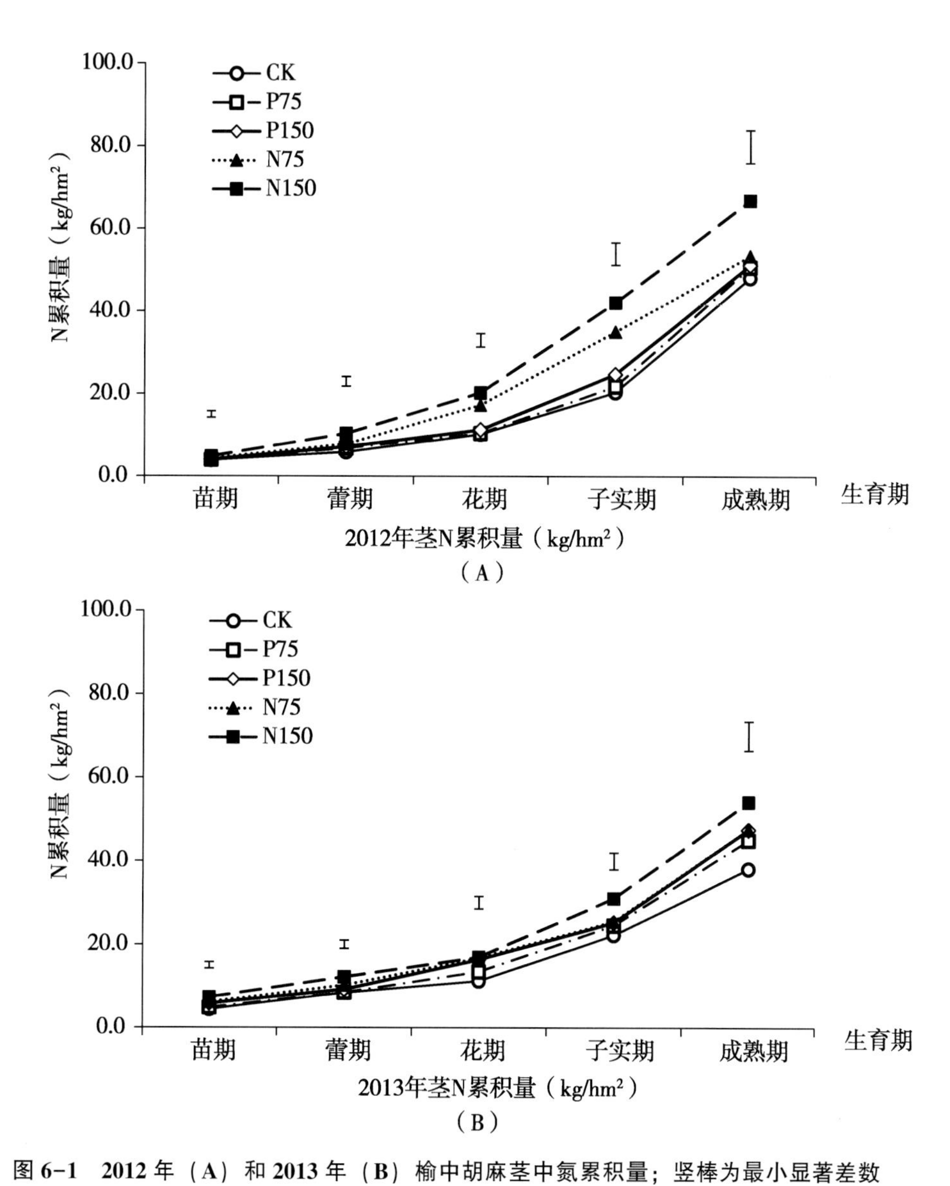

图 6-1　2012 年（A）和 2013 年（B）榆中胡麻茎中氮累积量；竖棒为最小显著差数

Fig. 6-1　Nitrogen accumulation in the stems of oil flax at Yuzhong Experimental Station in 2012 (A) and 2013 (B), respectively. The line bars represent least significant difference (LSDs) with $P \leq 0.05$.

69.15kg/hm²、80.47kg/hm² 和 83.06kg/hm²；P75、P150、N75 和 N150 分别比 CK 处理提高了 19.53%、25.20%、45.71%和 50.40%；随后开始急速下降，至成熟期，叶片中氮素累积量 CK、P75、P150、N75 和 N150 处理下，两年平均为 15.18kg/hm²、17.17kg/hm²、17.33kg/hm²、17.60kg/hm² 和 22.20kg/hm²；相对于花期降低了 71.25%、73.99%、74.94%、78.13%和 73.27%。CK 处理与 N150 处理间在整个生

育期差异显著（两年）；CK 处理与 N75 处理间除 2012 年成熟期外，其他生育时期差异显著；N75 处理与 N150 处理在子实期和成熟期差异显著（两年），其他生育时期差异不显著；P75 处理与 N150 处理在整个生育期差异显著（两年）。

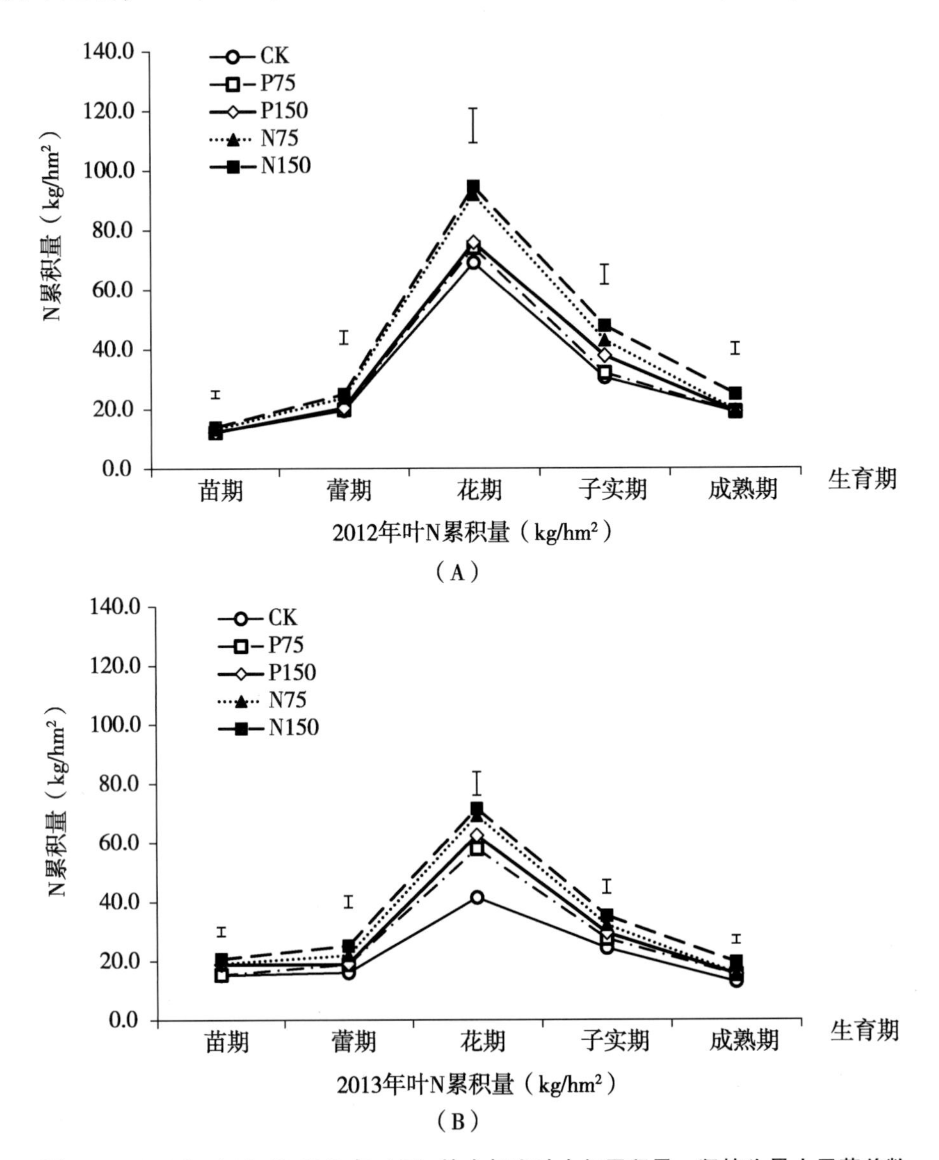

图 6-2　2012 年（A）和 2013 年（B）榆中胡麻叶中氮累积量；竖棒为最小显著差数

Fig. 6-2　Nitrogen accumulation in the leaves of oil flax at Yuzhong Experimental Station in 2012（A）and 2013（B），respectively. The line bars represent least significant difference（LSDs）with $P \leqslant 0.05$.

由图 6-3（A）和图 6-3（B）可以看出，胡麻地上部分中氮素累积量一直在增加，且各个不同生育时期，不同施肥处理间，氮累积量由小到大依次为 CK<P75

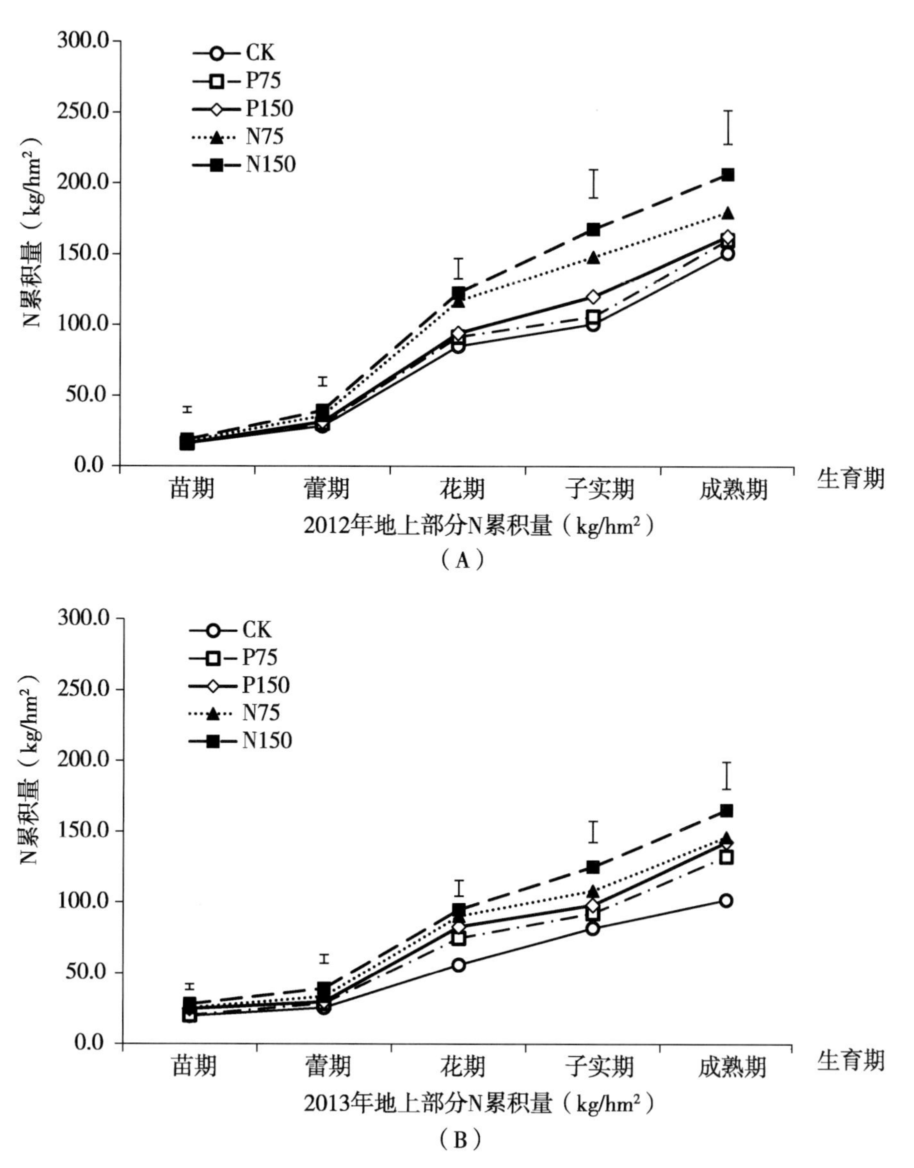

图 6-3　2012 年（A）和 2013 年（B）榆中胡麻地上部分氮累积量；竖棒为最小显著差数

Fig. 6-3　Nitrogen accumulation of oil flax in the total aboveground plant parts at Yuzhong Experimental Station in 2012（A）and 2013（B），respectively. The line bars represent least significant difference（LSDs）with $P \leq 0.05$.

<P150<N75<N150。苗期、蕾期、花期、子实期和成熟期氮累积量两年平均分别达到 20. 26kg/hm^2、32. 15kg/hm^2、90. 89kg/hm^2、103. 68kg/hm^2 和 154. 89kg/hm^2。从苗期到成熟期，CK、P75、P150、N75 和 N150 处理增幅分别为 8. 42 倍、8. 93 倍、9. 00 倍、9. 26 倍和 9. 96 倍（2012 年）；4. 19 倍、5. 57 倍、4. 78 倍、4. 78 倍和

4.90 倍（2013 年）。在整个生育期，CK 处理、P75 处理分别与 N75 处理、N150 处理间差异显著（两年）；P150 处理与 N150 处理在整个生育期差异显著；N75 处理与 N150 处理间在子实期和成熟期差异显著（两年）；P150 处理与 N75 处理除 2013 年苗期和成熟期外，其他生育时期差异显著。

由图 6-4（A）和图 6-4（B）可以看出，胡麻非籽粒中氮素累积量在整个生

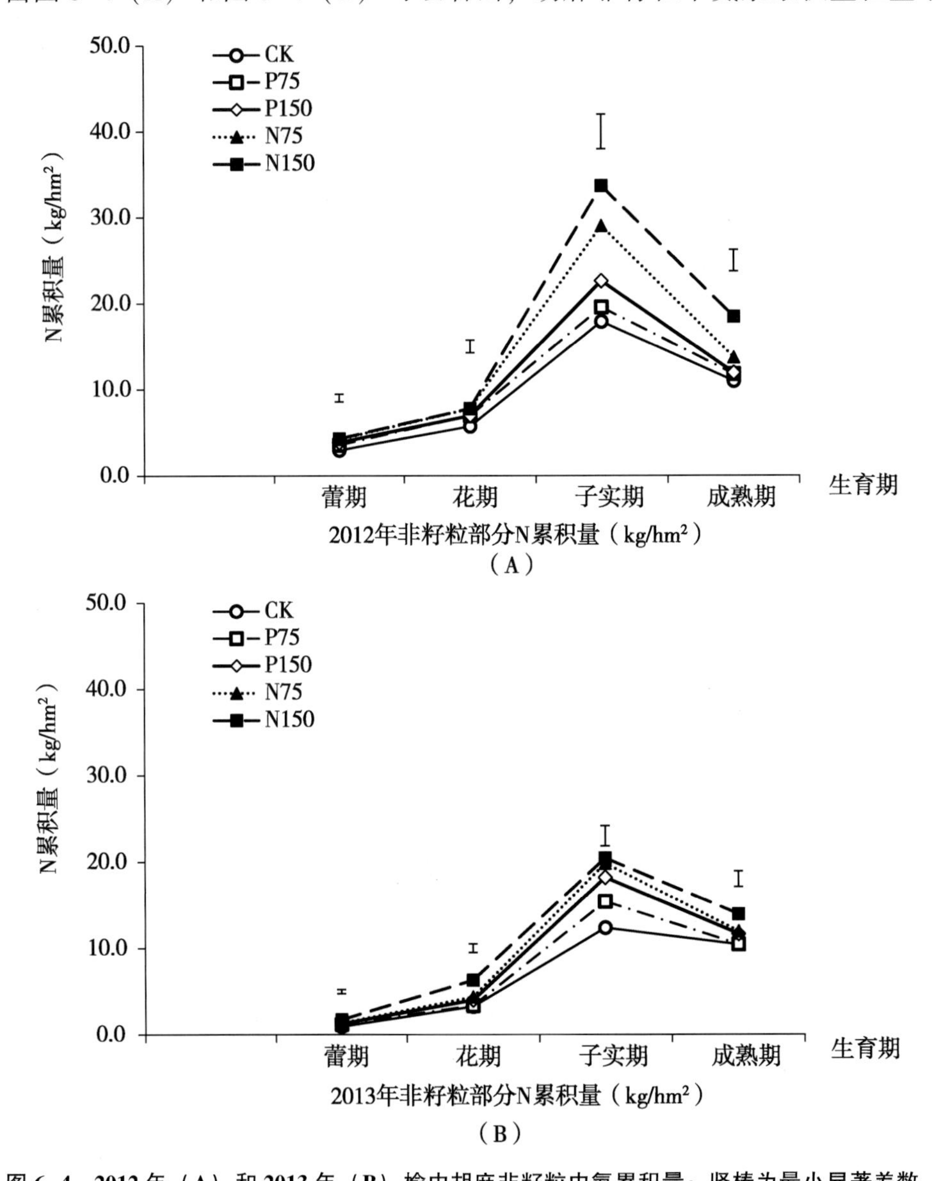

图 6-4　2012 年（A）和 2013 年（B）榆中胡麻非籽粒中氮累积量；竖棒为最小显著差数

Fig. 6-4　Nitrogen accumulation in the non-grains of oil flax at Yuzhong Experimental Station in 2012（A）and 2013（B）, respectively. The line bars represent least significant difference（LSDs）with $P \leq 0.05$.

育期内先升后降呈“∧”变化趋势；在子实期达最大值，随后急剧下降至成熟期；且不同施肥处理间，氮素累积量由小到大依次为CK< P75 < P150 < N75 < N150；子实期氮素累积量两年平均分别达到 15.12kg/hm²、17.48kg/hm²、20.40kg/hm²、24.43kg/hm² 和 27.07kg/hm²。从蕾期到子实期，CK、P75、P150、N75 和 N150 处理增幅分别为 5.09 倍、4.50 倍、4.91 倍、5.88 倍和 6.87 倍（2012 年）；12.01 倍、11.69 倍、13.13 倍、13.65 倍和 10.64 倍（2013 年）。在整个生育期，CK 处理与 N150 处理、P75 处理与 N150 处理间差异显著（两年）；P75 处理与 P150 处理子实期和 2013 年成熟期差异显著，在其他生育时期差异较小；N75 处理与 N150 处理 2012 年在子实期和成熟期、2013 年在花期和成熟期差异显著。

6.2 灌溉地成熟期胡麻地上部分器官中氮素的分配

由表 6-1 可见，不同施磷、氮量并未改变胡麻地上部分各器官氮素积累量分配比率的总体趋势，各器官氮素积累分配规律均为籽粒氮素积累量所占比率最大，茎秆次之，再次是叶片，非籽粒氮素积累量所占比率最小。成熟期胡麻地上部分氮素分配比率，在籽粒中累积量最多，占 46.65%～51.76%（2012 年），43.15%～51.16%（2013 年），平均占 45.74%～51.46%；其次是茎，平均占 31.15%～34.64%（两年），再次是叶，平均占 10.79%～12.57%（两年），非籽粒中氮素所占比率最小，平均占 6.33%～7.41%（两年）。表 6-1 表明，施磷、施氮量对胡麻籽粒中氮素分配比率影响较大，在 N75 水平下籽粒中氮素分配比率最高，2012 年和 2013 年分别达到 51.76%和 51.16%。可见，胡麻到成熟期植株体内氮素主要集中在籽粒和茎秆中。茎秆中氮素持续增加，可能是胡麻属于“双库”作物，在收获籽粒的同时，一方面茎秆中还含有大量纤维，可以收获纤维，另一方面，茎秆中氮素不断积累，可能与茎秆的支撑作用有关。有关机理，还需进一步深入研究。

表 6-1 胡麻成熟期地上部分器官中氮素的分配比率（%）

Table 6-1 Proportion of N at different aboveground plant parts of oil flax at maturity in irrigated land.

处理 Treatment	茎 Stem		叶 Leaf		非籽粒 Non-grains		籽粒 Oilseed grain	
	2012	2013	2012	2013	2012	2013	2012	2013
CK	31.89 a	37.39 a	12.54 a	12.60 a	7.25 b	6.85 a	48.32 c	43.15 b
P75	31.67 a	33.97 b	11.87 b	11.56 bc	7.34 b	5.32 c	49.12 bc	49.15 a
P150	31.50 a	33.35 b	11.78 b	10.87 cd	7.32 b	5.63 bc	49.40 b	50.16 a

（续表）

处理 Treatment	茎 Stem		叶 Leaf		非籽粒 Non-grains		籽粒 Oilseed grain	
	2012	2013	2012	2013	2012	2013	2012	2013
N75	29. 76 b	32. 54 b	10. 86 c	10. 71 d	7. 62 b	5. 59 bc	51. 76 a	51. 16 a
N150	32. 38 a	32. 73 b	12. 04 ab	11. 80 ab	8. 93 a	5. 89 b	46. 65 d	49. 58 a

6.3 灌溉地胡麻地上部分植株中氮素的分配

胡麻地上部分各生育时期的氮素吸收和阶段累积量占整个生育期的比率参见图6-5（A）和图6-5（B）。图6-5（A）和图6-5（B）显示，2012年，胡麻地上部分苗期的氮素阶段累积量占整个生育期累积量的9. 12%～10. 62%，2013年占15. 23%～19. 27%；在整个生育期占比率较大，可能与苗期胡麻植株生长时间长、土壤中氮含量充足有关。进入蕾期后，胡麻开始进入营养生长与生殖生长并进时期，需要吸收大量养分满足生长，同时消耗养分也多，此时期氮素累积量占整个生育期比率不大，两年比率都下降。到了花期，胡麻地上部分植株中氮素累积最多，占整个生育期的37. 53%～45. 06%（2012年），29. 92%～38. 84%（2013年）；成熟期胡麻地上部分植株中氮素累积占整个生育期的17. 58%～33. 98%（2012年），19. 60%～30. 33%（2013年）。氮累积量最多的处理是花期的N75处理，在2012年占整个生育期的45. 06%，2013年占整个生育期的38. 84%。从花期至成熟期，氮素累积量占整个生育期的80. 05%～81. 24%（2012年），74. 99%～79. 23%（2013年），可见，胡麻植株氮素吸收从花期开始急剧增加，其吸收累积量主要集中在生殖生长阶段。所有处理的氮素累积最高峰在花期；各处理CK、P75、P150、N75和N150分别占整个生育期累积量的33. 73%，36. 58%，37. 94%，41. 95%和36. 97%（两年均值）。为了满足胡麻对氮素营养的需求，在花期前追肥很有必要。

6.4 灌溉地胡麻中氮素的转运

表6-2数据可以看出，胡麻叶片和非籽粒中氮素的转移量随磷肥、氮肥施用量增加而先增加后减小。在N75水平下，叶片和非籽粒中氮素转移量达最高值。叶片中氮素转移量最高达72. 25kg/hm^2（2012年）和53. 50kg/hm^2（2013年）；与不施肥（CK）相比，P75、P150、N75和N150处理转移量两年平均增加24. 13%、31. 69%、59. 79%和54. 67%；非籽粒中氮素转移量CK、P75、P150、N75和N150

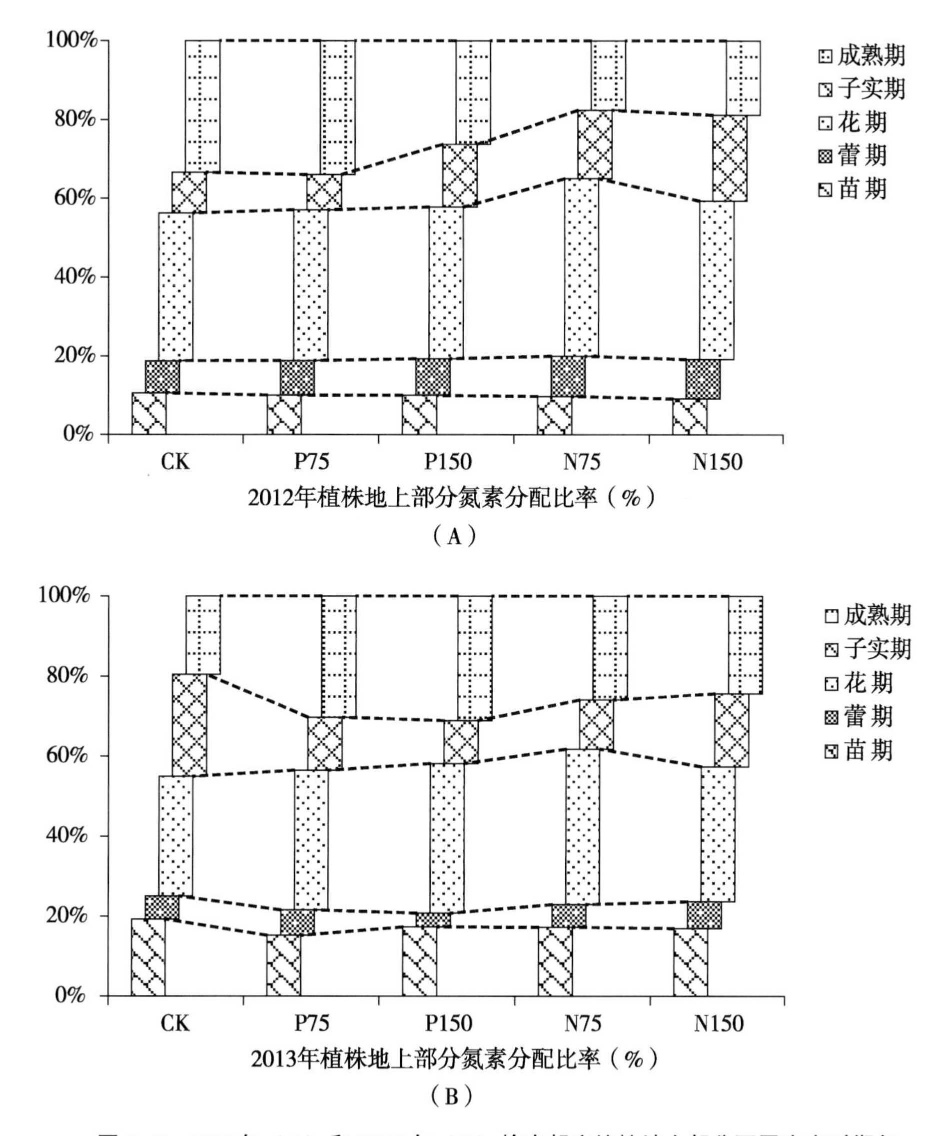

图6-5 2012年（A）和2013年（B）榆中胡麻植株地上部分不同生育时期氮素累积量占全生育期累积量的分配比率

Fig. 6-5 Proportion of N of aboveground plants in oil flax at different growth stage in 2012（A）and 2013（B），respectively.

处理分别平均为 6.16kg/hm²、8.03kg/hm²、10.43kg/hm²、13.49kg/hm² 和 12.97kg/hm²，P75、P150、N75 和 N150 处理分别比不施肥处理（CK）提高了 31.18%、69.36%、118.96%和 110.61%。叶片和非籽粒中氮素转移率随施磷、施氮量增加先增加后减小，在 N75 水平下达最高值；叶片中转移率最高达 78.73%（2012 年），与不施肥（CK）相比，P75、P150、N75 和 N150 处理转移率分别平均

(两年)提高了 3.17、4.18、7.26 和 2.43 个百分点;非籽粒中转移率最高达 58.69%(2013 年),与不施肥(CK)相比,P75、P150、N75 和 N150 处理转移率分别平均(两年)提高了 5.91、10.43、14.57 和 7.61 个百分点。叶片和非籽粒中氮素对籽粒氮素的贡献率随施磷、施氮量增加先增加后减小,在 N75 水平时,叶片贡献率最高达 77.65%(2012 年),非籽粒贡献率最高达 16.48%(2012 年);与不施肥(CK)相比,P75、P150、N75 和 N150 处理叶片对籽粒贡献率分别平均(两年)提高了 0.70、1.16、7.65 和 0.95 个百分点;与不施肥(CK)相比,P75、P150、N75 和 N150 处理非籽粒对籽粒贡献率分别平均(两年)提高 0.49、2.90、5.15 和 3.56 个百分点。氮的收获指数随施磷、施氮量增加而先增加后减小,在 N75 水平时达最高值,最高达 0.52(2012 年),与不施肥(CK)相比,P75、P150、N75 和 N150 处理分别平均提高 3.39、4.04、5.72 和 2.38 个百分点。

可见,在 N75 水平下,叶片和非籽粒中氮素转移量、转移率、对籽粒的贡献率和氮的收获指数都最大。

表 6-2 氮磷肥对氮素转移量、转移率、对籽粒中氮素的贡献率及氮收获指数的影响

Table 6-2 Effects on N fertilization on N translocation, translocation efficiency (TE), contribution rate, and N harvest index (NHI).

处理 Treatment	氮素转移量 (kg/hm^2) N translocation		氮素转移效率 (%) N translocation efficiency		贡献率 (%) Contribution rate		氮收获指数 NHI
	叶 Leaves	非籽粒 Non-grains	叶 Leaves	非籽粒 Non-grains	叶 Leaves	非籽粒 Non-grains	
2012							
CK	50.13 c	6.94 d	72.58 c	38.74 c	68.69 c	9.51 c	0.48 c
P75	55.09 b	7.81 c	74.33 b	39.88 c	69.98 bc	9.91 c	0.49 b
P150	56.66 b	10.71 b	74.71 c	47.29 b	70.45 bc	13.32 b	0.49 b
N75	72.25 a	15.33 a	78.73 a	52.72 a	77.65 a	16.48 a	0.52 a
N150	69.67 a	15.26 a	73.68 bc	45.17 b	72.27 b	15.84 a	0.47 d
2013							
CK	28.57 d	5.38 d	68.97 d	43.52 d	65.21 b	12.24 c	0.43 b
P75	42.60 c	8.36 c	73.56 bc	54.21 bc	65.33 b	12.81 c	0.49 a
P150	46.98 b	10.15 b	75.21 ab	55.84 b	65.76 b	14.21 b	0.50 a
N75	53.50 a	11.64 a	77.34 a	58.69 a	71.55 a	15.57 a	0.51 a
N150	52.05 a	10.69 b	72.74 c	52.31 c	63.50 b	13.04 c	0.50 a

6.5 灌溉地氮肥对胡麻籽粒产量与氮肥利用效率的影响

表6-3表明，施用氮肥可显著增加胡麻的籽粒产量，随氮肥施用量的增加，胡麻籽粒产量亦增加。两年产量的最高值都是在N150处理下获得。2012年最高产量达2 234.00kg/hm²，2013年最高产量达2 097.00kg/hm²。与CK处理相比较，N75和N150处理产量分别增加了555.83和667.33kg/hm²（2012年），576.79和610.12kg/hm²（2013年）；增幅分别为35.48%和42.60%（2012年），38.79%和41.03%（2013年）。氮肥对胡麻籽粒产量增加的影响是N75<N150。2013年N75和N150处理间产量差异也不显著（在本试验中，相比较2013年胡麻籽粒产量低于2012年，主要原因在于2013年过多降水量造成）。

当氮肥施用量由75kg/hm²增加到150kg/hm²时，施肥量增加了100%，而产量增加了2.24%~7.12%；氮肥的增加量远远超过产量的增加量。同样，胡麻植株地上部分氮素累积量的增加幅度也远小于氮肥施用量的增加幅度，所以，胡麻氮肥表观利用效率也随施氮量增加而降低。N75和N150处理时，氮肥表观利用率随施氮量的增加而降低，施氮量为75kg/hm²（N）时氮肥表观利用率最高，达38.35%（2012年），59.27%（2013年），表明高达41%~62%以上的氮肥未被当季胡麻吸收利用。施氮量较低时，氮肥农学效率较高，施氮量75kg/hm²（N）时达最高，随后下降，说明胡麻籽粒产量随施氮量的增加氮肥的增产效应降低。

表6-3 氮对胡麻籽粒产量与氮肥利用效率的影响

Table 6-3 Effect of N application on the seed yield and N utilization efficiency of oil flax in irrigated land.

时间 Time	处理 Treatment	产量（kg/hm²） Seed yield	增产（%） Increase seed yield	氮肥表观利用率（%） Apparent N recovery efficiency	农学利用率（kg/kg） Agronomic use efficiency
2012	CK	1 566.67 d	—	—	—
	N75	2 122.50 b	35.48	38.35	7.41
	N150	2 234.00 a	42.60	37.11	4.45
2013	CK	1 486.88 c	—	—	—
	N75	2 063.67 a	38.79	59.27	7.69
	N150	2 097.00 a	41.03	42.40	4.07

7 氮、磷对胡麻氮代谢的影响

7.1 氮、磷对胡麻氮代谢主要产物的影响

7.1.1 氮、磷对胡麻茎中叶绿素含量的影响

图 7-1 可见，胡麻茎中叶绿素含量在整个生育期内呈先升后降态势，在花期含量最高。不同施氮、施磷处理间，茎中叶绿素含量表现为 N150>N75>P150>P75>CK；不同施磷处理间为 P150>P75>CK，不同施氮处理间为 N150>N75>CK。可以看出，增施氮、磷有利于提高胡麻茎中叶绿素合成。施磷（P_2O_5）75kg/hm^2、150kg/hm^2，施氮（纯 N）75kg/hm^2、150kg/hm^2 时，比不施肥茎中叶绿素含量分别提高了 4.97%、10.72%和 19.13%、24.46%；施磷与不施肥相比，平均提高 7.84%；施氮与不施肥相比，平均提高 21.79%；施氮比施磷平均提高 13.95 个百分点。可见，施磷对茎中叶绿素的影响小于施氮对茎中叶绿素的影响；无论施肥与否，茎中叶绿素含量变化趋势总体不变；不同施氮量、施磷量只是改变了某一生育时期茎中叶绿素含量的多少。

氮、磷的施用提高了胡麻茎中叶绿素含量，但施磷对茎中叶绿素含量影响显著小于施氮对其叶绿素的影响。施氮可提高茎中叶绿素的含量，应与氮是叶绿素的组成成分有关。磷素营养能促进胡麻植株对氮素吸收，进而影响着胡麻茎中叶绿素含量。茎中总叶绿素有自身合成，也有由于浓度差引起的与叶片输送有关，更深机理及原因，有待进一步研究。

7.1.2 氮、磷对胡麻叶中叶绿素含量的影响

由图 7-2 可见，胡麻叶片中叶绿素的含量随施磷量和施氮量增加而增加。不同施磷处理间，叶绿素含量 P150>P75>CK。不同施氮处理间，叶绿素含量由大到小依次为 N150>N75>CK。不同施肥处理间，叶绿素含量 N150>N75>P150>P75>CK。可见，增施氮、磷有利于提高胡麻叶中叶绿素合成。P75、P150、N75 和 N150 与不

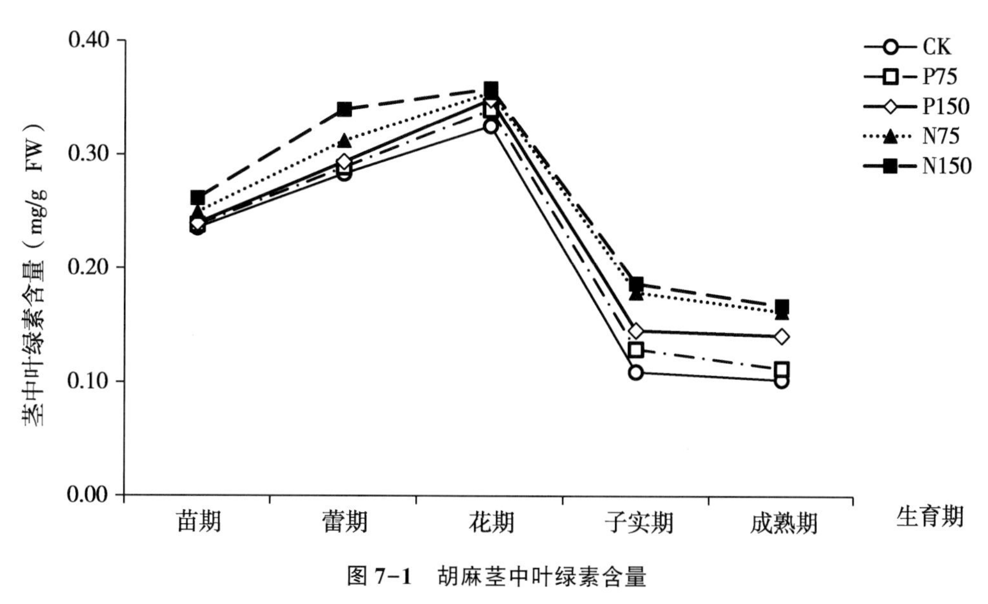

图 7-1　胡麻茎中叶绿素含量

Fig. 7-1　Chlorophyll（Chl）content in the stem of oil flax.

施肥相比，叶中叶绿素含量分别平均提高了 6.19%、9.73%、14.36%和 19.38%；施磷与不施肥相比，平均提高 7.96%；施氮与不施肥相比，平均提高 16.82%；施氮比施磷平均提高 8.86 个百分点。

由图 7-2 可以看出，叶片中叶绿素含量从苗期开始上升，到蕾期——花期含量最高，花期以后叶片中叶绿素含量开始大幅降低，至成熟期含量最低。图 7-2（A）和图 7-2（B）还可以看出，叶片中叶绿素含量在 2012 年和 2013 年变化趋势略有不同，2012 年叶片中叶绿素含量最高值出现在花期，2013 年叶片中叶绿素含量最高值出现在蕾期（可能与 2013 年自蕾期末期开始持续降雨有关。连续阴雨、温度低于往年，影响了叶片中叶绿素合成，其中机理及原因有待进一步研究）。2013 年茎中叶绿素含量与 2012 年叶片中叶绿素含量高峰值，均在花期。

氮、磷的施用提高了胡麻叶中叶绿素含量，但施磷对叶中叶绿素含量影响显著小于施氮对其叶绿素的影响。可能与氮是叶绿素的组成成分，施氮可提高叶片中叶绿素的含量。磷素营养一方面能促进胡麻植株对氮素吸收，另一方面自身也影响着胡麻叶中叶绿素含量。

图 7-2 还可以看出，胡麻叶片中叶绿素含量 2013 年最大值出现在蕾期；2012 年叶片中叶绿素含量最大值出现在花期。有研究证明，叶片中叶绿素含量与作物光合作用能力正相关。由此可见，2013 年胡麻叶片光合作用最强在蕾期，叶在花期仍然保持高光合能力，微微有所下降，子实期光合作用能力大大降低；胡麻叶片在营

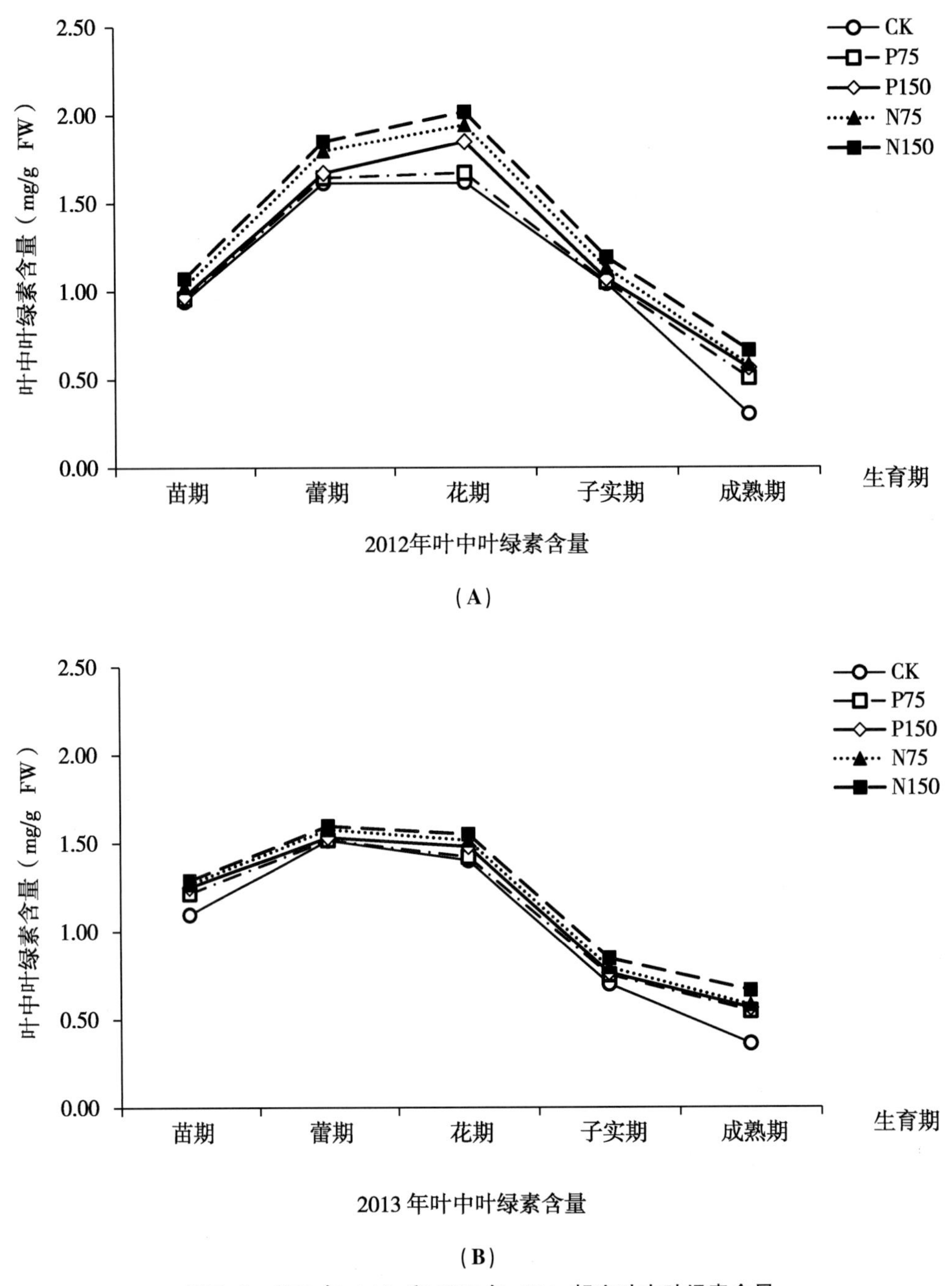

图 7-2　2012 年（A）和 2013 年（B）胡麻叶中叶绿素含量

Fig. 7-2　A and B stand for chlorophyll content in leaf of oil flax in 2012 and 2013, respectively.

养生长阶段，叶绿素不断合成，光合作用加强，生殖生长阶段后期，叶的光合作用能力迅速降低，与叶绿素降解、叶片中叶绿素含量降低密不可分。2012 年叶片中叶绿素含量在花期达最大值，可能与2012年气象有关，2012年降水量主要出现在花期及以后，充足的光照时间和适宜的温度，使得叶片中叶绿素合成在花期仍然持续，保持了较高光合作用能力，之后叶片光合作用能力开始降低；叶绿素降解，叶片中叶绿素含量降低。

7.1.3　氮、磷对胡麻茎中游离氨基酸含量的影响

图7-3显示，胡麻茎中游离氨基酸的含量随施磷量和施氮量增加而增加，游离氨基酸含量由小到大依次为CK<P75<P150<N75<N150。增施氮、磷有利于提高胡麻茎中游离氨基酸合成。茎中游离氨基酸含量P75、P150、N75、N150处理与CK相比，分别提高了12.59%、20.32%、38.72%、57.16%。施磷与不施肥（CK）相比，平均提高16.46%；施氮与不施肥（CK）相比，平均提高47.94%；施氮比施磷平均提高31.48个百分点。

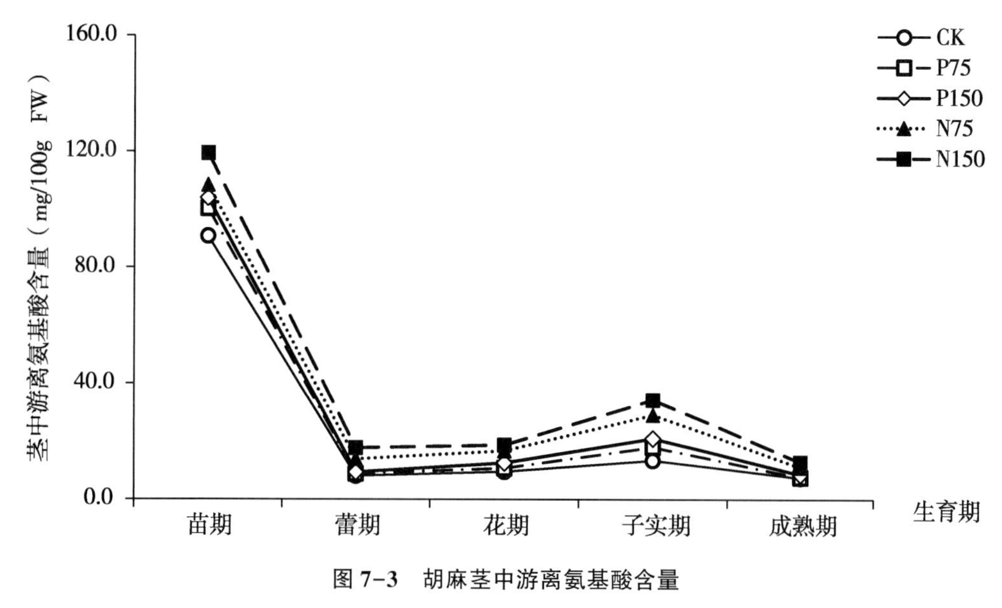

图7-3　胡麻茎中游离氨基酸含量

Fig. 7-3　Free amino acid content in stem of oil flax.

可见，氮、磷的施用提高了胡麻茎中游离氨基酸含量，施磷对胡麻茎中游离氨基酸含量的影响显著小于施氮对其游离氨基酸含量的影响。在胡麻茎中，无论施氮、施磷与否，游离氨基酸含量总体变化态势不变；施氮、施磷只是改变其中某一生育期茎中游离氨基酸含量的多少。图7-3表明，苗期茎中游离氨基酸含量最高，极显著高于其他生育时期。茎中游离氨基酸含量随着施氮量增加而增加，原因在于游离氨基酸是氮代谢中间产物，与氮的吸收、累积和同化密切相关，故施氮量提高

可增加茎中游离氨基酸的含量。茎中游离氨基酸含量随着磷肥施用量增加而增加，前人研究指出，磷素营养能促进胡麻植株对氮素的吸收、增强植株体内的氮代谢，进而间接影响着胡麻茎中游离氨基酸含量变化。

图 7-3 还可以看出，胡麻茎中游离氨基酸含量在苗期最高，随后骤然降低至蕾期，蕾期与花期基本持平，从花期平缓上升至子实期达到次高峰值，随后下降至成熟期，茎中游离氨基酸含量在子实期上升至次高峰值（苗期最高）。这表明，营养器官茎中游离氨基酸含量从子实期开始向籽粒转移，直至成熟期；且成熟期茎中游离氨基酸含量各施肥处理间几乎无差异。苗期茎中游离氨基酸含量极高，应与苗期胡麻植株小、茎幼嫩，氮吸收快、多，使得游离氨基酸含量浓度高有关。茎中游离氨基酸含量与营养器官中氮素吸收、同化紧密相关。在营养生长阶段，茎中游离氨基酸主要来自于氮素同化，随着生育进程的推进，游离氨基酸合成蛋白质的速度大于氮素同化及蛋白质降解为游离氨基酸的速度，再加上随生殖器官的生长发育，营养器官中游离氨基酸开始向籽粒转移，结果茎中游离氨基酸含量降低。茎衰老，蛋白质降解大于合成，使得最终茎中保持一定含量游离氨基酸。

7.1.4 氮、磷对胡麻叶中游离氨基酸含量的影响

图 7-4 显示，胡麻叶片中游离氨基酸的含量随施磷量和施氮量增加而增加，游离氨基酸含量差异为 CK<P75<P150<N75<N150（两年）。增施氮、磷有利于提高胡麻叶中游离氨基酸合成。P75、P150、N75、N150 处理与 CK 相比，叶中游离氨基酸含量分别平均提高了 5.92%、11.64%、25.46%、35.20%；施磷与不施肥（CK）相比，平均提高 8.78%；施氮与不施肥（CK）相比，平均提高 30.33%；施氮比施磷平均提高 21.55 个百分点。

可见，施磷对胡麻叶中游离氨基酸含量的影响明显小于施氮对其游离氨基酸含量的影响。在胡麻叶中，无论施氮、施磷与否，游离氨基酸含量总体变化态势一致；施氮、施磷只是改变了其中某一生育时期叶中游离氨基酸含量的多少。图 7-4（A）和图 7-4（B）表明，2012 年和 2013 年叶片中游离氨基酸含量的总体变化态势相同。2012 年叶片中游离氨基酸含量高峰值出现在苗期，接着骤然下降至蕾期，从蕾期开始较快上升至花期，从花期开始至成熟期一直下降。2013 年高峰值亦出现在苗期，接着骤然下降至蕾期，从蕾期开始上升，至花期达到次高峰值后又开始下降直至成熟期。两年里，苗期叶片中游离氨基酸含量最高，极显著高于其他生育时期。可见，两年叶片中游离氨基酸含量次高值出现在花期（苗期最高），但含量多少差异较大。可能和 2012 年与 2013 年两年间气象差异大有关，2013 年现蕾期后期开始的持续不断的阴雨天气，降雨量多、气温低于常年，影响着游离氨基酸的合成，这点从 2013 年试验中可以看出，2013 年叶片中游离氨基酸含量从蕾期开始远

低于 2012 年同一时期叶片中游离氨基酸含量。

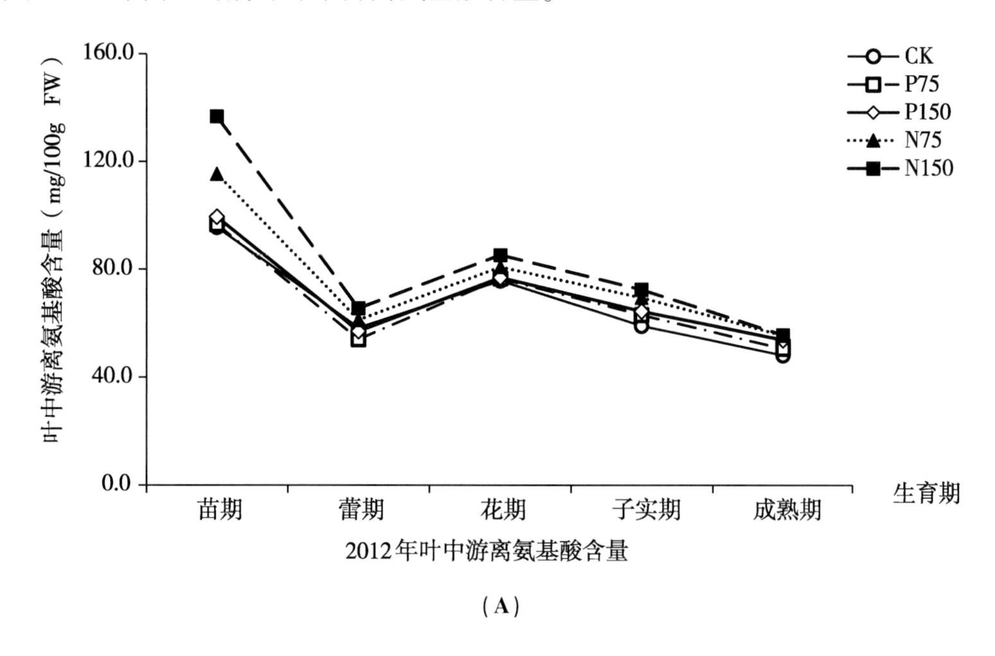

（A）

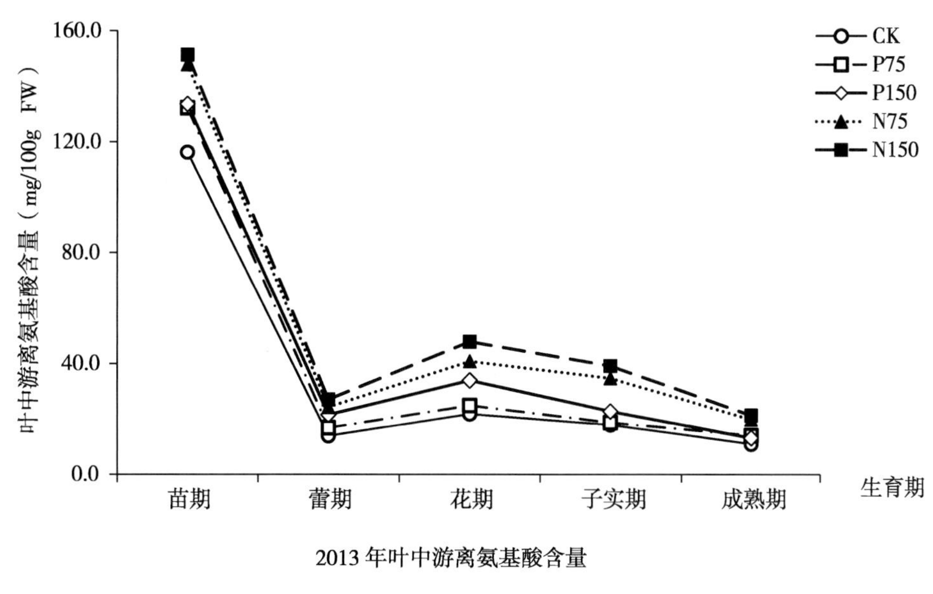

（B）

图 7-4　2012 年（A）和 2013 年（B）胡麻叶中游离氨基酸含量

Fig. 7-4　A and B stand for free amino acid（FAA）content in leaf of oil flax in 2012 and 2013，respectively.

氮、磷的施用提高了胡麻叶中游离氨基酸含量，但施磷对叶中游离氨基酸含量的影响显著小于施氮对其游离氨基酸含量的影响。叶片中游离氨基酸含量随着施氮量增加而增加，原因在于游离氨基酸是氮代谢中间产物，与氮的吸收、累积和同化密切相关，故施氮量提高可增加叶片中游离氨基酸的含量。叶片中游离氨基酸含量随着磷施用量增加而增加，有人研究指出，磷素营养能促进胡麻植株对氮素的吸收、增强植株体内的氮代谢，进而间接影响着胡麻叶片中游离氨基酸含量变化。

由图 7-4 还可以看出，胡麻叶片中游离氨基酸含量从蕾期上升至花期达次高峰值，随后呈下降趋势直至成熟期。这表明从花期开始，营养器官叶中游离氨基酸向花、籽粒转移，直至成熟期；且成熟期叶中游离氨基酸含量各施肥处理间差异不大。苗期叶中游离氨基酸含量极高，与苗期胡麻植株小，氮吸收快、多，使得游离氨基酸含量浓度高有关。叶片中游离氨基酸含量与氮素吸收、同化紧密相关。在营养生长阶段，叶片中游离氨基酸主要来自于氮素同化，随着生育进程的推进，游离氨基酸合成蛋白质的速度大于氮素同化及蛋白质降解为游离氨基酸的速度，再加上随着生殖器官的生长发育，营养器官中游离氨基酸开始向花、籽粒转移，结果叶片中游离氨基酸含量降低。叶片衰老，蛋白质降解大于合成，最终使得叶片中保持一定含量的游离氨基酸。

7.1.5 氮、磷对胡麻茎中可溶性蛋白含量的影响

图 7-5 显示，胡麻茎中可溶性蛋白含量随施氮量和施磷量的增加而增加，不同施磷处理之间，可溶性蛋白含量由小到大依次为 CK<P75<P150；不同施氮处理之间，茎中可溶性蛋白含量 CK<N75<N150。不同施氮、施磷处理间，胡麻茎中可溶性蛋白含量为 CK<P75<P150<N75<N150。可以看出，增施氮、磷有利于提高胡麻茎中可溶性蛋白合成。茎中可溶性蛋白含量 P75、P150、N75、N150 处理与 CK 相比，分别提高了 7.63%、12.72%、26.73%、45.03%；施磷与不施肥（CK）相比，平均提高 10.17%；施氮与不施肥（CK）相比，平均提高 35.88%；施氮比施磷平均提高 25.71 个百分点。可见，施磷对胡麻茎中可溶性蛋白含量的影响明显小于施氮对其可溶性蛋白含量的影响。无论施氮、施磷与否，胡麻茎中可溶性蛋白含量总体变化趋势一致；施氮、磷只是改变了其中某一生育时期茎中可溶性蛋白含量的多少。图 7-5 表明，胡麻茎中可溶性蛋白含量随生育进程的推进先升后降呈“︵”变化趋势，从苗期开始升高经蕾期至花期，高峰值出现在花期，随后一直呈下降趋势，直至成熟期降至最低。在成熟期，茎中可溶性蛋白含量不同处理间几乎无差异。氮、磷的施用提高了胡麻茎中可溶性蛋白含量，但施磷对茎中可溶性蛋白含量的影响显著小于施氮对其可溶性蛋白含量的影响。施磷提高了茎中可溶性蛋白含量，其含量随施磷量增加而升高；施氮量增加，茎中可溶性蛋白含量亦明显升高，且施氮升高的幅度远大于施磷升高的幅度。

由图 7-5 还可以看出，胡麻茎中可溶性蛋白含量在花期达最大值，之后呈下降趋势，直至成熟期降至最低。这表明，从花期开始，一方面营养器官茎中可溶性蛋白合成速率小于蛋白质降解速率；另一方面，胡麻体内代谢最旺盛，随着生育进程推进，茎中可溶性蛋白合成速率逐渐减小，降解速率逐渐增大，同时，随着生殖器官的生长和发育，“生长中心”的转移，茎中部分可溶性蛋白向花、籽粒转移，直至成熟期。茎衰老，蛋白质降解大于合成，也是使得生育后期（花期后，子实期—成熟期）胡麻茎中可溶性蛋白含量一直降低的原因之一。

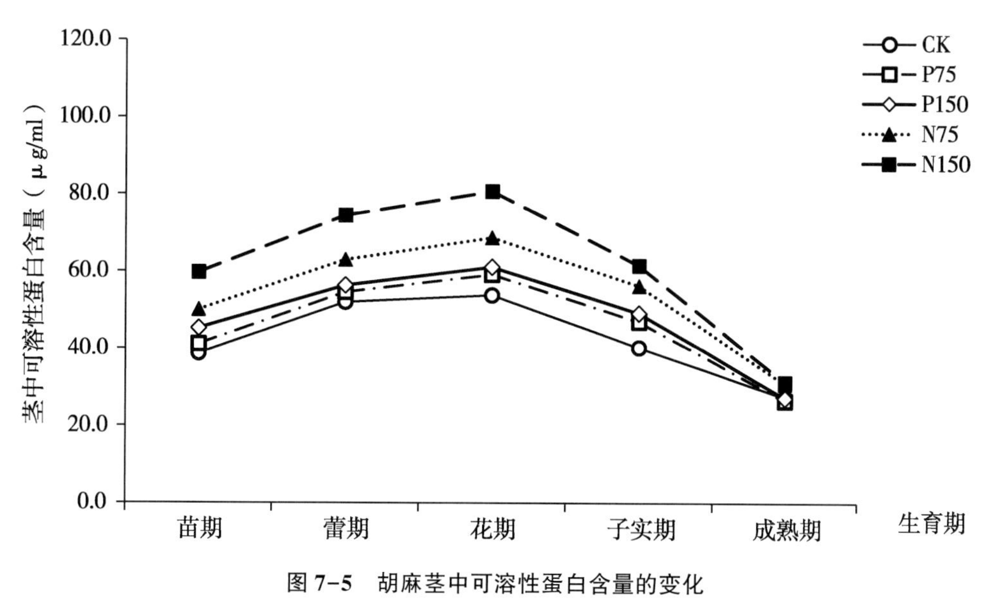

图 7-5 胡麻茎中可溶性蛋白含量的变化

Fig. 7-5 Soluble protein content in the stem of oil flax.

7.1.6 氮、磷对胡麻叶中可溶性蛋白含量的影响

图 7-6 显示，胡麻叶片中可溶性蛋白含量随施磷量和施氮量增加而增加，可溶性蛋白含量由小到大依次为 CK<P75<P150<N75<N150。表明，增施氮、磷有利于提高胡麻叶中可溶性蛋白合成。P75、P150、N75、N150 处理与 CK 相比，叶中可溶性蛋白含量分别提高了 12.26%、19.59%、33.29% 和 51.32%；施磷与不施肥（CK）相比，平均提高 15.92%；施氮与不施肥（CK）相比，平均提高 42.31%；施氮比施磷平均提高 26.39 个百分点。可见，施磷对胡麻叶中可溶性蛋白含量的影响明显小于施氮对其可溶性蛋白含量的影响。无论施氮、磷与否，胡麻叶中可溶性蛋白含量总体变化趋势一致；施氮、磷只是改变了其中某个生育期叶中可溶性蛋白含量的多少。且由图 7-6 可以看

出，胡麻叶片中可溶性蛋白含量随生育进程的推进先升后降呈“∧”变化趋势，从苗期开始升高经蕾期，至花期达最大峰值，随后一直呈下降趋势，直至成熟期降至最低。成熟期，叶中可溶性蛋白含量不同处理间差异不大。施磷提高了叶片中可溶性蛋白含量，其含量随施磷量增加而升高；施氮量增加，叶片中可溶性蛋白含量也明显增加，且施氮增加的幅度远大于施磷增加的幅度。氮、磷的施用提高了胡麻叶中可溶性蛋白含量，但施磷对叶中可溶性蛋白含量的影响显著小于施氮对其可溶性蛋白含量的影响。结合图 7-5 可见，胡麻叶片中可溶性蛋白含量上升和下降的变化幅度明显大于茎中的变化幅度。

由图 7-6 还可以看出，胡麻叶片中可溶性蛋白含量在花期达到最大值，随后一直下降至成熟期最低。这表明从花期开始，一方面营养器官叶中可溶性蛋白合成速率小于蛋白质降解速率；另一方面胡麻体内代谢最旺盛，随着生育进程推进，叶中可溶性蛋白合成速率逐渐减小，降解速率逐渐增大，同时，随生殖器官的生长和发育，“生长中心”的转移，叶中部分可溶性蛋白向花、籽粒转移，直至成熟期。叶片衰老，蛋白质降解大于合成，也是生育后期（花期后，子实期—成熟期）叶片中可溶性蛋白含量一直降低的原因之一。

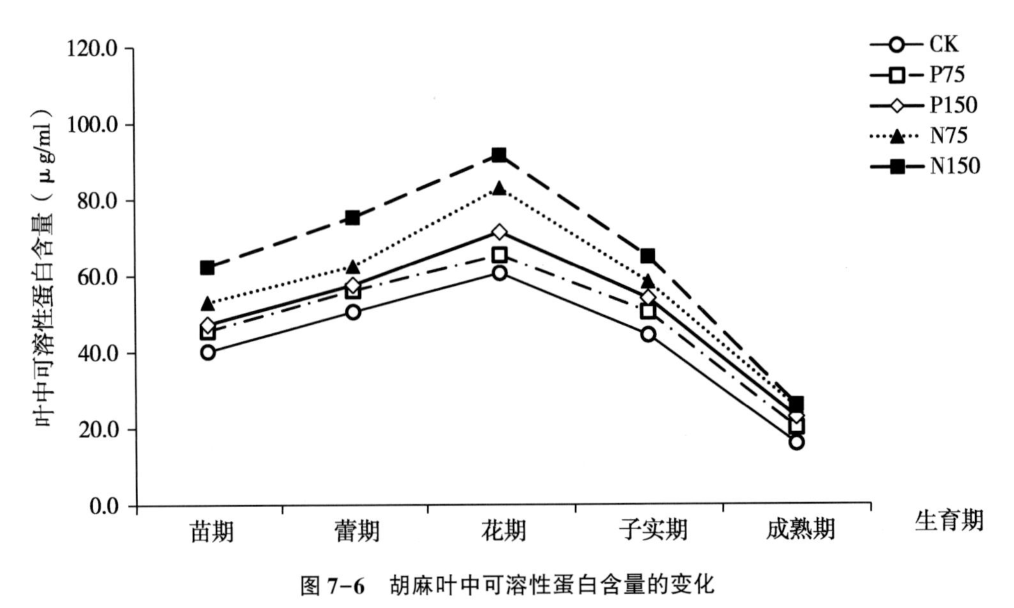

图 7-6　胡麻叶中可溶性蛋白含量的变化

Fig. 7-6　Soluble protein content in the leaf of oil flax.

7.2 氮、磷对胡麻氮代谢中主要酶的影响

7.2.1 氮、磷对胡麻茎中硝酸还原酶（NR）活性的影响

由图7-7可以看出，胡麻茎中硝酸还原酶（NR）活性的变化趋势在整个生育期先升后降呈倒“V”形。从苗期开始茎中NR活性一直增强，至花期NR活性最高，随后又开始急速下降，直至成熟期降至最低。图7-7表明，在施氮量增加时，茎中NR活性差异表现为N150>N75>CK，磷施用量增加时，茎中NR活性差异表现为P150>P75>CK。不同施氮、磷处理间，茎中NR活性差异表现为N150>N75>P150>P75>CK。增施氮、磷有利于提高胡麻茎中硝酸还原酶（NR）活性，P75、P150、N75、N150处理与CK相比，分别提高了7.04%、9.99%、23.48%、41.99%；施磷与不施肥（CK）相比，平均提高8.52%；施氮与不施肥（CK）相比，平均提高32.74%；施氮比施磷平均提高24.22个百分点。

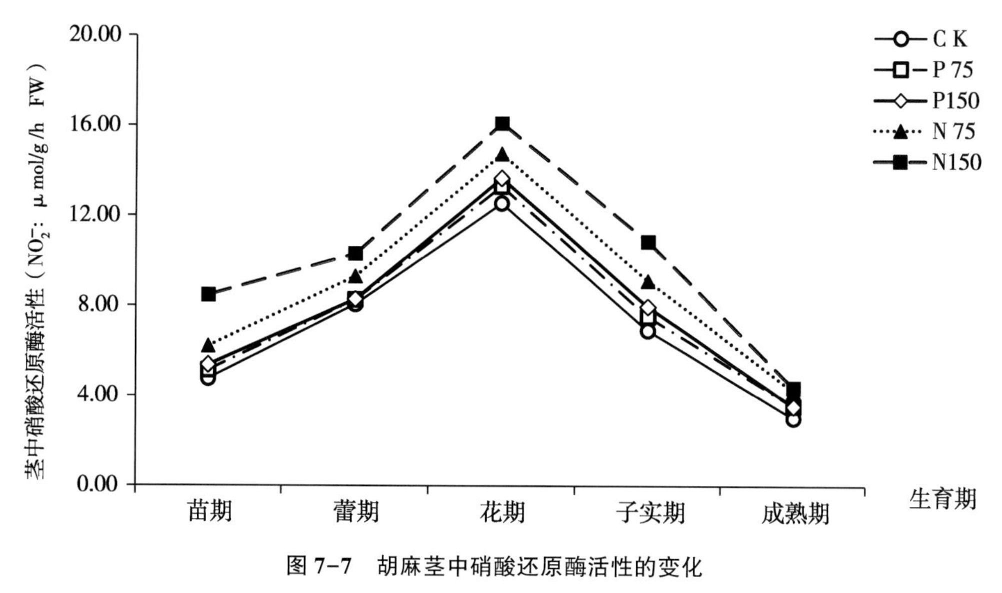

图7-7 胡麻茎中硝酸还原酶活性的变化

Fig. 7-7 Nitrate reductase (NR) activity in the stem of oil flax.

从图7-7还可以看出，施磷处理间，差异不显著；施氮处理间差异显著。从茎中NR活性变化态势看出，氮和磷的施用没有改变NR活性变化的整体态势，只是改变了某一生育期NR活性的强弱。茎中NR活性在各生育时期均为N150处理的酶活性最大。可见，施氮对胡麻茎中NR活性的影响大于施磷对其NR活性的影响，

这点与施氮、施磷对茎中叶绿素、游离氨基酸、可溶性蛋白含量的影响程度一致。

在苗期，胡麻根系分化，植株地上部分迅速进行器官构建；茎生长发育逐渐增强。因此，在营养生长阶段，茎中 NR 活性逐渐增强，这与苗期营养生长占优势有关。茎的生长需要较高的 NR 活性来促进 NO_3^-吸收和转化，用来提供更多的氨基酸、蛋白质供叶、茎器官构建及生长发育。在花期，胡麻生长正处于生育盛期，生殖器官发育与营养器官增长相重叠，叶片的生长达最盛期，籽粒生长刚刚开始，此时是茎的支撑、运输功能最强时期，不仅支撑叶片，还要支撑盛开的花朵，增大了茎的压力，此时也是茎生长的另一关键时期。茎这时的生长状况在一定程度上决定了胡麻是否倒伏的问题。所以，花期茎中 NR 活性最大，与此时茎生长和茎中氮代谢相一致。子实期，胡麻生长中心转移到生殖器官——籽粒，茎中 NR 活性开始减弱，物质代谢产物转移到籽粒中，为籽粒的生长提供结构蛋白和能量。胡麻茎中 NR 活性在花期最强，在一定程度上充分反映了茎在籽粒生长过程中作为功能器官的一面。为籽粒器官的构建、形成、生长和发育做准备。

7.2.2 氮、磷对胡麻叶中硝酸还原酶（NR）活性的影响

图 7-8 可以看出，胡麻叶片中硝酸还原酶（NR）活性随生育进程的推进呈先升后降的变化趋势。叶片中 NR 活性，从苗期开始持续上升直至花期达最大，随后平缓下降至子实期，从子实期开始急剧下降至最低（成熟期）。结合图 7-7 可见，在整个生育期茎中 NR 活性变化幅度大于叶片中 NR 活性的变化幅度。图 7-8 表明，施氮量增加时，叶片中 NR 活性增大，磷施用量增加时，叶片中 NR 活性亦增大。从叶片中 NR 活性变化态势看出，氮和磷的施用没有改变 NR 活性变化的总体态势，只是改变了某一生育期 NR 活性的强弱。叶片中 NR 活性，在各生育时期均为 N150 处理的酶活性最大。叶片中 NR 活性随施磷量增加而增加，且活性大小为 P150>P75>CK；叶片中 NR 活性随施氮量增加而增加，且活性大小为 N150>N75>CK。不同施氮、施磷处理间，叶中 NR 活性差异表现为 N150>N75>P150>P75>CK。可以看出，增施氮、磷有利于提高胡麻叶中硝酸还原酶（NR）活性。P75、P150、N75、N150 处理与 CK 相比，叶中 NR 活性分别提高了 5.71%、9.67%、21.44%、30.40%；施磷与不施肥（CK）相比，平均提高 7.69%；施氮与不施肥（CK）相比，平均提高 25.92%；施氮比施磷平均提高 18.23 个百分点。可见，施氮对叶中 NR 活性的影响大于施磷对其 NR 活性的影响，这点与施氮、施磷对叶中叶绿素、游离氨基酸、可溶性蛋白含量的影响程度一致。

在苗期，胡麻根系分化，植株地上部分也迅速进行器官构建、生长和发育；先是叶片的生长优先于茎的生长，这与叶片的光合作用为植株生长发育提供能量和物质有关。随着生育进程的推进，叶片和茎的生长发育协同进行，叶片和茎中 NR 活性逐渐

增强，这与苗期营养生长占优势有关。叶片的生长需要较高的 NR 活性来促进 NO_3^-吸收和转化，用来提供更多的氨基酸、蛋白质等物质供叶、茎器官构建及生长发育。在花期，胡麻生长正处于生育盛期，生殖生长与营养生长并进，叶片的生长达最盛期，籽粒生长刚刚开始。叶片中 NR 活性峰值和茎中 NR 活性峰值在同一个生育时期——花期。子实期，胡麻生长中心转移到生殖器官——籽粒，叶片中 NR 活性开始减弱，物质代谢产物转移到籽粒中，为籽粒的生长提供结构蛋白等物质和能量。胡麻叶片中 NR 活性在花期最强，亦在一定程度上充分反映了叶片在籽粒生长过程中作为功能器官的一面，为籽粒器官的构建、形成、生长和发育提供物质和能量。

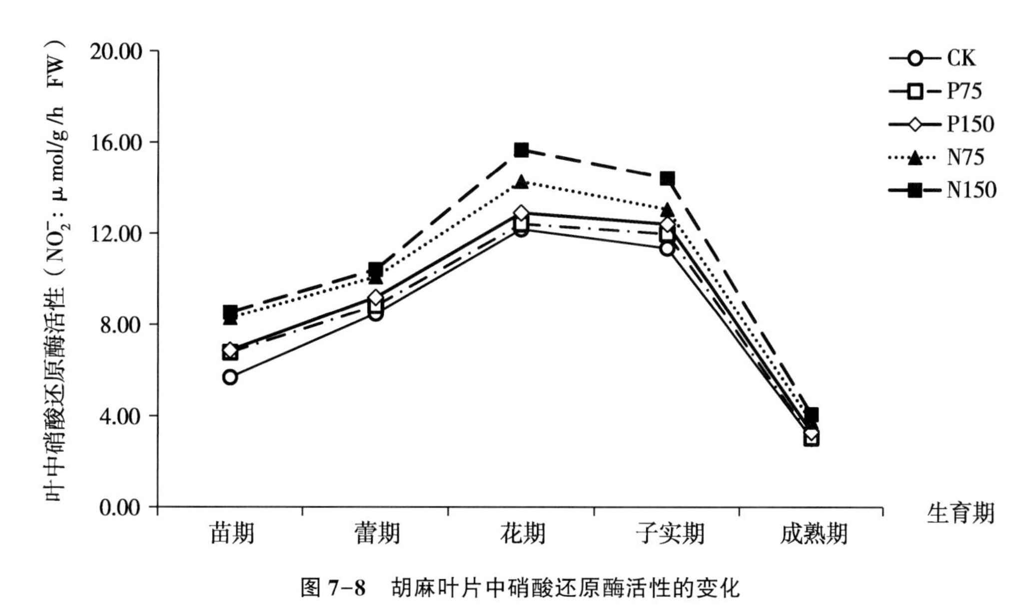

图 7-8 胡麻叶片中硝酸还原酶活性的变化

Fig. 7-8 Nitrate reductase (NR) activity in leaf of oil flax.

7.2.3 氮、磷对胡麻茎中谷氨酰胺合成酶（GS）活性的影响

谷氨酰胺合成酶（GS）是处于氮代谢中心的多功能酶，参与多种氮代谢过程。由图 7-9 可以看出，胡麻茎中谷氨酰胺合成酶（GS）活性，从苗期开始上升，至花期最高，随后开始下降，到成熟期降至最低；整个生育期先升后降呈“∧”变化趋势，在花期胡麻茎中 GS 活性最强。

图 7-9 表明，不同施磷处理间比较，胡麻茎中 GS 活性表现为 P150>P75>CK。不同施氮处理间比较，胡麻茎中 GS 活性表现为 N150>N75>CK。不同施氮、施磷处理间比较，胡麻茎中 GS 活性表现为 N150>N75>P150>P75>CK。增施氮、磷有利于提高胡麻茎中谷氨酰胺合成酶（GS）活性。茎中 GS 活性 P75、P150、N75、N150

处理与 CK 相比，分别提高了 10.88%、18.24%、31.75%、46.01%；施磷与不施肥（CK）相比，平均提高 14.56%；施氮与不施肥（CK）相比，平均提高 38.88%；施氮比施磷平均提高 24.32 个百分点。

施氮、磷提高了胡麻茎中 GS 活性，促进其氮素同化。并且，氮肥的促进作用大于磷肥的促进作用。

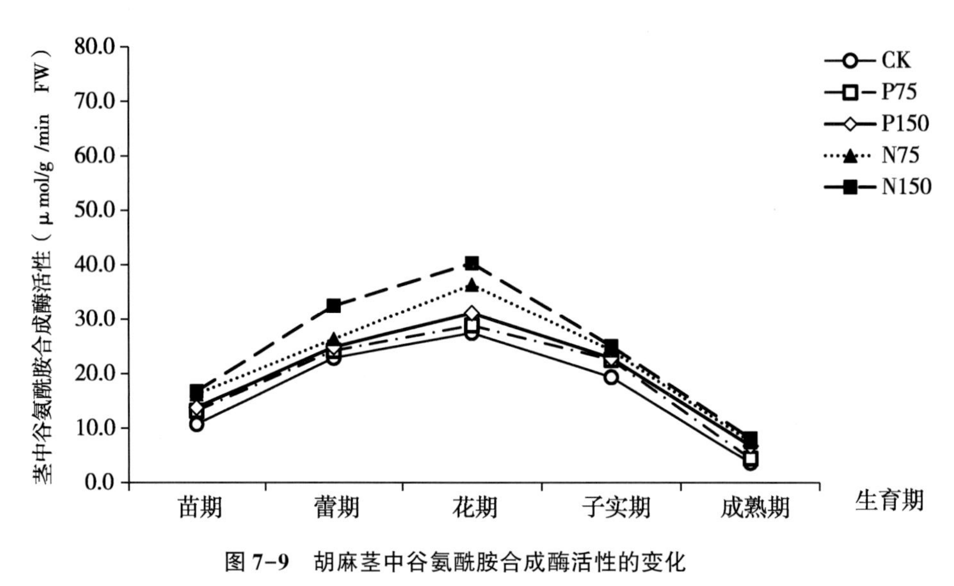

图 7-9 胡麻茎中谷氨酰胺合成酶活性的变化

Fig. 7-9 Glutamine synthetase（GS）activity in stem of oil flax.

7.2.4 氮、磷对胡麻叶中谷氨酰胺合成酶（GS）活性的影响

由图 7-10 可以看出，胡麻叶中谷氨酰胺合成酶（GS）活性，从苗期开始上升，至花期最高，随后开始下降，到成熟期降至最低；整个生育期先升后降呈“∧”变化趋势，在花期胡麻叶片中 GS 活性最大。并且在整个生育期，不施肥处理（CK）的叶片中 GS 活性最小，施磷肥和施氮肥处理的 GS 活性较大。胡麻叶中 GS 活性的大小受施氮量和施磷量的影响，由大到小依次是 N150>N75>P150>P75>CK。可见，增施氮、磷有利于提高胡麻叶中谷氨酰胺合成酶（GS）活性。P75、P150、N75、N150 处理与 CK 相比，叶中 GS 活性分别平均提高了 9.57%、17.73%、38.21%和 55.84%；施磷与不施肥（CK）相比，平均提高 13.65%；施氮与不施肥（CK）相比，平均提高 47.02%；施氮比施磷平均提高 33.37 个百分点。

从图 7-10（A）和图 7-10（B）可见，施氮对胡麻叶片中 GS 活性的提高幅度大于施磷的提高幅度。2012 年胡麻叶片中 GS 活性比 2013 年活性要强些，GS 活性降低，可使细胞中多种氮代谢酶和部分糖代谢酶活性受到严重影响。一方面，可能

与2012年胡麻生育期温度、水分和光照等比2013年更为适宜有关；另一方面，可能与胡麻叶片中氮、磷营养累积量、浓度有关，还有可能与2013年胡麻植株大面积倒伏有关，其中原因及机理，有待进一步研究。

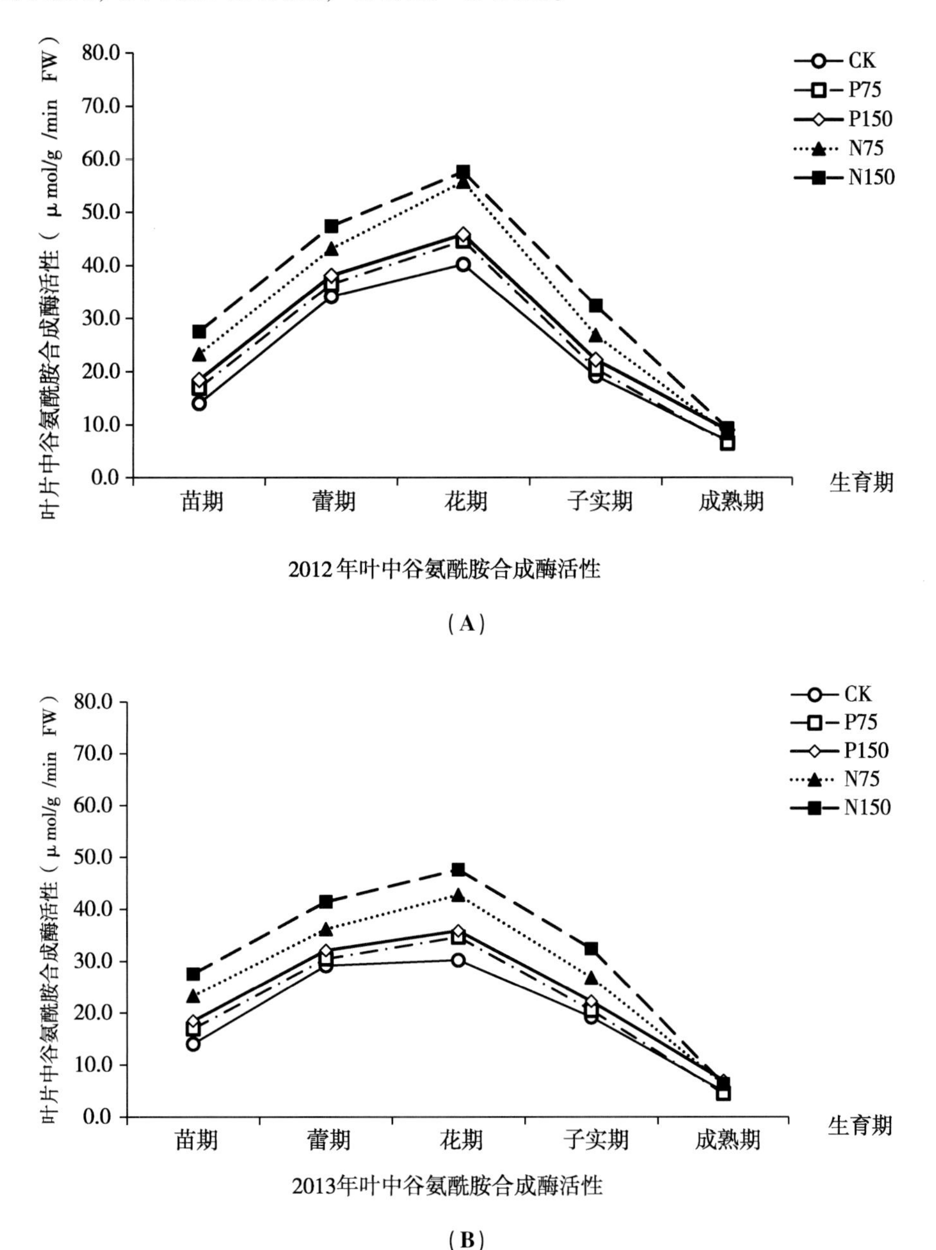

图7-10　2012年（A）和2013年（B）氮磷对胡麻叶中谷氨酰胺合成酶（GS）活性的变化

Fig. 7-10　A and B indicated effect of N and P on glutamine synthetase (GS) activity in leaf of oil flax in 2012 and 2013, respectively.

8 讨论与结论

胡麻的生长发育特性、胡麻干物质积累特征在本章讨论部分略去；胡麻的生长发育特性亦在本章结论部分略去。本章讨论部分内容为：胡麻氮营养规律、氮磷对胡麻氮代谢主要产物的影响、氮磷对胡麻主要氮代谢酶的影响。本章结论部分内容为：胡麻干物质积累特征、胡麻氮营养规律、氮磷对胡麻氮代谢主要产物的影响、氮磷对胡麻主要氮代谢酶的影响。

8.1 讨论

8.1.1 胡麻氮营养规律

8.1.1.1 胡麻植株中氮累积

氮是作物生长过程中最关键的大量营养元素，是叶绿素中最主要的成分，是光合作用色素和氨基酸的最基本元素。在本试验中，旱地和灌溉地胡麻植株茎、叶和地上部分植株中氮素累积量随施氮量的增加而增加。茎中氮素累积量在整个生育期持续增加，直至成熟期；地上部分氮累积量也如此；叶中氮累积量在花期达最大值，随后急剧降低，至成熟期。

胡麻植株茎、叶、非籽粒和地上部分植株中氮素累积量因不同施氮水平而异，施氮改变了氮在某一生育时期内累积量的大小，并没有改变氮在整个生育期内累积量的总体变化趋势。即无论施氮与否，茎中氮素累积量在整个生育期持续增加，直至成熟期；地上部分氮累积量亦如此；这一点，不同于 Gan 等（2010）在油料作物上的研究。胡麻籽粒中氮素累积从花后持续上升，至成熟期，变化趋势相同于豆类作物籽粒中氮素累积。同延安等研究表明，冬小麦氮素累积量随施氮量增加而增加；朱新开等在小麦上的研究结果也表明，中筋小麦扬麦 10 号植株中氮素积累量随施氮量增加而增加。

8.1.1.2 胡麻植株中氮分配

在本实验中，成熟期旱地胡麻籽粒中氮素累积量最多，平均占 45.47% ~

51.32%；其次是茎，平均占 33.33%～36.76%（两年）。成熟期灌溉地胡麻籽粒中氮素累积量最多，平均占 45.74%～51.46%；其次是茎，平均占 31.15%～34.64%（两年）。

由实验结果可以看出，旱地和灌溉地胡麻成熟期地上部分植株中氮素分配比率，在籽粒中累积量最多，茎秆次之，再次是叶片，非籽粒中氮素积累量所占比率最小。可见，胡麻到成熟期植株体内氮素主要集中在籽粒和茎秆中。茎秆中氮素持续增加，可能是胡麻属于“双库”作物，在收获籽粒的同时，一方面茎秆中还含有大量纤维，可以收获纤维，另一方面，茎秆中氮素不断积累，可能与茎秆的支撑作用有关。有关机理及原因还须进一步深入研究。李银水等研究得出，油菜籽粒中氮素所占地上部分比例达 68.6%～76.2%，其次是茎秆，与本实验结果相一致。

旱地胡麻地上部分植株中氮素累积最多是在花期，占整个生育期累积量的 34.42%～44.24%；从花期至成熟期，氮素累积量占 67.67%～72.06%。灌溉地胡麻地上部植株中氮素累积也在花期最多，占整个生育期的 37.53%～45.06%（2012年），29.92%～38.84%（2013 年）；从花期至成熟期，氮素累积量占 80.05%～81.24%（2012 年），74.99%～79.23%（2013 年）。这表明，胡麻植株氮素累积从花期开始急剧增加，其氮素的吸收累积量主要集中在生殖生长阶段。为了满足胡麻生长对氮素营养的需求，在花期前追施氮肥很有必要。

可见，胡麻植株地上部分氮素累积量最多是在花期，其次在成熟期，在生殖生长阶段，胡麻植株地上部分氮素累积量占绝大部分；为了满足胡麻生长对氮素营养的需求，在花期前追施氮肥很有必要。这一点与本实验中蕾期追施氮肥相吻合。Gan 等研究表明，豌豆和小麦中地上部分植株中成熟期氮素累积量最多；同延安等研究得出，冬小麦地上部分植株氮素累积量分配比率最大在灌浆期，与本实验中胡麻氮素累积高峰期花期不同。高小丽研究表明，胡麻对氮素的吸收前期较少，主要集中在开花期和成熟期，与本实验中结果相一致。

8.1.1.3 胡麻植株中氮转运

前人研究表明，养分的吸收是干物质形成和累积的基础，也是籽粒产量形成的基础，大量干物质的形成总是伴随着大量营养物质的吸收与分配。氮是植物体内移动性相对较大的营养元素之一，移动量取决于作物生长发育阶段和供氮状况。

旱地胡麻叶片中氮素的转移量随氮肥施用量增加而增加（2011 年），非籽粒和 2012 年叶片中氮素转移量随氮肥施用量的增加先增加后减小，在施氮量为 90kg/hm^2 N 时，非籽粒和 2012 年叶片中氮素转移量达最高值。叶片和非籽粒中氮素转移率随施氮量增加先增加后减小，叶片和非籽粒中氮素对籽粒氮素的贡献率随施氮量增加先增加后减小，在施氮量为 90kg/hm^2 N 时，叶片贡献率平均达 79.59%；非籽粒贡献率平均达 10.65%。氮的收获指数随施氮量增加而先增加后减小，在施氮量为 90kg/hm^2 N 时达最高值 0. 52（2011 年）。

灌溉地胡麻叶片和非籽粒中氮素的转移量随氮、磷肥施用量增加而先增加后减小。在 N75 水平下，叶片和非籽粒中氮素转移量达最高值。叶片中氮素转移量最高达 72. 25kg/hm^2（2012 年），53. 50kg/hm^2（2013 年）。非籽粒中氮素转移量，最高达 13. 49kg/hm^2（两年平均值）。叶片和非籽粒中转移率随施氮、施磷量增加先增加后减小，在 N75 水平下达最高值。叶片和非籽粒中氮素对籽粒氮素的贡献率随施氮、施磷量增加先增加后减小，在 N75 水平时，叶片贡献率最高达 77. 65%（2012 年），非籽粒贡献率最高达 16. 48%（2012 年）。氮的收获指数随施磷、施氮量增加而先增加后减小，在施氮量为 75kg/hm^2 N 时达最高值，最高达 0. 52（2012 年）。可见，在施氮量为 75kg/hm^2 N 时，叶片和非籽粒中氮素转移量、转移率、对籽粒的贡献率和氮的收获指数都最大。

由本实验可以看出，旱地胡麻籽粒中氮素的累积量很大一部分来自花期叶片中氮素累积量的转移，从土壤吸收占少一部分，这一点与 Guitman、Barneix 和 Sun 等在小麦上的研究结果相一致。可见，胡麻籽粒中累积的氮素来自于两个方面：一部分来自于从土壤中直接吸收；一部分来自于花前营养器官——叶片和花后非籽粒中累积氮素的转移。关于这一点，还不完全相同于 Ta 和 Weiland 以及 Dordas 等在小麦、Malagoli 等在油菜上的研究，这些研究表明，籽粒中氮素很大一部分来自于营养器官叶和茎。Gallais 和 Coque 和 Gallais 用^{15}N 标记法研究玉米中氮素转移和吐丝后氮素吸收的精确和详细情况，结果表明，玉米籽粒中氮素主要与吐丝后吸收有关。

Malagoli 等研究指出，大田油菜籽粒发育所需的氮素中大约有 73%来自于营养器官氮素的再分配。旱地春小麦籽粒中 67%氮素来自于转移，灌溉地 60%氮素来自于花前营养器官的转移；本实验中胡麻籽粒发育所需的氮素中大约有 86. 36%来自于叶片和非籽粒中累积氮素的再分配。Crafts-Brandne 研究表明，大豆氮收获指数 0. 82~0. 86。李银水等研究得出，油菜氮收获指数 0. 69~0. 76；本实验中胡麻氮收获指数是 0. 52。可见，成熟期胡麻籽粒中氮素累积量所占比率，低于大豆和油菜籽粒中成熟期氮素的分配比率。

8. 1. 1. 4　氮对胡麻籽粒产量和氮肥利用效率的影响

氮肥在提高胡麻籽粒产量中发挥着重要作用，Dordas 研究表明，氮肥的施用可以提高胡麻产量达 37%；Ibrahim 研究发现，当氮肥用量在 107~179kg/hm^{2}时，随氮肥用量增加，胡麻籽粒产量和出油率都增加；Soethe 等研究结果显示，当施氮量 100kg/hm^2 时，可取得 2 861. 79kg/hm^2 高产。旱地胡麻籽粒产量随氮肥施用量增加先增加后减小，在氮肥施用量为 90kg/hm^{2}N 时产量最高；2011 年最高产量为 2 270kg/hm^2，2012 年最高产量为 1 903kg/hm^2。施用氮肥可显著增加灌溉地胡麻的籽粒产量，随氮肥施用量增加胡麻籽粒产量增加，两年产量的最高值都是在施氮量 150kg/hm^2 N 处理下获得。与 CK 处理相比较，增幅分别为 42.60%（2012 年）和41.03%（2013 年）。Grant 等（1999 年）研究得出，当氮肥施用量 40kg/hm^2 N 时胡麻的籽粒产量最高；当氮肥施用量 80kg/hm^2 N 时，观察到胡麻的倒伏加重。

旱地胡麻当施氮量由 N 45kg/hm^2 增加到 N 90kg/hm^2 时，氮肥表观利用率随施氮量的增加而提高，施氮量为 N 90kg/hm^2 时氮肥表观利用率最高，达 55.15%~57.26%，之后随施氮量的增加而降低；说明 43%~45%的氮肥未被当季胡麻吸收利用。氮肥农学效率随施氮量的增加而减小，施氮量为 N 45kg/hm^2 时达最高，随之下降，说明随施氮量的增加氮肥的增产效应持续下降。灌溉地胡麻，当氮肥量由 N 75kg/hm^2 增加到 N 150kg/hm^2 时，氮肥表观利用率随施氮量的增加而降低，施氮量为 N 75kg/hm^2 时氮肥表观利用率最高，达 38.35%（2012 年），59.27%（2013 年），表明 41%~62%的氮肥未被当季胡麻吸收利用。施氮量较低时，氮肥农学效率较高，施氮量 N 75kg/hm^2 时达最高，随之下降，说明灌溉地胡麻籽粒产量随施氮量的增加氮肥的增产效应降低。可见，胡麻氮肥表观利用率，高于张福锁等在小麦、玉米和水稻上的研究；在油菜氮肥表观利用率报道范围之内。

8.1.2 氮磷对胡麻氮代谢主要产物的影响

8.1.2.1 氮磷对叶绿素含量的影响

氮是叶绿素的必要成分，施氮可提高叶片的叶绿素含量，氮肥缺乏会加速植株叶片组织衰老，加快蛋白质、酶的分解和氮素的转移。磷可促进氮的吸收，进而促进叶绿素的合成。缺磷会阻碍作物正常的生长发育，减小叶绿素积累，最终影响光合作用。许多研究表明，在一定的土壤肥力和施肥量条件下，增施氮磷肥有助于促进叶绿素合成，延缓叶绿素降解。

本试验研究得出，胡麻叶片和茎中叶绿素的含量随施氮量和施磷量增加而增加，叶片和茎中叶绿素含量不同施肥处理间由大到小依次为 N150>N75>P150>P75>CK。可见，施磷对叶片和茎中叶绿素的影响小于施氮对其叶绿素的影响。Wu 等研究表明，氮对叶绿素合成的影响要大于磷的影响，这一点与本试验中的研究结果相一致。还可以看出，施磷促进了叶绿素的合成，关于这一点，与 Alam 和 Shereen 在小麦上的研究结果，以及 Soltangheisi 等人在甜玉米上的研究结果相一致。在本试验中，无论施肥与否，叶片和茎中叶绿素含量变化趋势总体不变，施肥只是改变了某一生育时期叶绿素含量的多少。在整个生育期叶绿素含量变化呈单波形。

叶片中叶绿素含量在一定程度上反映了作物体内氮的状态，可依此来诊断作物缺氮与否，进行追施氮肥，最终获得高产。氮磷营养的缺乏，会引起叶绿素 a 的降解，进而形成萎黄病，影响光合作用、酶促反应，导致作物减产。

8.1.2.2 氮、磷对游离氨基酸含量的影响

Thavarajah 等利用^{15}N 示踪标记法，通过鹰嘴豆叶片试验得出，游离氨基酸是氮代谢的主要代谢产物。

胡麻茎和叶片中游离氨基酸的含量随施氮量和施磷量增加而增加，茎和叶片中游离氨基酸含量不同施肥处理间由小到大依次为 CK<P75<P150<N75<N150（两年）。可见，施磷对茎和叶片中游离氨基酸含量的影响小于施氮对其游离氨基酸含量的影响。在同一器官，无论施氮、施磷与否，游离氨基酸含量总体变化态势一致；施氮、施磷只是改变了其中某一生育时期茎（叶片）中游离氨基酸含量的多少。宋小林等研究得出，油菜植株中游离氨基酸含量，随着施磷肥量的增加而持续增加，这与本实验中研究结果相一致。张智猛等研究表明，适当提高氮素水平能增加花生各器官中游离氨基酸的含量，本实验中研究结果与其一致。前人研究指出，磷素能够增强植物体内的氮代谢，促进植物对氮素的吸收。在本实验中施磷增加了胡麻叶和茎中游离氨基酸含量，再次验证了这一点。

在整个生育期内，胡麻叶片中游离氨基酸含量呈“降—升—降”趋势；最高峰在苗期，接着骤然降低，至花期升至次高峰值，接着开始持续下降，至成熟期。茎中游离氨基酸含量也呈“降—升—降”趋势；只是上升次高峰值出现在子实期。Thavarajah 等试验表明，鹰嘴豆整个生育期叶片中游离氨基酸含量呈上升趋势，与本试验中结果不一致。

8.1.2.3 氮磷对可溶性蛋白含量的影响

可溶性蛋白是植物体内氮素存在的主要形式，其含量的多少与植物体代谢和衰老有密切的关系。Yang 等试验表明，可溶性蛋白为氮代谢的主要代谢产物。

胡麻茎、叶中可溶性蛋白的变化趋势呈单峰状，最高峰出现在花期。可溶性蛋白的含量随施氮量和施磷量增加而增加，茎、叶中可溶性蛋白含量不同施肥处理间由小到大依次为 CK<P75<P150<N75<N150。与对叶绿素含量和游离氨基酸含量影响一样，施磷对茎、叶中可溶性蛋白含量的影响小于施氮对其可溶性蛋白含量的影响。Lauer 等研究发现，适宜的磷肥可以提高大豆叶片中可溶性蛋白的含量。王旭东研究指出，施磷提高小麦开花时茎和叶鞘中可溶性蛋白质含量，施磷增强了小麦的氮代谢。张智猛等研究表明，适当提高氮素水平能增加花生各器官中可溶性蛋白质的含量，与本实验研究结果一致。前人研究指出，磷素能够增强植物体内的氮代谢，促进植物对氮素的吸收，这与本实验中施磷增加了胡麻叶、茎中可溶性蛋白含量相一致。

胡麻茎、叶中可溶性蛋白含量随磷肥用量的增加而增加，可能原因在于一方面随磷肥用量增加，直接促进了叶、茎中可溶性蛋白的形成，另一方面是磷素促使植

物吸收更多的氮素，氮素被胡麻植株更好吸收所致，由氮的增加引起可溶性蛋白含量的增加，间接导致可溶性蛋白含量增大，但哪一方面占主导地位还须进一步探讨。

8.1.3 氮磷对胡麻主要氮代谢酶的影响

土壤中的NO_3^-在根系表皮细胞原生质膜上的载体作用下进入细胞，然后在细胞质中的硝酸还原酶作用下生成NO_2^-，NO_2^-再进入细胞质中，经亚硝酸还原酶催化还原生成NH_4^+。生成的NH_4^+经谷氨酰胺合成酶进一步催化生成谷氨酰胺，谷氨酰胺再经谷氨酸合成酶催化形成谷氨酸，或经其他氨基转移酶作用生成其他氨基酸，最后合成蛋白质和核酸等。研究表明，氮代谢的关键酶是硝酸还原酶和谷氨酰胺合成酶。

8.1.3.1 氮磷对硝酸还原酶（NR）活性的影响

硝酸还原酶（NR）是植物氮代谢中的一个关键酶，它所催化的NO_3^-+NADH + H^+→NO_2^-+NAD^++ H_2O反应是NO_3^-同化为$NH_4{}^+$的限速酶。硝酸还原酶的活性水平与体内多种代谢过程和生理指标有关，作为一种诱导酶，其活性水平与底物的浓度呈正相关，而氮同化的产物NH_3、Gln、Glu等抑制其活性。另外，如光照、水势和氮源等均会影响其活性。NR活性的高低控制着整个同化过程，其强弱在一定程度上反映了蛋白质合成和氮代谢活性。

在本实验中，胡麻叶片和茎中硝酸还原酶（NR）活性的变化趋势基本相同。叶片中NR活性从苗期开始持续上升直至花期达最大，接着缓慢下降，从子实期开始急剧下降。在整个生育期，胡麻叶片中NR活性呈“升—降”型趋势。茎中NR活性从苗期开始增强，至花期茎中NR活性最高，接着又开始急速下降，直至成熟期。在整个生育期，胡麻茎中NR活性呈“升—降”趋势，但在整个生育期茎中NR活性变化幅度大于叶片中NR活性的变化幅度。各生育时期均为N150处理的酶活性大于N75处理的酶活性；P150处理的酶活性大于P75处理的酶活性；施氮处理的酶活性大于施磷处理的酶活性。酶活性由大到小依次为N150>N75>P150>P75>CK。

申丽霞研究得出施氮量为120~240kg/hm^2时可明显促进夏玉米氮代谢的关键酶NR活性的增强，促进叶片、茎秆的氮代谢。本试验表明，在本试验条件下，施氮量为75~150kg/hm^2时可明显促进胡麻氮代谢的关键酶NR活性的增强，与申丽霞的研究结论相一致。张智猛等研究表明，适当提高氮素水平能提高硝酸还原酶和谷氨酰胺合成酶氮素同化酶的活性。前人研究指出，磷素能够增强植物体内的氮代谢，促进植物对氮素的吸收，因此增施磷肥后NR的活性增强，其原因一方面是磷素直接促进NR活性的增强，另一方面是磷素促使植物吸收更多的氮素，氮素促进了 NR 活性的增强，磷素间接导致其总活性升高，但哪一方面占主导地位还须进一步探讨。

8.1.3.2 氮磷对谷氨酰胺合成酶（GS）活性的影响

GS 是高等植物中氨同化的关键酶，主要催化 NH_4^+转化为谷氨酰胺。在本试验中，胡麻 GS 活性随氮、磷肥的施用，活性增强，茎中 GS 活性的增幅，各施肥处理间由大到小依次是：N150>N75>P150>P75，由此可见，施氮对茎中 GS 活性的影响要大于施磷对其的影响。

施氮量为 75~150kg/hm² 时可明显促进夏玉米氮代谢的关键酶 GS 活性的增强，促进叶片、茎秆的氮代谢，本试验中结论与玉米上研究结果相一致。胡立勇通过连续多年的试验结果表明，氮肥应用使得 GS 活性显著增强。GS 为氮代谢主要酶，关于氮代谢过程中 Seebauer 等在玉米上试验结果得出，GS 不受供氮水平的影响。但张智猛等研究结果表明，适当提高氮素水平能提高 GS 氮素同化酶的活性。前人研究指出，磷素能够增强植物体内的氮代谢，促进植物对氮素的吸收，因此增施磷肥后 GS 活性增强，其原因一方面是磷素直接促进 GS 活性的提高，另一方面是磷素促使植物吸收更多的氮素，氮素使植物体合成更多数量的 GS，磷素间接导致其总活性升高，但哪一方面占主导地位还须进一步探讨。

8.2 结论

（1）胡麻根干物质积累在整个生育期呈前期一直上升后期又回落趋势，即从苗期开始到子实期一直上升，在子实期达到峰值（最高值 0.187g，三年平均），此后，根干物质积累则是下降趋势。茎干物质积累一直呈上升态势，至完熟期（成熟期）达到峰值。苗期茎干物质积累缓慢，且积累量少，从快速生长期（苗期）开始一直到完熟期（成熟期）茎干物质积累持续增加且增速快，总积累量也随之升高，至完熟期达到最高值（最高值 1.642g，两年平均）。叶干物质积累，在整个采样期间呈前期一直上升后期又回落趋势，即从苗期开始到子实期一直上升，在子实期达到峰值（最高值 0.302g，三年平均），此后，叶干物质积累则是下降趋势。在整个采样期间蕾·蒴果干物质积累一直呈上升态势，至完熟期（成熟期）达到峰值（最高值 1.574g，两年平均）。胡麻全生育期整株干物质积累一直呈上升态势，至完熟期（成熟期）达到峰值（最高值 3.562g，两年平均）。苗期整株干物质积累缓慢，且积累量少，从快速生长期（苗期）开始整株干物质积累持续增加且增速快，总积累量也随之升高，经花期至完熟期达到最高值。

胡麻全生育期根干物质日增长量从幼苗期开始在波动中整体上升至终花期达到峰值，后有所波动下降，在黄熟期、完熟期相继出现负值（2012 年、2013 年）。茎干物质日增长量从幼苗期开始至始花期一直增加，始花期后三年茎干物质日增长量各自有所不同。叶干物质日增长量从幼苗期开始一直增加至蕾期，蕾期后下降至始花期，始花期后三年叶干物质日增长量各自有所不同，青果期后下降至完熟期，在黄熟期、完熟期相继出现负值（三年各自先后出现）。蕾・蒴果干物质日增长量从始花期开始至终花期一直增加，此后三年蕾・蒴果干物质日增长量有所波动，各自有所不同。整株干物质日增长量从幼苗期到终花期一直增加，终花期后三年整株干物质日增长量有所波动，整体上都在增加达到峰值，但各自有所不同。

胡麻根干重所占百分比在枞形期（19.3%，三年平均）最高，之后呈波动总体下降趋势至完熟期（3.8%，两年平均）最低。茎干重所占百分比在幼苗期（23.4%，两年平均）最低，之后一直持续上升至盛花期（59.7%，三年平均）达最高，随后下降至青果期（43.7%，三年平均）后又升高；在始花期（58.2%，三年平均）和盛花期（59.7%，三年平均）茎干重所占百分比超过一半以上。叶干重所占百分比在苗期最高，超过一半以上（幼苗期 63.1%，两年平均；枞形期 55.1%、快生期 52.8%，三年平均），完熟期最低，仅 5.9%（两年平均）；三年胡麻叶干重所占百分比从幼苗期开始一直呈持续下降态势至完熟期降至最低，期间虽有小幅波动，但总体比较一致。蕾・蒴果干重所占百分比在始花期（3.9%，三年平均）最小，之后一直持续升高至完熟期（43.8%，两年平均）达到最高。

（2）胡麻地上部分植株以及茎、叶、非籽粒中氮素累积量随施氮量的增加而增加。茎中氮素累积量在整个生育期持续增加，直至成熟期；地上部分氮累积量也如此；叶中氮累积量在花期达最大值，随之急剧降低，至成熟期；非籽粒中氮累积量在子实期达最大值，随之急剧降低，至成熟期。胡麻成熟期地上部分植株中氮素分配比率，在籽粒所占最多，茎秆次之。表明胡麻到成熟期植株体内氮素主要集中在籽粒和茎秆中。旱地胡麻成熟期籽粒中氮素的 56.52%~79.83%来自于叶片转运，4.93%~11.86%来自非籽粒中氮素的转移；灌溉地胡麻中，63.50%~77.65%来自于叶片转运，9.51%~16.48%来自非籽粒中氮素的转移。

无论灌溉与否，在 0~90kg/hm^{2}N 范围内，胡麻籽粒产量随氮肥施用量的增加而增加，但施氮量超过 90kg/hm^{2}N 后，则旱地籽粒产量下降，灌溉地略有升高。与不施肥相比，最高可提高胡麻籽粒产量 42.60%。氮肥表观利用率旱地最高达 57.26%，灌溉地最高达 59.27%。氮肥农学效率随施氮量的增加而减小，旱地最高达 6.33kg/kg，灌溉地最高达 7.69kg/kg。

（3）胡麻叶片和茎中叶绿素的含量随施氮量和磷量增加而增加，各施肥处理间叶片和茎中叶绿素含量大小的差异表现为 N150>N75>P150>P75>CK。增施氮、磷有利于提高胡麻茎、叶片中叶绿素合成。叶片中叶绿素含量，施磷与不施肥相比，平均提高 7.96%；施氮与不施肥相比，平均提高 16.82%；施氮比施磷平均提高

8.86 个百分点。茎中叶绿素含量，P75、P150、N75 和 N150 处理与不施肥相比，分别提高了 4.97%、10.72%、19.13%和 24.46%；施磷与不施肥相比，平均提高 7.84%；施氮与不施肥相比，平均提高 21.79%；施氮比施磷平均提高 13.95 个百分点。

增施氮、磷有利于提高胡麻茎、叶中游离氨基酸合成。叶中游离氨基酸含量，施磷与不施肥相比，平均提高 8.78%；施氮与不施肥相比，平均提高 30.33%；施氮比施磷平均提高 21.55 个百分点。茎中游离氨基酸含量，P75、P150、N75、N150 处理与 CK 相比，分别提高了 12.59%、20.32%、38.72%和 57.16%。施磷与不施肥相比，平均提高 16.46%；施氮与不施肥相比，平均提高 47.94%；施氮比施磷平均提高 31.48 个百分点。

胡麻茎、叶中可溶性蛋白的变化趋势呈单峰状，最高峰出现在花期。可溶性蛋白的含量随施磷量和施氮量增加而增加，可溶性蛋白含量受不同施氮、施磷量影响：CK<P75<P150<N75<N150。叶中可溶性蛋白含量，施磷与不施肥相比，平均提高 15.92%；施氮与不施肥相比，平均提高 42.31%；施氮比施磷平均提高 26.39 个百分点。茎中可溶性蛋白含量，施磷与不施肥相比，平均提高 10.17%；施氮与不施肥相比，平均提高 35.88%；施氮比施磷平均提高 25.71 个百分点。

（4）胡麻茎、叶片中硝酸还原酶（NR）活性的变化趋势基本相同。从苗期开始持续上升直至花期达最大，接着下降，直至成熟期。不同施肥处理间比较，胡麻叶片和茎中硝酸还原酶活性均表现为 N150>N75>P150>P75>CK。增施氮、磷有利于提高胡麻茎、叶中硝酸还原酶（NR）活性。叶中 NR 活性，施磷与不施肥相比，平均提高 7.69%；施氮与不施肥相比，平均提高 25.92%；施氮比施磷平均提高 18.23 个百分点。茎中 NR 活性，施磷与不施肥相比，平均提高 8.52%；施氮与不施肥相比，平均提高 32.74%；施氮比施磷平均提高 24.22 个百分点。

胡麻叶片、茎中谷氨酰胺合成酶（GS）活性，从苗期开始持续上升直至花期达最大，接着下降，直至成熟期。施氮对胡麻茎、叶中 GS 活性的影响大于施磷对其的影响。不同施肥处理间比较，胡麻叶片和茎中 GS 活性均表现为 CK<P75<P150<N75<N150。增施氮、磷有利于提高胡麻茎、叶中谷氨酰胺合成酶（GS）活性。叶中 GS 活性，施磷与不施肥相比，平均提高 13.65%；施氮与不施肥相比，平均提高 47.02%；施氮比施磷平均提高 33.37 个百分点。茎中 GS 活性，施磷与不施肥相比，平均提高 14.56%；施氮与不施肥相比，平均提高 38.88%；施氮比施磷平均提高 24.32 个百分点。

主要参考文献

安维太，关友峰，岳国强，等 . 1995. 胡麻主要性状配合力分析［J］.甘肃农业科技，8：5-9.

白羽 . 2012. 施氮水平对大穗型水稻品种籽粒灌浆结实的影响及其机制［D］.南京：南京农业大学 .

曹斌斌 . 2015. 泌乳奶牛瘤胃微生物饲料细胞壁阿魏酸和香豆酸消化代谢研究［D］.北京：中国农业大学 .

曹秀霞，安维太，钱爱萍，等 . 2012. 密度和施肥量对旱地胡麻产量及农艺性状的影响［J］.陕西农业科学，1：87-89.

曹秀霞，安维太，钱爱萍 . 2010. 胡麻主要数量性状的相关性研究［J］.甘肃农业科技，3：09-12.

曹秀霞，张信 . 2009. 胡麻籽营养保健功能成分研究综述［J］.安徽农学通报，21：75-76.

陈海花 . 2006. 亚麻籽胶的功能性质、结构及其应用［D］.无锡：江南大学 .

陈海华，许时婴，王璋 . 2004. 亚麻籽胶化学组成和结构的研究［J］.食品工业科技，25（1）：103-105.

陈海华，许时婴，王璋 . 2004. 亚麻籽胶中酸性多糖和中性多糖的分离纯化［J］.食品与发酵工业，30（1）：96-100.

陈海华 . 2004. 亚麻籽的营养成分及开发利用［J］.中国油脂，6：72-75.

陈见南 . 2001. 国外亚麻籽保健作用综合研究和应用近况［J］.中国医药情报，3：54-56.

陈强，高俊山 . 2013. 有机肥料对胡麻产量和品质影响的试验研究［J］.安徽农学通报，19（14）：47-48.

陈树东，林晓佳，吴钟玲，等 . 2016. 固相萃取—气相色谱—质谱联用法测定植物油中的胆固醇和 4 种植物甾醇［J］.中国油脂，41（7）：94-98.

陈昭 . 2013. 化妆品中有关亚麻籽油的应用［J］.科技创新导报，3：47.

崔红艳，胡发龙，方子森，等 . 2015. 不同水分处理对胡麻干物质积累与分配及水分利用效率的影响［J］.干旱地区农业研究，5：34-40.
崔红艳，胡发龙，方子森，等 . 2015. 有机无机肥配施对胡麻的耗水特性和干物质积累与分配的影响［J］.水土保持学报，3：282-288.
崔红艳，许维成，孙毓民，等 . 2014. 有机肥对胡麻产量和品质的影响［J］.核农学报，28（3）：518-525.
崔杨棣 . 1993. 甾醇生理特性及其应用［J］.粮食与油脂，2：32-42.
代广辉，王敏 . 2016. 植物甾醇性质、功能及其在食品中的应用［J］.开封教育学院学报，36（2）：261-262.
戴庆林，张金瑞 . 1980. 胡麻氮素营养特性及合理施肥技术［J］.内蒙古农业科技（4）：18-21.
戴廷波，曹卫星，孙传范，等 . 2003. 增铵营养对小麦光合作用及硝酸还原酶和谷氨酰胺合成酶的影响［J］.应用生态学报，14（9）：1529-1532.
单玉华，冷锁虎，张文学，等 . 1997. 钾肥对油菜干物质积累、产量及品质的影响［J］.土壤通报，28（3）：131-134.
但建明，刘金荣，赵文斌，等 . 2003. 亚麻籽与籽油的营养成分及理化特性研究［J］.营养学报，2：157-158.
党占海，赵利，胡冠芳 . 2009. 胡麻技术 100 问［M］.北京：中国农业出版社 .
党占海，赵玮 . 2015. 胡麻产业技术［M］.兰州：兰州大学出版社 .
邓乾春，黄凤洪，黄庆德，等 . 2011. 亚麻籽油软胶囊缓解视疲劳作用［J］.食品研究与开发，1：118-122.
邓乾春，黄庆德，黄凤洪，等 . 2012. 亚麻籽油调和油的热稳定性研究［J］.食品科学，5：88-92.
邓乾春，李文林，杨湄，等 . 2011. 油料加工和综合利用技术研究进展［J］.中国农业科技导报，5：26-36.
邓乾春，马方励，魏晓珊，等 . 2016. 亚麻籽加工品质特性研究进展［J］.中国油料作物学报，38（1）：126-134.
邓乾春，禹晓，黄庆德，等 . 2010. 亚麻籽油的营养特性研究进展［J］.天然产物研究与开发，4：715-721.
狄济乐 . 2002. 亚麻籽作为一种功能食品来源的研究［J］.中国油脂，4：55-57.
董杰明 . 2003. 微生物发酵法制取 γ-亚麻酸（GLA）和用于防治心脑血管疾病的研究［D］.沈阳：辽宁中医学院 .
杜雄，张立峰，李会彬，等 . 2007. 钾素营养对饲用玉米养分吸收动态及产量品质形成的影响［J］.植物营养与肥料学报，13（3）：393-397.
杜卓，杨海云，欧冰，等 . 2015. 新型抗肿瘤药物载体碘化油的原料油筛选及性能评价［J］.时珍国医国药，7：1 647-1 649.

方欣欣，徐明明，郑璐侠，等 . 2015. 油脂类药用辅料橄榄油中甾醇谱的研究［J］.药物分析杂志，35（11）：1 924-1 929.

冯妹元，韩军花，刘成梅 . 2006. 常见精炼油中植物甾醇测定方法的建立及含量分析［J］.中国食品卫生杂志，18（3）：197-201.

冯妹元 . 2006. 常见食物中植物甾醇的气相色谱分析方法和应用的研究［D］.南昌：南昌大学 .

甘肃农村年鉴编委会 . 2013 年甘肃农村年鉴［M］.北京：中国统计出版社 .

高炳德，索全义，白进玲，等 . 2001. 播种期对胡麻物质代谢及产量形成的影响［J］.内蒙古农业科技（S3）：9-11，24.

高小丽，孙健敏，高金锋，等 . 2009. 不同绿豆品种花后干物质积累与转运特性［J］.作物学报，35（9）：1 715-1 721.

高小丽 . 2010. 施肥对西北半干旱地区土壤养分、胡麻养分吸收及产量的影响［D］.兰州：甘肃农业大学 .

高玉红，牛俊义，闫志利，等 . 2012. 不同覆膜栽培方式对玉米干物质积累及产量的影响［J］.中国生态农业学报，20（4）：440-446.

高政 . 2009. 菜籽植物甾醇的提取、纯化及抗氧化活性研究［D］.武汉：华中农业大学 .

苟东凯 . 2008. 亚麻木脂素聚合物的提取与酶法分解［D］.大连：大连工业大学.

郭娜，李爱荣，马建富，等 . 2015. 施磷水平对胡麻干物质积累与产量的影响［J］.河北农业科学，19（1）：14-17.

郭峰，万书波，王才斌，等 . 2009. 麦套花生氮素代谢及相关酶活性变化研究［J］.植物营养与肥料学报，15（2）：416-421.

郭永利，范丽娟 . 2007. 亚麻籽的保健功效和药用价值［J］.中国麻业科学，3：147-149.

郭忠贤，赵毅，苏占明 . 2005. 亚麻籽油的开发利用［J］.农产品加工·学刊，4：74-75.

国家统计局农村社会经济调查司 . 2013. 2013 年中国农村统计年鉴［M］.北京：中国统计出版社 .

河北省张家口地区坝上农业科学研究所胡麻课题组 . 1989. 胡麻［M］.北京：学术期刊出版社 .

洪倩 . 2012. 阿魏酸抗辐射活性及其作用机理研究［D］.北京：中国人民解放军军事医学科学院 .

洪庆慈，王梅，姜伟 . 2002. 燕麦中主要甾醇的鉴定和效能试验 [J].食品科学，23（1）：103-106.
胡晓军，郭忠贤，赵毅 . 2002. 亚麻籽综合利用及开发前景浅析 [J].中国麻业，5：40-41.
胡晓军，李群，梁霞 . 2008. 胡麻籽综合利用研究进展 [J].农产品加工·学刊，2：38-40.
胡晓军，许光映，李群，等 . 2012. 亚麻籽中主要营养成分的分布研究 [J].中国油脂，12：64-66.
胡铮瑢，刘玉环，阮榕生，等 . 2009. 阿魏酸、对香豆酸碱法制备及应用研究进展 [J].食品科学，30（21）：438-442.
黄凤洪，黄庆德，江君贤，等 . 2002. 亚麻胶功能特性的研究与应用 [C] //迎接21世纪的中国油料科技 . 北京：中国农业科学技术出版社 .
黄凤洪，黄庆德，刘昌盛 . 2004. 脂肪酸的营养与平衡 [J].食品科学，25（增刊）：262-265.
黄凤洪，夏伏建，王江薇，等 . 2002. 亚麻油粉末油脂制备的研究 [J].中国油料作物学报，12：65-68.
黄凤洪 . 2001. 特种油料加工与综合利用 [M].北京：中国农业科学技术出版社.
黄海浪，张水华 . 2006. 亚麻籽的营养成分及其在食品工业中的应用 [J].食品研究与开发，6：147-149.
黄建军 . 1997. 干旱资源——油用亚麻籽的综合利用 [J].内蒙古农业科技，4：31-32.
黄敏，姚莉，赵玲华 . 2015. 喷雾干燥法制备胡麻籽油微胶囊工艺的优化 [J].农产品加工，4：42-45.
黄玉兰，杨焕民 . 2005. 亚麻籽的营养成分及其在家禽日粮中的应用 [J].黑龙江畜牧兽医，10：32-33.
贾海滨，闫志利，牛俊义，等 . 2013. 施氮量对胡麻干物质积累分配及产量的影响 [J].河北科技师范学院学报，4：25-31.
焦晓林，毕晓宝，高微微 . 2015. *p*-香豆酸对西洋参的化感作用及生理机制 [J].生态学报，35（9）：3 006-3 013.
金凤，王秀英，马庆，等 . 1999. 亚麻种子色素提取及理化性质的研究 [J].内蒙古农牧学院学报，9：53-58.
金俊，张俊辉，金青哲，等 . 2013. 植物油中甾醇含量、存在形式及其在掺伪检验中的作用 [J].中国粮油学报，28（6）：118-122.

金鑫 . 2013. 亚麻籽中活性成分的提取纯化及在食品中的稳定性研究［D］. 杭州：浙江大学 .

靳书刚，王少华 . 2015. 胡麻籽提取物对大鼠动脉粥样硬化的防治作用［J］. 兽医饲料，8：138-139.

靳书刚 . 2015. 胡麻籽提取物对高脂饮食致大鼠肝损伤的保护作用［J］. 黑龙江畜牧兽医，2：101-102.

李纯，陈江华，商五一 . 1988. 甘蓝型油菜角果及种子发育过程的研究［J］. 中国油料，2：23-26.

李丹丹，韩冰，王树彦，等 . 2015. 亚麻子中 α-亚麻酸及参与其形成的不饱和脂肪酸的研究进展［J］. 作物杂志（2）：18-22.

李丹丹 . 2015. 部分胡麻种质资源主要农艺性状和 AFLP 分子标记的遗传多样性分析［D］. 呼和浩特：内蒙古农业大学 .

李登明，王树彦，孙上峰 . 2009. 胡麻产量构成相关性状的通径分析［J］. 内蒙古农业科技，4：31-32.

李高阳 . 2006. 亚麻籽双液相萃油脱氰苷及蛋白特性研究［D］. 无锡：江南大学 .

李昊阳，夏继桥，杨连玉，等 . 2013. 植物多酚的抗氧化能力及其在动物生产中的应用［J］. 动物营养学报，25（11）：2 529-2 534.

李和，李惠琳，朱七庆，等 . 1998. 芥菜籽油和亚麻仁油中脂肪酸和不皂化物成分的分析［J］. 中国油料作物学报，20（1）：86-89.

李华，王朝辉，李生秀 . 2008. 地表覆盖和施氮对冬小麦干物质和氮素积累与转移的影响［J］. 植物营养与肥料学报，14（6）：1 027-1 034.

李玲玲，黄高宝，秦舒浩，等 . 2011. 保护性耕作对绿洲灌区冬小麦产量形成的影响［J］. 作物学报，37（3）：514-520.

李南 . 2001. 亚麻籽在食品开发中的远景［J］. 食品研究与开发・增刊，12：49-51.

李青军，张炎，胡伟，等 . 2011. 氮素运筹对玉米干物质积累、氮素吸收分配及产量的影响［J］. 植物营养与肥料学报，17（3）：755-760.

李群，胡晓军，许光映，等 . 2016. 亚麻籽中酚酸化合物的鉴定与含量测定［J］. 核农学报，30（3）：493-501.

李飒，彭云峰，于鹏，等 . 2011. 不同年代玉米品种干物质积累与钾素吸收及其分配［J］. 植物营养与肥料学报，17（2）：325-332.

李莎，王维香 . 2015. GC-MS 法分析四种食用植物油脂中脂肪酸成分［J］. 粮食与油脂，9：65-67.

李文娟，何萍，金继运 . 2009. 钾素营养对玉米生育后期干物质和养分积累与转运的影响 [J].植物营养与肥料学报，15（4）：799-807.
李小燕，张雷，牛芬菊，等 . 2015. 旱地组合型微垄全膜不同覆盖时期对土壤水分及胡麻生长的影响 [J].干旱地区农业研究，2：16-21.
李心文 . 2010. 胡麻、红花、蓖麻栽培技术问答 [M].北京：中国农业出版社 .
李旭毅，孙永健，程洪彪，等 . 2011. 两种生态条件下氮素调控对不同栽培方式水稻干物质积累和产量的影响 [J].植物营养与肥料学报，17（4）：773-781.
李银水，鲁建巍，廖星，等 . 2011. 氮肥用量对油菜产量及氮素利用效率的影响 [J].中国油料作物学报，33（4）：379-383.
李玥，牛俊义，吴兵，等 . 2015. 基于 APSIM 的胡麻陇亚杂 1 号的生育时期模拟模型 [J].核农学报，29（5）：972-979.
李兆君，杨佳佳，范菲菲，等 . 2011. 不同施肥条件下覆膜对玉米干物质积累及吸磷量的影响 [J].植物营养与肥料学报，17（3）：571-577.
连莹君，江紫琦，陆学茸，等 . 2015. HPLC 外标法测定亚麻籽油中 4 种环肽含量的研究 [J].中国油脂，5：90-94.
梁慧锋 . 2010. 胡麻油的营养成分及其保健作用 [J].企业导报，2：243-244.
梁霞，胡晓军，李群 . 2007. 亚麻籽脱皮关键技术研究 [J].农产品加工 · 学刊，1：18-19.
廖桂平，官春云 . 2002. 甘蓝型冬油菜（*Brassica napus*）干物质积累、分配与转移的特性研究 [J].作物学报，1：52-58.
林非凡，谭竹钧 . 2012. 亚麻籽油中 α-亚麻酸降血脂功能研究 [J].中国油脂，37（9）：44-47.
刘彩飞，杨青贤 . 2008. α-亚麻酸研究进展 [J].中国饲料添加剂，12：9-12.
刘冬碧，陈防，鲁剑巍，等 . 2001. 施钾对油菜干物质积累和钾、钙、镁吸收的影响 [J].土壤肥料，4：24-28.
刘冬碧，陈防，鲁剑巍，等 . 2001. 油菜干物质积累和养分钾、磷、硫吸收特点及施钾的影响 [J].中国油料作物学报，23（2）：48-51.
刘栋，马建富，郭娜，等 . 2015. 油用亚麻生长动态监测试验 [J].中国麻业科学，4：178-182.
刘海霞，王峰，赵雁武，等 . 2009. 苹果籽油中植物甾醇的提取及分光光度法含量测定研究 [J].食品科学，30（6）：146-150.
刘建卫，吴显荣 . 1985. 高粱、苏丹草、百脉根和白三叶草生氰遗传的研究和进展 [J].遗传，5：6-8.

刘清，姚惠源．2006. 油料种子中的抗氧化活性成分［J］.中国食品添加剂，2：95-99.

刘珊．2012. 亚麻籽木酚素预防乳腺癌与雌激素及其受体关系的实验研究［D］.北京：北京协和医学院研究生院．

刘淑霞，潘冬梅，魏国江．2011. 亚麻籽健康食材的开发利用［J］.中国麻业科学，6：285-287.

刘淑云，董树亭，赵秉强，等．2007. 长期施肥对夏玉米叶片氮代谢关键酶活性的影响［J］.作物学报，33（2）：278-283.

刘伟，张吉旺，吕鹏，等．2011. 种植密度对高产夏玉米登海661产量及干物质积累与分配的影响［J］.作物学报，37（7）：1 301-1 307.

刘跃泉，陈涛，赵百忠．2005. 亚麻籽胶对提高肉制品中脂肪稳定性的研究［J］.肉类研究，12：39-42.

柳春梅，吕鹤书．2014. 生氰糖苷类物质的结构和代谢途径研究进展［J］.天然产物研究与开发，2：294-299.

鲁剑巍，陈防，刘冬碧，等．2001. 施钾水平对油菜生物量积累和子粒产量的影响［J］.湖北农业科学，4：49-51.

吕双双，李书国．2014. 植物甾醇性质、功能、安全性及其食品的研究进展［J］.粮食加工，39（4）：40-44.

吕真真，张春岭，刘慧，等．2015. 不同制油方法对苦杏仁油品质的影响［J］.果树学报，32（6）：1 275-1 282.

罗翔宇．2012. 应用^{15}N示踪技术对大豆氮积累与分配规律的研究［D］.哈尔滨：东北农业大学．

毛丰玮．2012. 亚麻籽壳多糖的提取、分离纯化与结构研究［D］.杭州：浙江工商大学．

孟甜．2015. 胡麻油营养分析及应用研究进展［J］.粮食与油脂，5：5-8.

米君．2006. 胡麻（胡麻）高产栽培技术［M］.北京：金盾出版社．

牛俊义．2002. 地膜春小麦根系生长、物质分配及叶片衰老研究［D］.兰州：甘肃农业大学．

牛一川，张金文，牛俊义．1991. 胡麻主要数量性状的配合力和遗传力研究［J］.甘肃农业大学学报，1：41-54.

欧仕益．2002. 阿魏酸的功能和应用［J］.广州食品工业科技，18（4）：50-53.

彭丽霞，朱亿竹，魏阳吉，等．2012. 葡萄籽油中植物甾醇的提取与鉴定［J］.中国食品学报，12（3）：185-191.

彭少兵，黄见良，钟旭华，等．2002. 提高中国稻田氮肥利用率的研究策略

[J].中国农业科学，35（9）：1095-1103.
乔海明，米君，张丽丽，等.2010. 胡麻品种不同播期对产量及经济性状的影响［J].河北北方学院学报，1：19-21.
乔海明，米君，张丽丽，等.2015. 油用亚麻“分枝层高”和“分枝类型”性状引入探讨［J].农学学报，5（3）：26-28.
任海伟，李雪，唐学慧.2011. 亚麻籽粒及其油脂的特性分析与营养评价［J].食品工业科技，6：143-145.
任平，阮祥稳，王冬良.2004. 植物胶的特性及在食品工业中的应用［J].食品研究与开发，25（5）：39-44.
山西省雁北地区农业科学研究所.1975. 怎样种胡麻［M].太原：山西人民出版社.
邵文捷.2012. 亚麻籽——二十一世纪新型功能性食品［J].食品工业，12：145-147.
沈平，刘尧，周洁，等.1994. 菜籽油不皂化物中甾醇成分的分析［J].中国油料，16（1）：29-32.
沈晓东，李多伟，赵蓉，等.2009. 亚麻木酚素研究进展［J].中成药，4：598-600.
师日鹏，上官宇先，马巧荣，等.2011. 密度与氮肥配合对垄沟覆膜栽培冬小麦干物质累积及产量的影响［J].植物营养与肥料学报，17（4）：823-830.
施树，赵国华.2007. 胡麻籽功能成分的研究与应用进展［J].中国食品添加剂，6：117-119.
施树.2008. 胡麻分离蛋白的提取及其性质的研究［D].重庆：西南大学.
石永峰.1996. 亚麻籽的保健功效及其有害成分的分离方法［J].中国油脂，5：26-29.
司秉坤，赵余庆.2005. α-亚麻酸药理作用和提取分离技术研究进展［J].中草药，7：1 113-1 114.
司秉坤.2005. 中药亚麻籽化学成分研究［D].沈阳：辽宁中医学院.
宋小林，刘强，宋海星，等.2010. 不同处理条件下油菜茎叶可溶性糖和游离氨基酸总量及其对籽粒产量的影响［J].西北农业学报，19（6）：187-191.
孙兰萍，许晖.2005. 亚麻籽分离蛋白流变学特性的研究［J].食品工业科技，2：57-59.
孙兰萍，许晖.2007. 亚麻籽生氰糖苷的研究进展［J].中国油脂，32（10）：24-27.
孙晓冬，张贵彬，赵秀峰.2001. 亚麻籽色素和多糖抗氧化作用研究［J].中国食品添加剂，3：18-21.
唐年初，倪培德，张建华．1997. 亚麻籽色素的研究［J］.中国油脂，6：46-48.
唐湘如，官春云．2001. 施氮对油菜几种酶活性的影响及其与产量和品质的关系［J］.中国油料作物学报，23（4）：32-37.
陶国琴，李晨．2000. α-亚麻酸的保健功效及应用［J］.食品科学，12：140-143.
天津市南郊区西泥沽公社农科站，天津市南郊区科学技术委员会．1981. 怎样种胡麻［M］.天津：天津科学技术出版社．
万经中，周祥椿．1998. 亚麻栽培与加工［M］.北京：中国农业出版社．
万良武．1985. 油料作物栽培［M］.兰州：甘肃人民出版社．
汪蓉．2002. 亚麻籽加工及其有害成分的分离技术［J］.现代科技，8：41-43.
汪岩，赵百忠，陈涛．2005. 亚麻籽胶在高温火腿肠中应用性能的研究［J］.肉类研究，8：43-46.
王常青，任海伟，张国华．2008. 亚麻籽油精炼过程中脂肪酸和 V_E 的变化分析［J］.中国油脂，33（3）：14-16.
王汉中．2007. 我国食用油供给安全形势分析与对策建议［J］.中国油料作物学报，29（3）：347-349.
王鹤龄，王润元，牛俊义，等．2008. 黄土高原地膜春小麦地上干物质累积与转运规律［J］.生态学杂志，27（1）：28-32.
王宏钊，缪珊，孙纪元．2007. α-亚麻酸药理研究进展［J］.国际药学研究杂志，4：254-258.
王磊．2015. 亚麻籽的综合利用［D］.北京：北京化工大学．
王利民，党占海，张建平，等．2013. 胡麻农艺性状与品质性状的相关性分析［J］.中国农学通报，29（27）：88-92.
王敏，魏益民，高锦明．2004. 荞麦油中脂肪酸和不皂化物的成分分析［J］.营养学报，26（1）：40-44.
王瑞元．2015. 2014 年中国油脂油料的市场现状［J］.粮食与食品工业，3：1-5.
王申贵．2000. 土壤肥料学［M］.北京：经济科学出版社．
王树安．1995. 作物栽培学各论（北方本）［M］.北京：中国农业出版社．
王小纯，熊淑萍，马新明，等．2005. 不同形态氮素对专用型小麦花后氮代谢关键酶活性及籽粒蛋白质含量的影响［J］.生态学报，25（4）：802-807.
王小燕，于振文．2008. 不同施氮条件下灌溉量对小麦氮素吸收转运和分配的影响［J］.中国农业科学，41（10）：3015-3024.
王晓煜，王永成，冯艳．2013. 灰色关联分析法在胡麻数量性状选择上的应用

[J].现代农业科技，2：28-32.
王映强，赖炳森，颜晓林，等 . 1998. 亚麻子油中脂肪酸组成分析 [J].药物分析杂志，3：176-180.
王月福，于振文，李尚霞，等 . 2002. 氮素营养水平对冬小麦氮代谢关键酶活性变化和籽粒蛋白质含量的影响 [J].作物学报，28：743-748.
王振，刘超，高忠东，等 . 2015. 亚麻籽油中 α-亚麻酸的 HPLC 法测定 [J].山西农业科学，43（6）：679-681.
王志福，米文丽，毛应启梁，等 . 2012. Resolvins 抗炎镇痛研究进展 [J].中国疼痛医学杂志，18（6）：375-376.
魏长庆，刘文玉，曹栋 . 2015. 胡麻油挥发性香气提取分析研究进展 [J].食品工业科技，19：379-384.
魏长庆，刘文玉，许程剑 . 2012. 胡麻籽活性成分研究应用进展 [J].粮食与油脂，4：6-8.
魏长庆 . 2015. 新疆胡麻油特征香气成分鉴别及其产生机制研究 [D].无锡：江南大学 .
魏决，万萍，罗雯 . 2011. 燕麦油脂中甾醇和多酚的抗氧化活性研究 [J].食品研究与开发，32（9）：9-12.
魏晓珊 . 2015. 亚麻籽营养品质特性的研究 [D].大连：大连海洋大学 .
吴兵，高玉红，赵利，等 . 2012. 旧膜再利用方式对旱地胡麻干物质生产及水分利用效率的影响 [J].中国生态农业学报，20（11）：1 457-1 463.
吴凤芝，赵凤艳，马凤鸣 . 2001. 酚酸物质及其化感作用 [J].东北农业大学学报，32（4）：313-319.
吴瑞香，杨建春 . 2011. 胡麻主要农艺性状的相关性及其聚类分析 [J].内蒙古农业科技，4：52-54.
吴素萍 . 2010. 亚麻籽中 α-亚麻酸的保健功能及提取技术 [J].中国酿造，2：7-11.
吴显荣，刘建卫 . 1984. 植物体内的生氰糖苷 [J].北京农业大学学报，10（4）：345-352.
吴显荣，刘建卫 . 1985. 生氰化合物的结构及在植物中的分布 [J].植物生理学通讯，1：8-14.
吴显荣 . 1984. 植物的生氰糖苷 [J].植物学通报，2（4）：14-19.
吴银云 . 1998. 胡麻的特征特性与栽培技术 [J].西藏农业科技，20（2）：37-40.
伍义行，郝冰洁，胡少青，等 . 2009. 中药酚酸类抗炎成分及其作用机理研究进展［C］//现代化中药制剂发展与中药药理学研究交流会论文集．西宁：中华中医药学会．

向达兵，郭凯，杨文钰．2012. 不同磷钾处理下套作大豆干物质积累及钾肥利用率的动态变化［J］.中国油料作物学报，34（2）：163-167.

肖平阔，王沫，张振媛，等．2009. 半夏干物质积累与氮、磷、钾吸收特点的研究［J］.植物营养与肥料学报，15（2）：453-456.

谢星光，陈晏，卜元卿，等．2014. 酚酸类物质的化感作用研究进展［J］.生态学报，34（22）：6 417-6 428.

谢亚萍，闫志利，李爱荣，等．2013. 施磷量对胡麻干物质积累及磷素利用效率的影响［J］.核农学报，27（10）：1 580-1 587.

熊丽娜，陆柏益．2014. 农产品中生氰糖苷安全性及减控技术研究进展［J］.中国食品学报，14（2）：208-216.

徐富贤，熊洪，张林，等．2012. 冬水田施氮对杂交中稻氮、磷、钾含量及干物质积累与分配的影响［J］.中国农业科技导报，14（2）：118-126.

徐海娥．2007. 亚麻木酚素的提取及对糖尿病小鼠肾脏保护作用研究［D］.南京：南京医科大学．

许晖，孙兰萍，张斌，等．2008. 亚麻籽蛋白质流变学特性研究［J］.粮油食品科技，2：18-20.

闫峻．2011. 板蓝根和亚麻籽化学成分研究及活性评价［D］.长春：吉林大学．

闫志利，郭丽琢，方子森，等．2012. 有机肥对胡麻干物质积累、分配及产量的影响研究［J］.中国生态农业学报，8：988-995.

闫志利，孙建军，高俊山，等．2012. 旱地油用亚麻氮磷钾平衡施肥指标体系研究［J］.中国麻业科学，1：1-10.

严兴初，赵应忠．2001. 特种油料作物优质高产栽培技术［M］.北京：中国农业科学技术出版社．

严兴初．2000. 特种油料作物栽培与综合利用［M］.武汉：湖北科学技术出版社．

颜辉．2010. 植物油的亚油酸、亚麻酸红外光谱融合和模型优化方法的研究［D］.镇江：江苏大学．

杨春英，刘学铭，陈智毅，等．2013. 气相色谱—质谱联用法测定 14 种食用植物油中的植物甾醇［J］.中国粮油学报，28（2）：123-128.

杨宏志，毛志怀，谭鹤群．亚麻籽中的功能成分及其作用［Z］.中国科技论文在线，www. paper. edu. cn：1-6.

杨宏志．2005. 亚麻籽脱毒和木脂素提取工艺研究［D］.北京：中国农业大学．

杨金娥，黄凤洪，黄庆德，等 . 2011. 亚麻籽油在化妆品中的应用［J］. 日用化学工业，5：371–374.
杨金娥，黄庆德，黄凤洪 . 2013. 打磨法提取亚麻籽胶粉的工艺［J］. 农业工程学报，7：270–276.
杨金娥，黄庆德，郑畅，等 . 2011. 烤籽温度对压榨亚麻籽油品质的影响［J］. 中国油脂，6：28–31.
杨金娥，黄庆德，周琦，等 . 2013. 冷榨和热榨亚麻籽油挥发性成分比较［J］. 中国油料作物学报，3：321–325.
杨美英，赵洪锟，蒋春玲，等 . 2010. 不同蛋白含量大豆品种氮代谢关键酶活性及叶片氮同化物含量变化［J］. 中国油料作物学报，32（4）：500–505.
杨萍，李杰，剡斌，等 . 2015. 胡麻/大豆间作体系下施氮对胡麻干物质积累和产量的影响［J］. 中国油料作物学报，37（4）：489–497.
杨瑞楠，梁少华，王金亚 . 2015. 亚麻籽中木脂素含量的检测方法研究［J］. 河南工业大学学报（自然科学版），8：40–43.
杨万荣 . 1984. 胡麻［M］. 太原：山西人民出版社 .
杨野仝，张桂英，刘雅娟，等 . 2015. 亚麻籽油对糖尿病大鼠辅助降血糖功能的研究［J］. 安徽农业科学，9：22–23.
姚彦如，房志杰，聂磊 . 2013. 气相色谱—串联质谱法测定食用植物油中植物甾醇含量［J］. 现代农业科技，8：277–278.
亦森 . 1995. 低亚麻酸亚麻籽油——Solin 油［J］. 粮食与油脂，4：52.
尤莉，邸瑞琦，李卉，等 . 2005. 内蒙古胡麻生长发育与气候条件的关系［J］. 内蒙古气象，1：35–36.
于振文 . 2003. 作物栽培学各论（北方本）［M］. 北京：中国农业出版社 .
禹晓，邓乾春，黄庆德，等 . 2011. 亚麻油的制油工艺及其开发利用研究进展［J］. 食品研究与开发，1：147–153.
袁高峰 . 2008. 共轭亚麻酸的分析、代谢和功能研究［D］. 杭州：浙江大学 .
云少君，戴玥，延莎 . 2015. β-胡萝卜素和植酸对胡麻油抗氧化活性的影响［J］. 山西农业大学学报（自然科学版），3：277–280.
张成，肖明，马政生，等 . 2015. 阿魏酸十二烷基酯的合成及抗氧化活性的研究［J］. 中国油脂，6：95–97.
张存劳，翟西峰，冯锁民 . 2015. 亚麻籽胶生产技术及应用［J］. 中国油脂，5：82–84.
张方英，庄峰，李阳 . 2013. 新疆亚麻油的理化性质及脂肪酸组成分析［J］. 食品研究与开发，12：13–14.

张锋，王建华，余松烈，等 . 2006. 白首乌氮、磷、钾积累分配特点及其与物质生产的关系［J］.植物营养与肥料学报，12（3）：369-373.

张根旺 . 1999. 油脂化学［M］.北京：中国财政经济出版社.

张海鹏，刘强，宋海星 . 2011. 种植密度和施肥量对“湘杂油 763”叶绿素、干物质积累和产量的影响［J］.中国农学通报，27（21）：112-116.

张建华，倪培德，华欲飞 . 1998. 亚麻籽中的生氰糖苷［J］.中国油脂，23（5）：58-60.

张劲 . 2013. 亚麻籽油对营养肥胖大鼠的降脂减肥作用研究［J］.湖北中医药大学学报，4：14-15.

张丽丽，米君，曲志华，等 . 2015. 亚麻农艺性状配合力和遗传力分析［J］.中国麻业科学，4：169-172.

张囡，杜丽丽，王冬，等 . 2006. 中药酚酸类成分的研究进展［J］.中国现代中药，8（2）：25-28.

张培宜，毛丹卉，张明靓，等 . 2012. 不同方法提取胡麻油性质的对比研究［J］.中国粮油学报，7：71-73.

张文斌 . 2007. 亚麻木酚素的提取纯化与生物活性研究［D］.无锡：江南大学 .

张新学，曹秀霞，安维太，等 . 2015. 种植密度对旱地垄膜集雨沟播胡麻干物质积累及产量的影响［J］.农业科学研究，9：35-37.

张岩，汤定钦，周明兵 . 2009. 植物生氰糖苷研究进展［J］.生物技术通报，4：12-15.

张耀鸿，张亚丽，黄启为，等 . 2006. 不同氮肥水平下水稻产量以及氮素吸收、利用的基因型差异比较［J］.植物营养与肥料学报，12（5）：616-621.

张振华，宋海星，刘强，等 . 2010. 油菜生育期氮素的吸收、分配及转运特性［J］.作物学报，36（2）：321-326.

张智猛，万书波，宁堂原，等 . 2008. 氮素水平对花生氮素代谢及相关酶活性的影响［J］.植物生态学报，32（6）：1 407-1 416.

赵宏伟 . 2003. 不同氮素营养水平下春玉米碳氮代谢机理的研究［D］.哈尔滨：东北农业大学 .

赵俊晔，于振文 . 2006. 高产条件下施氮量对冬小麦氮素吸收分配利用的影响［J］.作物学报，32（4）：48-49.

赵丽佳，冯中朝 . 2008. 我国油料和植物油的产业安全：基于进口视角的分析［J］.国际贸易问题，12：29-36.

赵利，党占海，李毅，等 . 2006. 亚麻籽的保健功能和开发利用［J］.中国油脂，3：71-74.

赵利，党占海，李毅 . 2006. 亚麻木酚素研究进展［J］. 中国农学通报，4：88-93.

赵巧玲，刘文玉，胡汇泉，等 . 2015. 超声波辅助水酶法提取胡麻油工艺条件的研究［J］.粮食与食品工业，2：35-39.

赵雁武，王宪伟，黄滢璋，等 . 2012. 苹果籽油中植物甾醇抗氧化活性研究［J］.西北农林科技大学学报（自然科学版），40（9）：221-226.

赵毅 . 2005. 亚麻籽的功能性成分及其在食品工业中的应用价值［J］.山西食品工业，2：31-33.

郑成岩，于振文，马兴华，等 . 2008. 高产小麦耗水特性及干物质的积累与分配［J］.作物学报，34（8）：1 450-1 458.

郑立，杨作范 . 2012. 我国西北地区胡麻产业发展的必要性及对策［J］.现代农业科技，15：313，315.

中国科学院中国植物志编辑委员会 . 1998. 中国植物志　第四十三卷　第一分册［M］.北京：科学出版社 .

中国农业年鉴编辑委员会 . 2011.《中国农业年鉴》1980—2012 年 . 北京：中国农业出版社 .

周宝兰，厉秋岳，崔杨棣，等 . 1990. 我国三种大宗植物油中甾醇含量及其组成的调查（上）［J］.中国油脂，5：28-34.

周宝兰，厉秋岳，崔杨棣，等 . 1990. 我国三种大宗植物油中甾醇含量及其组成的调查（下）［J］.中国油脂，6：21-24.

周桂生，万树文，董伟伟，等 . 2009. 施氮量对蓖麻花后干物质积累、产量和产量构成的影响［J］.中国油料作物学报，31（1）：39-43.

周立新，黄风洪，严兴初 . 2000. α-亚麻酸与 γ-亚麻酸［J］.西部粮油科技，6：46-48.

周立新，黄风洪 . 2002. 胡麻——一种极具价值的特色油料［C］//迎接 21 世纪的中国油料科技 . 北京：中国农业科学技术出版社 .

周炜 . 2008. 亚麻籽木脂素对动物消化代谢及生长的影响及其机制探讨［D］.南京：南京农业大学 .

周亚东 . 2010. 黑龙江省油用亚麻产量品质形成特点研究［D］.哈尔滨：东北农业大学 .

朱琳，薛雅琳，张东，等 . 2015. 特种植物油中甾醇总量及组成分析［J］.粮油食品科技，23（2）：49-52.

朱钦龙 . 2002. 亚麻籽的开发和应用［J］.广东饲料，5：13-14.

朱新开，郭文善，周正权，等 . 2004. 氮肥对中筋小麦扬麦 10 号氮素吸收、产量和品质的调节效应［J］.中国农业科学，37（12）：1 831-1 837.
祝丽香，王建华，耿慧云，等.2010. 桔梗的干物质累积及氮、磷、钾养分吸收特点［J］.植物营养与肥料学报，16（1）：197-202.
Abbadi J，Gerendás J，Sattelmacher B. 2008. Effect on nitrogen supply on growth，yield and yield components of safflower and sunflower［J］. Plant and Soil，306：167-180.
Abdel-Ghani AH，Kumar B，Reyes-Matamoros J，et al. 2013. Genotypic variation and relationships between seedling and adult plant traits in maize（*Zea mays* L.）inbred lines grown under contrasting nitrogen levels［J］. Euphytica，189：123-133.
Abiko T，Wakayama M，Kawakami A，et al. 2010. Changes in nitrogen assimilation，metabolism，and growth in transgenic rice plants expressing a fungal NADP（H）-dependent glutamate dehydrogenase（gdhA）［J］. Planta，232：299-311.
Alu'Datt M H，Rababah T，Ereifej K，et al. 2013. Distribution，antioxidant and characterisation of phenolic compounds in soybeans，flaxseed and olives［J］. Food Chemistry，139（1-4）：93.
Anbessa Y，Juskiw P，Good A，et al. 2009. Genetic Variability in Nitrogen Use Efficiency of Spring Barley［J］. Crop Science，49：1 259-1 269.
Araus J I，Bort J，Ceccarelli S，et al. 1997. Relationship between leaf structure and carbon isotope discrimination in field grown barley［J］. Plant Physiology and Biochemistry，35（7）：533-541.
Arduini I，Masoni A，Ercoli L，et al. 2006. Grain yield，and dry matter and nitrogen accumulation and remobilization in durum wheat as affected by variety and seeding rate［J］. European Journal of Agronomy，25：309-318.
Arduini I，Masoni A，Ercoli L，et al. 2006. Grain yield，and dry matter and nitrogen accumulation and remobilization in durum wheat as affected by variety and seeding rate［J］. European Journal of Agronomy，25（4）：309-318.
Arregui LM，Quemada M. 2008. Strategies to improve nitrogen use efficiency in winter cereal crops under rainfed conditions［J］. Agronomy Journal，100：277-284.
Aráujo AP，Teixeira MG. 2012. Nitrogen and phosphorus harvest indices of common bean cultivars：Implications for yield quantity and quality［J］. Plant and Soil，257：425-433.
Axel D，Jphilip R. 2008. Pure-lining of flax（*Linum usitatissimum* L.）genebank accessions for efficiently exploiting and assessing seed character diversity［J］. Eu-

phytica, 164 (164): 255-273.

Barcelo-Coblijn G, Murphy EJ. 2009. Alpha-linolenic acid and its conversion to longer chain n3 fatty acids: benefits for human health and a role in maintaining tissue n3 fatty acid levels [J]. Progress in Lipid Research, 48: 355-374.

Beejmohun V, Fliniaux O, Grand E, et al. 2007. Microwave-assisted extraction of the main phenolic compounds in flaxseed [J]. Phytochemical Analysis: PCA, 18 (4): 275-282.

Bhathena SJ, Ali AA, Haudenschild C, et al. 2013. Dietary flaxseed meal is more protective than soy protein concentrate against hypertriglyceridemia and steatosis of the liver in an animal model of obesity [J]. Journal of the American College of Nutrition, 22 (2): 157-164.

Bhatty RS, Cherdkiatgumchai P. 1990. Compositional analysis of laboratory-prepared and commercial samples of linseed meal and of hull isolated from flax [J]. Journal of the American Oil Chemists' Society, 67 (2): 79-84.

Bhatty RS. 1995. Nutritional composition of whole flaxseed and flaxseed meal [M]. In: Cunnane SC, Thompson LH (eds) Flaxseed in human nutrition. Champaign: AOCS Press.

Bliek AE, Turhan S. 2009. Enhancement of the nutritional status of beef patties by adding flaxseed flour [J]. Meat Sci, 82: 472-477.

Brugière N, Dubois F, Limami A, et al. 1999. Glutamine synthetase in the phloem plays a major role in controlling proline production [J]. Plant Cell, 11: 1 995-2 011.

Campillo R, Jobet C, Undurraga P. 2010. Effects of nitrogen on productivity, grain quality and optimal nitrogen rates in winter wheat cv. Kumpa-INIA in Andisols of southern Chile [J]. Chilean Journal of Agricultural Research, 70: 122-131.

Casa R, Russell G, Cascio BL, et al. 1999. Environmental effects on linseed (Linum usitatissimum, L.) yield and growth of flax at different stand densities [J]. European Journal of Agronomy, 11 (3-4): 267-278.

Cassman KG, Dobermann A, Walters DT. 2002. Agroecosystems, nitrogen-use efficiency, and nitrogen management [J]. Ambio, 31: 132-140.

CHETANA, Sudha ML, Begum K, et al. 2010. Nutritional characteristics of linseed/flaxseed (*Linum usitatissimum*) and its application in muffin making [J]. Journal of Texture Studies, 41: 563-578.

Chirek Z. 1990. Changes in the content of phenolic compounds and IAA-oxidase activity during the growth of tobacco crown gall suspension culture [J]. Biologia Plantarum, 32 (1): 19-27.

Choo WS, Birch J, Dufour JP. 2007. Physicochemical and quality characteristics of cold-pressed flaxseed oils [J]. Journal of Food Composition & Analysis, 20 (3): 202-211.

Chung M W Y, Lei B, Li-Chan E C Y. 2005. Isolation and structural characterization of the major protein fraction from NorMan flaxseed (*Linum usitatissimum* L.) [J]. Food Chemistry, 90 (1-2): 271-279.

Clarke JM, Campbell CA, Cutforth HW, et al. 1990. Nitrogen and phosphorous uptake, translocation and utilization efficiency of wheat in relation to environment and cultivar yield and protein levels [J]. Canadian Journal of Plant Science, 70: 965-977.

Condori SQ, Saldana MDA, Temelli F. 2011. Microencapsulation of flax oil with zein using spray and freeze drying [J]. Food Science and Technol, 44: 1 880-1 887.

Coque M, Gallais A. 2008. Genetic variation for N-remobilization and postsilking N-uptake in a set of maize recombinant inbred lines. 2. Line per se performance and comparison with testcross performance [J]. Maydica, 53 (1): 29-38.

Cox MC, Qualset CO, Rains DW. 1985a. Genetic variation for nitrogen assimilation and translocation in wheat. I. Dry matter and nitrogen accumulation [J]. Crop Science, 25: 430-435.

Cox MC, Qualset CO, Rains DW. 1985b. Genetic variation for nitrogen assimilation and translocation in wheat. II. Nitrogen assimilation in relation to grain yield and protein [J]. Crop Science, 25: 435-440.

Cren M, Hirel B. 1999. Glutamine synthetase in higher plants: regulation of gene and protein expression from organ to the cell [J]. Plant & Cell Physiology, 40: 1 187-1 193.

Deng YC, Hua HM, Li J, et al. 2001. Studies on the cultivation and uses of evening primrose (oenothera spp.) in China [J]. Economic Botany, 55 (1): 83-92.

Diane H. Morris, PhD. 2007. Flax-A Health and Nutrition Primer. Fourth Edition.

Diederichsen A, Kusters PM, Kessler D, et al. 2013. Assembling a core collection from the flax world collection maintained by plant gene resources of Canada [J]. Genetic Resources and Crop Evolution, 60 (4): 1 479-1 485.

Diederichsen A, Ulrich A. 2009. Variability in stem fibre content and its association with other characteristics in 1177 flax (*linum usitatissimum* L.) genebank accessions [J]. Industrial Crops and Products, 30 (1): 33-39.

Dordas CA, Sioulas C. 2009. Dry matter and nitrogen accumulation, partitioning, and retranslocation in safflower (*Carthamus tinctorius* L.) as affected by nitrogen fertilization [J]. Filed Crops Research, 110: 35-43.

Dordas CA. 2010. Variation of physiological determinants of yield in linseed in response to nitrogen fertilization [J]. Industrial Crops and Products, 31: 455-465.

Dordas C. 2009. Dry matter, nitrogen and phosphorus accumulation, partitioning and remobilization as affected by N and P fertilization and source-sink relations [J]. European Journal of Agronomy, 30 (2): 129-139.

Dr. Rex Newkirk. 2008. FLAX FEED INDUSTRY GUIDE. Printed in Canada.Copyright Flax Canada 2015.

Emam Y, Salimi KS, Shokoufa A. 2009. Effect of nitrogen levels on grain yield and yield components of wheat (*Triticum aestivum* L.) under irrigation and rainfed conditions [J]. Iranian Journal of Field Crop Research, 7: 323-334.

Fageria N K, Baligar V C. 2005. Enhancing nitrogen use efficiency in crop plants [J]. Advances in Agronomy, 88: 97-185.

Faintuch J, Bortolotto LA, Marques PC, et al. 2011. Systemic inflammation and carotid diameter in obese patients: pilot comparative study with flaxseed powder and cassava powder [J]. Nutrición Hospitalaria, 26 (1): 208-213.

Fooladivanda Z, Hassanzadehdelouei M, Zarifinia N. 2014. Effects of water stress and potassium on quantity traits of two varieties of mung bean (*Vigna radiata* L.) [J]. Cercetari Agronomice in Moldova, 47 (1): 107-114.

Franz Eugen Köhler. 1883. *Köhler's Medizinal-Pflanzen*, Wikimedia Commons (Internet).

Fukumitsu S, Aida K, Shimizu H, et al. 2010. Flaxseed lignan lowers blood cholesterol and decreases liver disease risk factors in moderately hypercholesterolemic men [J]. Nutrition Research, 30: 441-446.

Gökmen V, Mogol B A, Lumaga R B, et al. 2011. Development of functional bread containing nanoencapsulated omega-3 fatty acids [J]. Journal of Food Engineering, 105 (4): 585-591.

Gallais A, Coque M, Quilleré I, et al. 2007. Estimating proportions of N-remobilization and of post-silking N-uptake allocated to maize kernels by ^{15}N labeling [J]. Crop Science, 47: 685-691.

Gan YT, Campbell CA, Janzen HH, et al. 2010. Nitrogen accumulation in plant tissues and roots and N mineralization under oilseeds, pulses, and spring wheat [J]. Plant and Soil, 332: 451-461.

Ganorkar PM, Jain RK. 2013. Flaxseed - a nutritional punch [J]. International Food Research Journal, 20 (2): 519-525.

Gehringer A, Friedt W, Lühs W, et al. 2006. Genetic mapping of agronomic traits in false flax (*Camelina sativa subsp.* sativa) [J]. Genome, 49 (12): 1 555-1 563.

Gholamhoseini M, Alikhani MA, Malakouti MJ, et al. 2012. Influence of Zeolite Application on Nitrogen Efficiency and Loss in Canola Production under Sandy Soils Conditions [J]. Communications in Soil Science and Plant Analysis, 43: 1 247-1 262.

Ghosh M, Swain DK, Jha MK, et al. 2013. Precision Nitrogen Management Using Chlorophyll Meter for Improving Growth, Productivity and N Use Efficiency of Rice in Subtropical Climate [J]. Journal of Agricultural Science, 5: 253-266.

Gopinath B, Harris D C, Flood V M, et al. 2011. Consumption of long-chain n-3 PUFA, α-linolenic acid and fish is associated with the prevalence of chronic kidney disease [J]. British Journal of Nutrition, 105 (9): 1 361-1 368.

Goyal A, Sharma V, Upadhyay N, et al. 2014. Flax and flaxseed oil: An ancient medicine & modern functional food [J]. Journal of Food Science and Technology, 51 (9): 1 633-1 653.

Goyal A, Sharma V, Upadhyay N, et al. 2014. Flax and flaxseed oil: an ancient medicine & modern functional food [J]. Journal of Food Science and Technology, 51 (9): 1 633.

Grant CA, McLaren D, Irvine RB, et al. 2016. Nitrogen source and placement effects on stand density, pasmo severity, seed yield, and quality of no-till flax [J]. Canadian Journal of Plant Science, 96 (1): 34-47.

Green BE, Martens R, Tergesen J, et al. 2005. Flax protein isolates and production. US patent, 0107593 A1.

Guimaraes RDCA, Macedo MLR, Munhoz CL, et al. 2013. Sesame and flaxseed oil: nutritional quality and effects on serum lipids and glucose in rats [J]. Food Science Technology (Campinas), 33 (1): 209-217.

Harrison J, Crescenzo M P, Sene O, et al. 2003. Does lowering glutamine synthetase activity in nodules modify nitrogen metabolism and growth of lot us japonicus [J]. Plant Physiology, 133: 253-262.

Herchi W, Harrabi S, Sebei K, et al. 2009. Phytosterols accumulation in the seeds of Linum usitatissimum L. [J]. Plant Physiology & Biochemistry, 47 (10): 880-885.

Herchi W, Sakouhi F, Arráez-Román D, et al. 2011. Changes in the Content of Phenolic Compounds in Flaxseed Oil During Development [J]. Journal of the American Oil Chemists' Society, 88 (8): 1 135-1 142.

Husted S, Mattsson M, Möllers C, et al. 2002. Photorespiratory NH4 + Production in Leaves of Wild-Type and Glutamine Synthetase 2 Antisense Oilseed Rape [J]. Plant Physiology, 130: 989-998.

Ibrahim H M. 2009. Effect of sowing date and N-fertilizer rates on seed yield, some yield components and oil content in flax [J]. Alexandria Journal of Agricultural Research, 54 (1): 19-28.

Inamura T, Amano T. 2009. Effects of nitrogen mineralization on paddy rice yield under low nitrogen input conditions in irrigated rice-based multiple cropping with intensive cropping of vegetables in southwest China [J]. Plant and Soil, 315 (1): 195-209.

Irvine R B, McConnell J, Lafond G. P, et al. 2010. Impact of production practices on fiber yield of oilseed flax under Canadian prairie conditions [J]. Canadian Journal of Plant Science, 90: 61-70.

Jheimbach LLC, Port Royal VA. 2009. Determination of the GRAS status of the addition of whole and milled flaxseed to conventional foods and meat and poultry products, http: // www. accessdata. fda. gov/ scripts/ fcn/ gras_ notices / grn000280. pdf Last accessed 26/05/2012.

Johnsson P. 2004. Phenolic compounds in flaxseed [D]. Uppsala: Swedish University of Agricultural Sciences.

Kajla P, Sharma A, Sood DR. 2015. Flaxseed-a potential functional food source [J]. Journal of Food Science and Technology, 52 (4): 1 857-1 871.

Kaur N, Chugh V, Gupta AK. 2014. Essential fatty acids as functional components of foods- a review [J]. Journal of Food Science and Technology Mysore, 51 (10): 2 289-2 303.

Khattab RY, Zeitoun MA. 2013. Quality evaluation of flaxseed oil obtained by different extraction techniques [J]. LWT-Food Science Technology, 53 (1): 338-345.

Kichey T, Gouis JL, Sangwan B, et al. 2005. Changes in the Cellular and Subcellular Localization of Glutamine Synthetase and Glutamate Dehydrogenase During Flag Leaf Senescence in Wheat (*Triticum aestivum* L.) [J]. Plant & Cell Physiology, 46 (6): 964-974.

Krajčová A, Schulzová V, Hajšlová J, et al. 2009. Lignans in Flaxseed [J]. Czech Journal of Food Sciences, 27: 252-255.

Kumar S, You FM, Duguid S, et al. 2015. QTL for fatty acid composition and yield in linseed (*Linum usitatissimum* L.) [J]. Theoretical and Applied Genetics, 128 (5): 965-984.

Lanier JE, Jordan DL, Spears JF, et al. 2005. Peanut response to inoculation and nitrogen fertilizer [J]. Agronomy Journal, 97: 79-84.

Lea P J, Irel R J. 1999. Nitrogen metabolism in higher plants [C] //Sing h B K. Plant Amino Acids, Biochemistry and Biotechnology. New York: Marcel Dekker.

Lee H J, Park M K, Lee E J, et al. 2013. Resolvin D1 inhibits TGF-β1-induced epithelial mesenchymal transition of A549 lung cancer cells via lipoxin A4 receptor/formyl peptide receptor 2 and GPR32 [J]. International Journal of Biochemistry & Cell Biology, 45 (12): 2 801-2 807.

Lemke RL, Mooleki SP, Malhi SS, et al. 2009. Effect of fertilizer nitrogen management and phosphorus placement on canola production under varied conditions in Saskatchewan [J]. Canadian journal of plant science, 89 (1): 29-485.

Li BY, Zhou DM, Cang L, et al. 2007. Soil micronutrient availability to crops as affected by longterm inorganic and organic fertilizer applications [J]. Soil & Tillage Research, 96: 166-173.

Li WX, Zen HB. 1988. Dry matter accumulation, partitioning, and regulation in spring wheat I: Dry matter accumulation, partitioning, and their relationships with yield [J]. Acta Agronomica Sinica of Beijing, 3: 43-54.

Li YS, Yu CB, Zhu S, et al. 2014. High planting density benefits to mechanized harvest and nitrogen application rates of oilseed rape (*Brassica napus* L.) [J]. Soil Science and Plant Nutrition, 60 (3): 384-392.

Limami AM, Rouillon C, Glevarec G, et al. 2002. Genetic and physiological analysis germination efficiency in maize in relation to nitrogen metabolism reveals the importance of cytosolic glutamine synthetase [J]. Plant Physiology, 30 (4): 1 860-1 870.

Lin X, Gingrich JR, Bao W, et al. 2002. Effect of flaxseed supplementation on prostatic carcinoma in transgenic mice [J]. Urology, 60: 919-924.

Liu G, Huang GQ, Yin H, et al. 2013. Effects of Nitrogen, Phosphorus and Potassium Application on Growth and Dry Matter Accumulation in Mulberry [J]. Southwest China Journal of Agricultural Sciences, 14 (6): 899-904.

Luque I, Forchhammer K. 2008. Nitrogen assimilation and C/N balance sensing. In: Herrero A, Flores E (eds) The cyanobacteria. Molecular biology, genetics and evolution [M] . Norfolk: Caister Academic Press.

Madhusudhan B. 2009. Potential benefits of flaxseed in health and disease - a perspective [J]. Agriculturae Conspectus Scientificus, 74 (2): 67-72.

Majerowicz N, Kerbauy G B. 2002. Effects of nitrogen forms on dry matter partitioning and nitrogen metabolism in two contrasting genotypes of Cata2setum fimbriatum (*Orchidaceae*) [J]. Environmental & Experimental Botany, 47: 249-258.

Makhdum MI, Pervez H, Ashraf M. 2007. Dry matter accumulation and partitioning in cotton (gossypium hirsutum L.) as influenced by potassium fertilization [J]. Biology and Fertility of Soils, 43 (3): 295-301.

Malhi SS, Johnston AM, Schoenau JJ, et al. 2007. Seasonal biomass accumulation and nutrient uptake of pea and lentil on a black chernozem soil in Saskatchewan [J]. Journal of Plant Nutrition, 30: 721-737.

Martínez-Flores HE, Barrera ES, Garnica-Romo MG, et al. 2006. Functional Characteristics of Protein Flaxseed Concentrate Obtained Applying a Response Surface Methodology [J]. Journal of Food Science, 71 (8): C495-C498.

Masoni A, Ercoli L, Mariotti M, et al. 2007. Post-anthesis accumulation and remobilization of dry matter, nitrogen and phosphorus in durum wheat as affected by soil type [J]. European Journal of Agronomy, 26 (3): 179-186.

Mazur W, Fotsis T, Wahala K, et al. 1996. Isotope dilution gas chromatographic-mass spectrometric method for the determination of isoflavonoids, coumestrol, and lignans in food samples [J]. Anal Biochem, 233: 169-180.

Mazza G, Biliaderis C G. 1989. Functional Properties of Flax Seed Mucilage [J]. Journal of Food Science, 54 (5): 1 302-1 305.

Medina L S A. 2006. Phenolic Compounds: Their Role During Olive Oil Extraction and in Flaxseed Transfer and Antioxidant Function [D]. Spain: University of Lleida Agronomical, Forestal and Food Systems Doctorate Program Food Technology Department Lleida.

Merrill SD, Black AL, Bauer A. 1996. Conservation tillage affects root growth of dryland spring wheat under drought [J]. Soil Science Society of America, 60 (2): 575-583.

Modhej A, Naderi A, Emam Y, et al. 2014. Effects of post-anthesis heat stress and nitrogen levels on grain yield in wheat (T. durum and T. aestivum) genotypes [J]. International Journal of Plant Production, 2 (3): 1 735-1 814.

Morshedi A. 2011. An investigation into the effects of sowing time, N and P fertilizers on seed yield, oil and protein production in Canola [J]. Archives of Agronomy & Soil Science, 44 (7): 1-15.

Mridula D, Singh KK, Barnwal P. 2013. Development of omega-3 rich energy bar with flaxseed [J]. Journal of Food Science and Technology Mysore, 50 (5): 950-957.

Mullins GL, Burmester CH. 1990. Dry matter, nitrogen, phosphorus, and potassium accumulation by four cotton varieties [J]. Agronomy Journal (4): 729-736.

Muurinen S, Kleemola J, Peltonen-Sainio P. 2007. Accumulation and Translocation of Nitrogen in Spring Cereal Cultivars differing in nitrogen use efficiency [J]. Agronomy Journal, 99 (2): 441-449.

Naqshbandi A, Khan W, Rizwan S, et al. 2012. Studies on the protective effect of flaxseed oil on cisplatin-induced hepatotoxicity [J]. Human & Experimental Toxicology, 31 (4): 364-375.

Nasim W, Ahmad A, Bano A, et al. 2012. Effect of Nitrogen on Yield and Oil Quality of Sunflower (*Helianthus Annuus* L.) Hybrids under Sub Humid Conditions of Pakistan [J]. American Journal of Plant Science, 3: 243-251.

Neto JF, Crusciol CA, Soratto RP, et al. 2011. Cover crops, straw mulch management and castor bean yield in no-tillage system [J]. Revista Ciência Agronômica, 42 (4): 978-985.

Niu JY, Gan YT, Zhang JW, et al. 1998. Postanthesis dry matter accumulation and redistribution in spring wheat mulched with plastic film [J]. Crop Science, 38: 1 562-1 568.

Oomah B D, Kenaschuk E O, Mazza G. 1995. Phenolic acids in flaxseed [J]. Journal of Agricultural & Food Chemistry, 43 (8): 2 016-2 019.

Oomah BD, Mazza G, Kenaschuk EO. 1992. Cyanogenic compound in flaxseed [J]. Journal of Agricultural & Food Chemistry, 40: 1 346-1 348.

Oomah BD. 2001. Flaxseed as a functional food source [J]. Journal of the Science of

Food and Agriculture. , 81 (9): 889-894.

Pageau D, Lajeunesse J, Lafond J. 2006. Effect of seeding rate and nitrogen fertilization on oilseed flax production [J]. Canadian Journal of Plant Science, 86 (2): 363-370.

Papakosta DK, Gagianas AA. 1991. Nitrogen and dry matter accumulation, remobilization, and losses for Mediterranean wheat during grain filling [J]. Agronomy Journal, 83: 864-870.

Papantoniou AN, Tsialtas JT, Papakosta DK. 2013. Dry matter and nitrogen partitioning and translocation in winter oilseed rape (*brassica napus* L.) grown under rainfed mediterranean conditions [J]. Crop & Pasture Science, 64 (2): 115-122.

Papatheohari Y, Bilalis D, Alexopoulou E, et al. 2008. Effect of different rates of inorganic fertilization on some agronomic characteristics with emphasis in roots and yield in four flax (*Linum usitatissimum* L.) varieties [J]. Journal of Food, Agriculture & Environment, 6 (2): 256-259.

Patenaude A, Rodriguez-leyva D, Edel AL, et al. 2009. Bioavailability of a-linolenic acid from flaxseed diets as a function of the age of the subject [J]. European Journal of Clinical Nutrition, 63: 1 123-1 129.

Payne TJ. 2000. Promoting better health with flaxseed in bread [J]. Cereal Foods World, 45 (3): 102-104.

Peng N, Li S, Peng Y, et al. 2013. Post-silking accumulation and partitioning of dry matter, nitrogen, phosphorus and potassium in maize varieties differing in leaf longevity [J]. Field Crops Research, 144 (144): 19-27.

Peng S, Garcia FV, Laza RC, Sanico AL, Visperas RM, Cassman KG. 1996. Increased N-use efficiency using a chlorophyll meter on high yielding irrigated rice [J]. Field Crops Research, 47: 243-252.

Presterl T, Groh S, Landbeck M, et al. 2002. Nitrogen uptake and utilization efficiency of European maize hybrids developed under conditions of low and high nitrogen input [J]. Plant Breeding, 121: 480-486.

Presterl T, Seitz G, Landbeck M, et al. 2003. Improving nitrogen-use efficiency in European maize: estimation of quantitative genetic parameters [J]. Crop Science, 43: 1 259-1 265.

Prof. Dr. 1885. Otto Wilhelm Thomé *Flora von Deutschland*, *Österreich und der Schweiz*, Gera, Germany Wikimedia Commons (Internet).

Przulj N, Momčilović V. 2003. Dry matter and nitrogen accumulation and use in spring barley [J]. Plan Soil & Environment, 49 (1): 36-47.

Rabetafika HN, Van Remoortel V, Danthine S, et al. 2011. Flaxseed proteins: food uses and health benefits flaxseed proteins [J]. International Journal of Food Science & Technology, 46 (2): 221-228.

Rahimizadeh M, Kashani A, Zare-Feizabadi A, et al. 2010. Nitrogen use efficiency of wheat as affected by preceding crop, application rate of nitrogen and crop residues [J]. Australian Journal of Crop Science, 4: 363-368.

Rathke GW, Christen O, Diepenbrock W. 2005. Effects of nitrogen source and rate on productivity and quality of winter oilseed rape (*Brassica napus* L.) grown in different crop rotations [J]. Field Crops Research, 94: 103-113.

Rogério F, Silva TRBD, Santos JID, et al. 2013. Phosphorus fertilization influences grain yield and oil content in crambe [J]. Industrial Crops & Products, 41 (2): 266-268.

Rubilar M, Gutiérrez C, Verdugo M, et al. 2010. Flaxseed as a source of functional ingredients [J]. Journal of Soil Science & Plant Nutrition, 10 (3): 373-377.

Sara S, Morad M, Reza CM. 2013. Effects of Seed Inoculation by Rhizobium Strains on Chlorophyll Content and Protein Percentage in Common Bean Cultivars (*Phaseolus vulgaris* L.) [J]. International Journal of Biosciences, 3 (3): 1-8.

Seebauer JR, Moose SP, Fabbri BJ, et al. 2004. Amino Acid Metabolism in Maize Earshoots. Implications for Assimilate Preconditioning and Nitrogen Signaling [J]. Plant Physiology, 136 (4): 4 326-4 334.

Shanahan JF, Kitchen NR, Raun WR, et al. 2008. Responsive in-season nitrogen management for cereals [J]. Computers & Electronics in Agriculture, 61: 51-62.

Simbo DJ, Van DB, Samson R. 2013. Contribution of corticular photosynthesis to bud development in african baobab (*adansonia digitata* L.) and castor bean (*ricinus communis* L.) seedlings [J]. Environmental and Experimental Botany, 95: 1-5.

Singh KK, Mridula D, Rehal J, et al. 2011. Flaxseed- a potential source of food, feed and fiber [J]. Critical Reviews in Food Science and Nutrition, 51: 210-222.

Singh RJ, Ahlawat IPS. 2012. Dry Matter, Nitrogen, Phosphorous, and Potassium Partitioning, Accumulation, and Use Efficiency in Transgenic Cotton-Based Cropping Systems [J]. Communications in Soil Science & Plant Analysis, 43 (20): 2 633-2 650.

Sosulski FW, Gore RF. 1964. The effect of photoperiod and temperature on the characteristics of flaxseed oil. [J]. Canadian Journal of Plant Science, 44 (4): 381-382.

Spiertz JHJ. 2010. Nitrogen, sustainable agriculture and food security [J]. A review Agronomy for Sustainable Development, 30: 43-55.

Subedi KD, Ma BL. 2005. Effects of N-deficiency and timing of N supply on the recovery and distribution of labeled ^{15}N in contrasting maize hybrids [J]. Plant and Soil, 273: 189-202.

Swaini DK, Bhaskar BC, Krishnan P. et al. 2006. Variation in yield, N uptake and N use efficiency of medium and late duration rice varieties [J]. Journal of Agricultural Science, 144: 69-83.

Séverine S, Nathalie MJ, Christian J, et al. 2005. Dynamics of exogenous nitrogen partitioning and nitrogen remobilization from vegetative organs in pea revealed by ^{15}N in vivo labeling throughout seed filling [J]. Plant Physiology, 137: 1 463-1 473.

Ta CT, Weiland RT. 1992. Nitrogen partitioning in maize during ear development [J]. Crop Science, 32: 443-451.

Tao R, Lu J, Hui L, et al. 2013. Potassium-fertilizer management in winter oilseed-rape production in China [J]. Journal of Plant Nutrition & Soil Science, 176 (3): 429-440.

Taylor RS, Weaver DB, Wood CW, et al. 2005. Nitrogen Application Increases Yield and Early Dry Matter Accumulation in Late-Planted Soybean [J]. Crop Science, 45: 854-858.

Teichberg M, Vner LRH, Fox S, et al. 2007. Nitrate reductase and glutamine synthetase activity, internal N pools, and growth of Ulva lactuca: responses to long and short-term N supply [J]. Marine Biology, 151: 1 249-1 259.

Thakur G, Mitra A, Pal K, et al. 2009. Effect of flaxseed gum on reduction of blood glucose & cholesterol in Type 2 diabetic patients [J]. International Journal of Food Sciences and Nutrition, 60 (S6): 126-136.

Thavarajah D, Ball RA, Schoenau JJ. 2005. Nitrogen Fixation, Amino Acid, and Ureide Associations in Chickpea [J]. Crop Science, 45 (6): 2 497-2 552.

Tonon RV, Grosso CRF, Hubinger MD. 2011. Influence of emulsion composition and inlet air temperature on the microencapsulation of flaxseed oil by spray drying [J]. Food Research International, 44: 282-289.

Touré A, Xu X. 2010. Flaxseed Lignans: Source, Biosynthesis, Metabolism, Antioxidant Activity, Bio-Active Components, and Health Benefits [J]. Comprehensive Reviews in Food Science & Food Safety, 9 (3): 261-269.

Truan JS, Chen JM, Thompson LU. 2010. Flaxseed oil reduces the growth of human breast tumors (MCF-7) at high levels of circulating estrogen [J]. Molecular Nutrition & Food Research, 54 (10): 1 414-1 421.

Uddin M, Levy BD. 2011. Resolvins: Natural agonists for resolution of pulmonary inflammation [J]. Progress in Lipid Research, 50 (1): 75-88.

Uysal H, Kurt O, Fu Y, et al. 2012. Variation in phenotypic characters of pale flax (linum bienne mill.) from turkey [J]. Genetic Resources and Crop Evolution, 59 (1): 19-30.

Vedtofte MS, Jakobsen MU, Lauritzen L, et al. 2011. Dietary α-linolenic acid, linoleic acid, and n-3 long-chain PUFA and risk of ischemic heart disease [J]. American journal of clinical nutrition, 94 (4): 1 097-1 103.

Wanasundara PKJPD, Amarowicz R, Kara MT, et al. 1993. Removal of cyanogenic glycosides of flaxseed meal [J]. Food Chemistry, 48 (3): 263-266.

Wang YC, Wang EL, Wang DL, et al. 2009. Crop productivity and nutrient use efficiency as affected by long-term fertilisation in North China Plain [J]. Nutrient Cycling in Agroecosystems, 86: 105-119.

Wu C, Wang ZQ, Sun HL, et al. 2006. Effects of different concentrations of nitrogen and phosphorus on chlorophyll biosynthesis, chlorophyll a fluorescence, and photosynthesis in Larix olgensis seedlings [J]. Frontiers of Forestry in China, 2: 170-175.

Xie YP, Niu JY, Gan YT, et al. 2014. Optimizing phosphorus fertilization promotes dry matter accumulation and P remobilization in oilseed flax [J]. Crop Science, 54 (4): 1 729-1 736.

Yang P, Shu C, Chen L, et al. 2012. Identification of a major QTL for silique length and seed weight in oilseed rape (*Brassica napus* L.) [J]. Theoretical and Applied Genetics TAG., 125 (2): 285-296.

Yang WB, Cai T, Ni YL, et al. 2013. Effect of exogenous abscisic acid and gibberellic acid on filling process and nitrogen metabolism characteristics in wheat grains [J]. Australian Journal of Crop Science, 7 (1): 58-65.

Yasin M, Mussarat W, Ahmad K, et al. 2012. Role of biofertilizers in flax for eco-friendly agriculture [J]. Science, 24: 95-99.

Yi H, Cho H, Hwang KT, et al. 2015. Physical and oxidative stability of flaxseed

Oil-Fructooligosaccharide emulsion [J]. Journal of Food Processing and Preservation, 39 (6): 2 348-2 355.

Zhang JP, Xie YP, Dang Z, et al. 2016. Oil content and fatty acid components of oilseed flax under different environment in China [J]. Agronomy Journal, 108: 365-372.